圖解系列

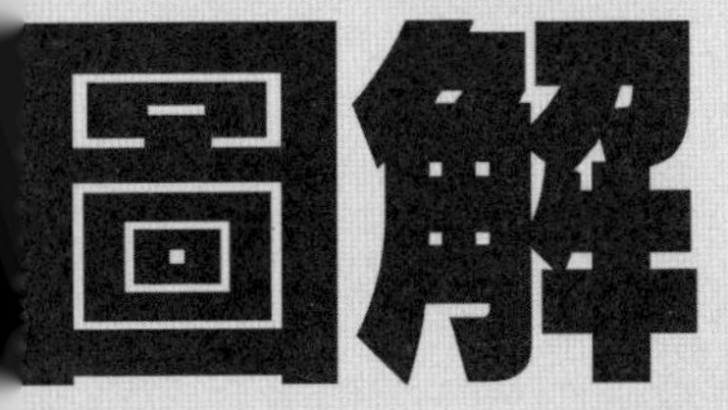

五南圖書出版公司 印行

職業安全衛生 ISO 45001：2018實務

林澤宏、孫政豐／編著

閱讀文字

理解內容

觀看圖表

圖解讓
職業安全衛生
更簡單

推薦序

澤宏兄多年來持續在產業與學界中深耕，對於國際品質標準規範ISO更是有獨到且周全的見解，過去對於推動碳足跡標準建立與推廣的努力也有目共睹。此次將其在國際品質規範中的職業安全與衛生管理系統（ISO 450001）的研究，以深入淺出的文字搭配生動活潑的圖解編寫成書，讓讀者能迅速的一窺堂奧與精髓。

國際間的企業競爭日新月異，從價格、成本、品質、交期到服務過程，每一項都是企業競爭的關鍵因素。競爭內容也從客戶的觀點，擴增到企業利害關係人的角度。

過往公司企業對於國際各項新建標準的認識往往無法在第一時間察覺與配合建置，但對於規範的需求卻因為企業國際化的程度日益提高愈來愈迫切。如何取得先機，除了客戶要求外，重點在於對公司長期經營是否真正有所助益。

職業安全衛生管理系統是企業經營的根本，沒有安全的工作環境，企業與員工將無法安心作業，也難以長期穩定提供合乎品質需求的產品及服務。透過本書作者的精闢介紹與案例圖說，讓企業主、員工及對職業安全衛生管理有興趣的相關人員，能快速有效率的認識相關條文與管理精髓，成為導入ISO 450001重要的指標。對於有志於此的人員與企業能帶來更便利與明確的指引，是一本值得推薦的好書

賴明村

千附精密股份有限公司總經理

2021年3月

推薦序

透過本書引導與實務經驗獲悉，無論任何產業的營運不外乎都與系統化與標準化的管理息息相關。身為智能AI時代的產品與企業領導人，面對產品高速的汰舊換新以及高品質低售價的競爭壓力，風險預測、管理、應對以及排除，都應達到即時性與有效性，讓生產製造過程中的每個環節與輸出都是一次性到位，降低生產中不良結果的成本。

透過系統性地將ISO 45001職業安全衛生管理系統的基本概念與實務的運用，循序漸進、深入潛出地詳加說明，為了使讀者更能夠取其精神與竅門，基於業界實務之所需，遂以圖文並茂方式逐條解釋箇中之重點，於每項條文解釋之後，導入「知識補充站」與「個案研究」，以便讀者充分了解與加深印象，然而這也是本書之主要特色之一，透過實務與個案教學的方式，對應每項條文的解析作為補充說明之用途，有別於坊間各類ISO相關之專業參考書籍，不但可做為ISO 45001職業安全衛生基本入門圖解專書，也更適合產官學界之想要了解ISO之新鮮人的跨域參考專書。作者擁有多年的ISO輔導經驗，深切體會到學術與實務之間存在的巨大鴻溝，深知讀者在業界實務中執掌ISO職安衛管理系統的專案辛勞，爰以著作本書，盼讀者能按部就班，依ISO條文要求要點推動，方為正道。

兩位作者長期涉獵ISO管理之相關研究，對於原有ISO精神，亦多有新的啟發和領悟，為了符合社會各界之引頸期盼而著作ISO系列性圖解專書。

最後，再次銘謝作者林博士之邀請，吾人抱持著十二萬分之榮幸與最誠摯之謝意，撰寫此序。本書之完成，作者箇中辛苦，備極辛勞，溢於言表，非親身經歷者，難以體會，故吾人推薦並讚揚ISO入門口袋書成功圓滿上市。

捷普綠點高新科技
廖學興
營運副總裁 謹序
2021年3月，於臺中大雅

作者序

國際化地球村時代的來臨，對一個國家人民福祉與企業組織設計製造優質產品，成功創造了更好的機會。伴隨市場競爭激烈的結果之一，極可能把以往潛伏的職業安全衛生管理缺失暴露出來。

國際標準基石ISO 9001品質管理系統要項七大管理原則強調，列舉其中(1)領導（Leadership）原則，所有階層的領導建立一致的目標和方向，並創造使員工參與達成組織建置品質（職安衛）目標的友善環境。主要管理重點：建立一致的目標、方向和參與，使組織能夠統合其策略、政策、流程及有限資源以達成目標。(2)員工參與（Engagement of people），組織所有人員要能勝任，被適宜授權即能從事以創造價值，有授權即能參與的員工，透過組織強化其員工能力以創造價值。主要管理重點：有效率地管理組織，讓所有階層的員工參與產品品質提升及職場工作環境改善，保障其職業安全，並尊重他們個體適切發展是很重要的。認知、授權和強化技能與知識，促進員工的參與，並融合ISO 45001以達成組織的品質（職安衛）目標。

公司內的所有部門與組織成員在產品、服務、職安衛工作過程等方面的品質，應該擴及協同供應商也包括在內。如果從服務角度，換成消費者的觀點，除了產品品質管理外，組織強調作業過程之「全面品質管理」，應該是包括所有會影響工作環境層面的品質，可延伸融合其他國際標準驗證，如ISO 17025、ISO 14001、ISO 50001、ISO 27001、ISO 13485等管理系統也應包含在內。

OHSAS標準與證書調查（2011年資料）顯示當時有127國使用OHSMS標準，主要基於採納或參考OHSAS 18001條文精神，並指出此一職業安全衛生領域確有需要一套國際標準。因此，於2013年3月，向ISO提出一份新的工作項目提案，進而有專案制定ISO 45001職業安全衛生管理系統附使用指引之要求事項。

本書最大的宗旨就是從勞工安全、工作環境輔導改善實務角度與國際標準規範基本要求，將由淺入深圖解ISO 45001導入實務心法撰寫而成，藉由簡單可行文件化資訊深化進入企業日常管理，分享給讀者學習到如何將制式的ISO 45001規範轉換為實務做法，對於ISO 45001實務推動與學術教學能有所提升。

最後，感謝求學中的恩師良友暨王正華主編於編撰期間對圖文稿參考例諸多提點，同時一併在此致謝五南圖書編輯校稿群的辛勞。本書配合企業實務推動ISO

國際標準規範需求提供許多實用可行的跨管理系統融合對照文件範例，若有疏忽掛漏之處，期許後續ISO種子師資培訓更加完整，仍有待亦師亦友專家學者的賜教指正。

林澤宏、孫政豐

2021年3月1日

iesony88@gmail.com

Line id:iesony88

本書目錄

本書目錄

本書目錄

本書目錄

本書目錄

附錄 3 條文要求

第1章

國際標準介紹

章節體系架構 

Unit 1-1 品質管理系統簡介

中小企業推動品質管理系統範圍，依公司場址所有產品與服務過程管理，輸入與輸出作業皆適用之。列舉電動自行車產業包括一階委外加工供應商、客供品管理、風險管理與品質一致性車輛審驗作業等。

中小企業為確保組織環境品質系統之程序及政策得以落實；有效的執行品質保證責任，以滿足客戶之需求，達成公司之目標與品質政策，需制訂文件程序化。品質管理系統定義，即為落實公司品質管理而建立之組織架構、工作職掌、作業程序等並將其文件化管理。

一般中小企業品質系統依據當地政府法令與ISO國際標準規範要求；以追求客戶滿意需求過程導向，公司之品質政策制定之，其**文件架構一般採四階層文件**來進行整體組織程序文件規劃。各部門依據品質文件系統架構及權責分工，制訂各類品質文件，部門間程序文件互有抵觸時，以上階文件為管理基準。

品質管理系統之執行，組織部門各項文件須有管制，且分發至各相關部門依此品質管理系統規定有效確實執行。各部門於執行期間若遇執行困難或是更合適之作業方式時，得依其「文件管制程序」之原則方法提出修訂。

品質管理系統之稽核，可由管理代表依公司內部稽核程序，指派合格稽核人員，進行實地現況查核。稽核後，對於不合事項應提書面報告交由該權責部門進行矯正再發管制程序辦理。

一般程序文件架構——四階層文件

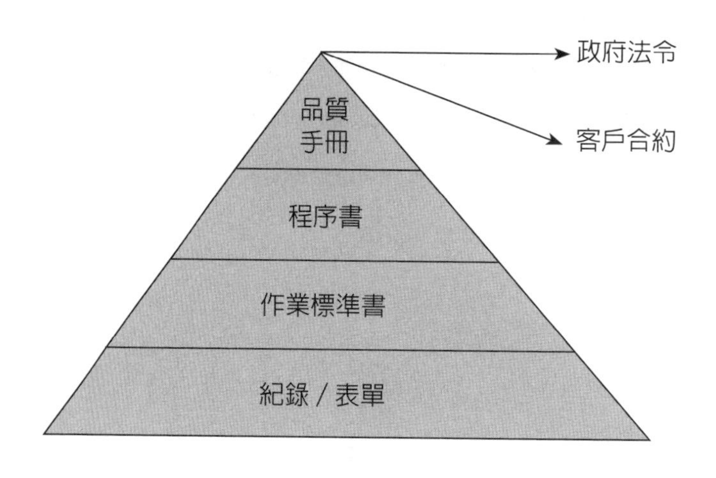

ISO 45001：2018職業安衛生管理系統圖（中英文對照）

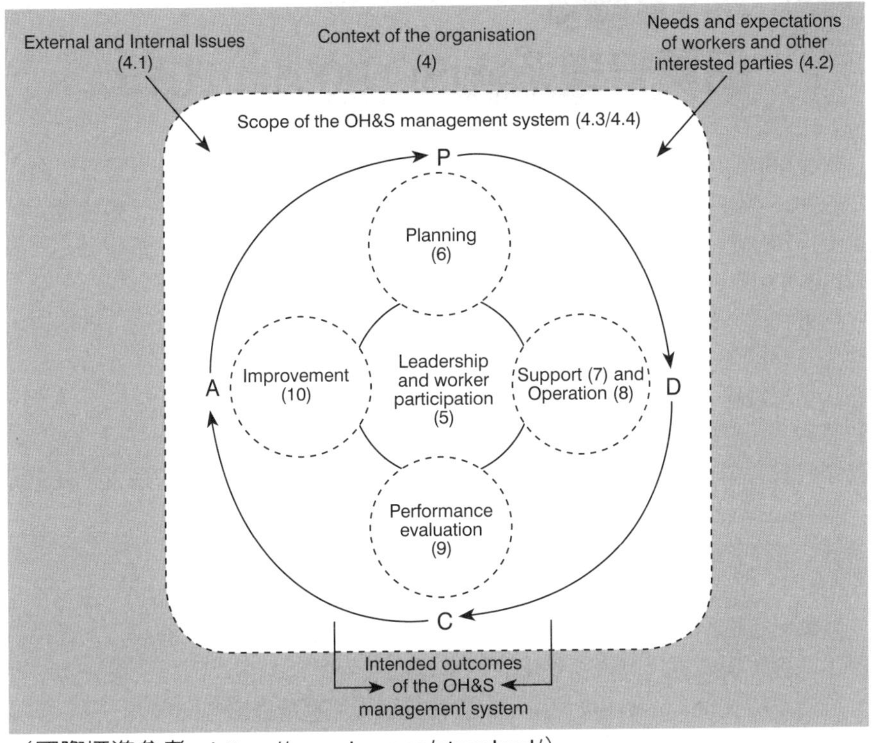

（國際標準參考：https://www.iso.org/standard/）

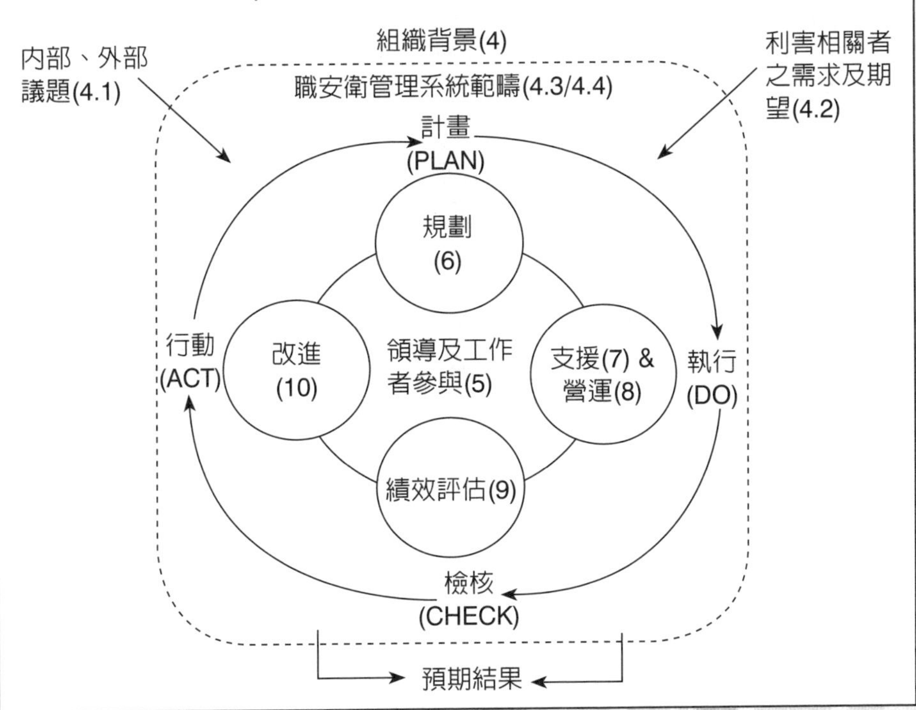

Unit 1-2 品質管理系統ISO 9001：2015

ISO 9001品質管理系統標準，經過多年的市場驗證，並透過ISO國際組織的檢視，於2015年9月發布FDIS全新版ISO 9001：2015條文。本次內容變化幅度較大，也是近十年ISO變動最大版本，對企業推動ISO國際標準衝擊最大、影響深遠。而導入新版ISO 9001：2015預估可帶給企業六大好處：

1. 將經營管理與品質管理，落實日常重點管理結合。
2. 強化品質經營，提升績效管理。
3. 強化經營規劃，包括風險評估與經營環境變遷納入系統管理。
4. 運用整合系統打造組織核心經營體系。
5. 高階經營者領導承諾投入（commitment and engagement）與員工認知與職能提升（awareness and competence）是新版成功基礎。
6. 具彈性適合於複數管理系統標準之融合。

鼓勵所有中小企業完成ISO專案改版活動。本書除著重於條文解說，採先以系統發展為基礎，同時提供圖表與個案式內容輔助解釋做為學習入門與企業人才培育所需，最後實務個案依企業組織使用上針對系統驗證與經營提出可行方案，藉以創造組織經營效益。幫助企業組織掌握條文標準要點，提升企業競爭力。

ISO是國際標準組織（International Organization for Standardization）之簡稱，於1947年2月正式成立，其總部設在瑞士日內瓦，成立之主因是歐洲共同市場為了確保流通全歐洲之產品品質令人滿意，而制訂世界通用的國際標準，以促進標準國際化，減少技術性貿易障礙。

回顧1987年，ISO 9000系列是一種品保認證標準，由ISO/TC 176品質管理與品質保證技術委員會下所屬SC2品質系統分科委員會所編訂。於1987年3月公布。ISO 9000系列是由ISO 9000、ISO 9001、ISO 9002、ISO 9003、ISO 9004所構成。是一項公平、公正且客觀的認定標準，藉由第三者的認定，提供買方對產品或服務品質的信心。減少買賣雙方在品質上的糾紛及重覆的邊際成本，提升賣方產品的品質形象。

ISO 9001品質管理系統是ISO管理體系中最基本國際標準要求，應用範圍最廣、發證量最多的國際標準證書；從1987年發布了第一版、1994年第二版、2000年第三版、2008年第四版。

組織除了考量全面品質管理效益，執行品質系統應在乎改善經營績效，故在ISO 9001：2015中於0.1 General章節中已納入考量：A robust quality management system help an organization to improve its overall performance and forms an integral component of sustainable development initiative.

ISO 9001：2015國際標準品質管理系統圖（個案參考例）

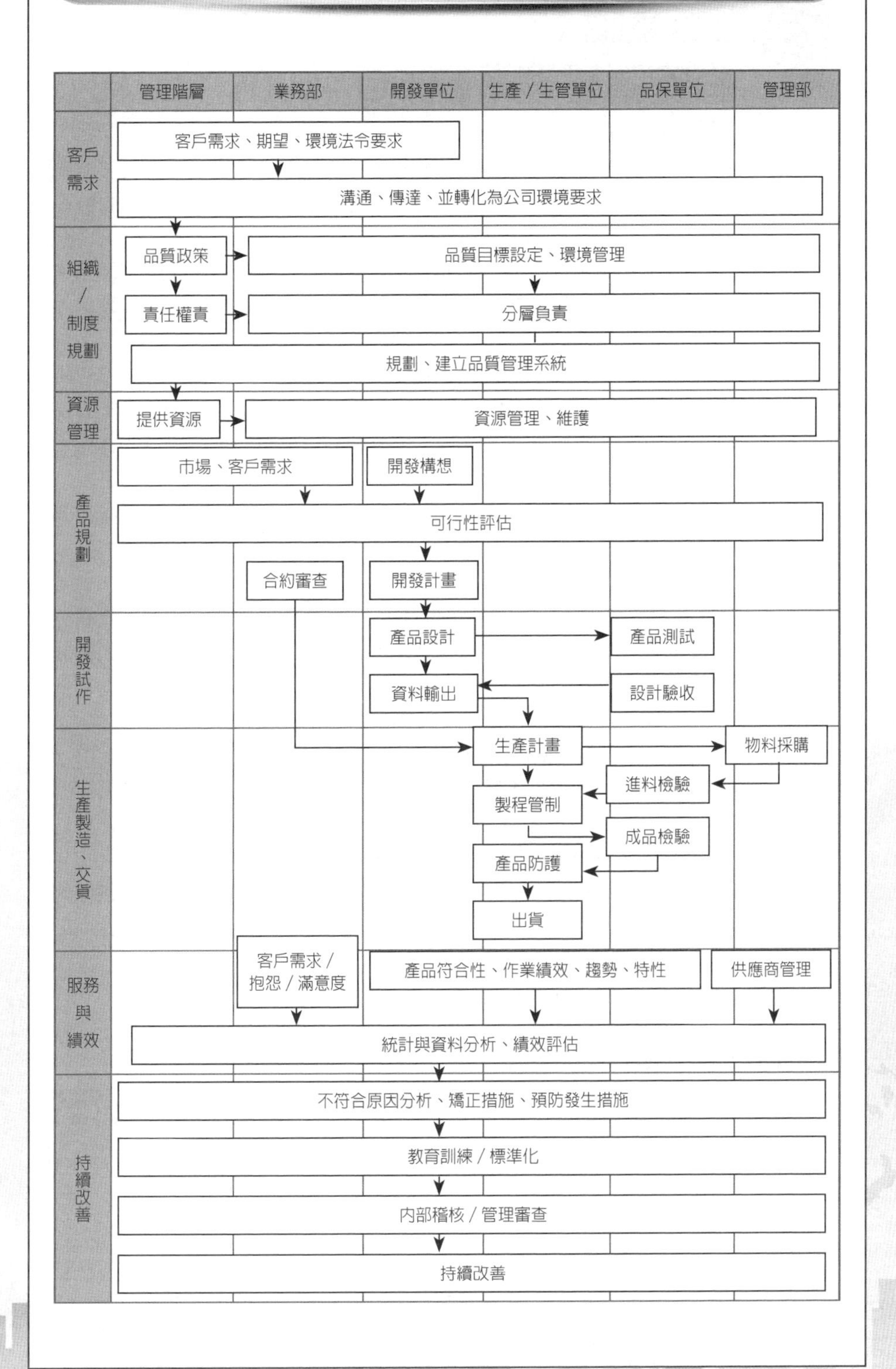

Unit 1-3 職安衛管理系統ISO 45001：2018

ISO 45001：2018是新公布國際標準規範，全球備受期待的職業健康與安全國際標準（OH&S）於2018公布，並將在全球範圍內改變工作場所實踐。ISO 45001將取代OHSAS 18001，這是全球工作場所健康與安全的參考。

ISO 45001：2018職業健康與安全管理系統指引要求，爲改善全球供應鏈的工作安全提供了一套強大有效的流程。旨在幫助各種規模和行業的組織，新的國際標準預計將減少世界各地的工傷和疾病。

根據國際勞工組織（ILO）2017年的計算，每年工作中發生了278萬起致命事故。這意味著，每天有近7700人死於與工作有關的疾病或受傷。此外，每年大約有3.74億非致命性工傷和疾病，其中許多導致工作缺勤。這爲現代工作場所描繪了一幅清醒的畫面——工作人員可能因爲「幹活」而遭受嚴重後果。

ISO 45001希望改變這一點。它爲政府機構、工業界和其他受影響的利益相關者提供有效和可用的指導，以改善世界各國的工作者安全。通過一個易於使用的框架，它可以應用於專屬工廠、合作夥伴工廠和生產設施，無論其位置如何。

ISO 45001的制訂委員會ISO/PC 283主席David Smith認爲，新的國際標準將成爲數百萬工人的眞正遊戲規則：「希望ISO 45001能夠帶來工作場所實踐的重大轉變並減少全球範圍內發生的與工作有關的事故和疾病的慘痛代價。」新標準將幫助組織爲員工和訪客提供一個安全健康的工作環境，持續改善他們的OH&S表現。

由於ISO 45001旨在與其他ISO管理系統標準相結合，確保與新版本ISO 9001（品質管理）和ISO 14001（環境管理）的高度兼容性，已經實施ISO標準的企業將有所依循與融合。

新的OH&S標準基於ISO所有管理系統標準中的常見要素，並採用簡單的「規劃一執行一查核一行動」（PDCA）模式，爲組織提供了一個框架，用於規劃他們需要實施的內容。爲了盡量減少傷害的風險，這些措施應解決可能導致長期健康問題、缺勤的問題以及引發事故的問題。

（國際標準參考：https://www.iso.org/news/ref2272.html）

ISO 45001：2018通過廠商列舉

產業業態	產業學習標竿
金融業	玉山銀行、中國信託銀行
工程承攬業	中鼎公司、世久營造探勘工程股份有限公司
塑膠業	台灣積層工業股份有限公司
科技製造業	精遠科技、台灣櫻花、帆宣系統科技
電信業	中華電信行動通信分公司
醫院	桃園壢新醫院（現聯新國際醫院）
學校	中原大學

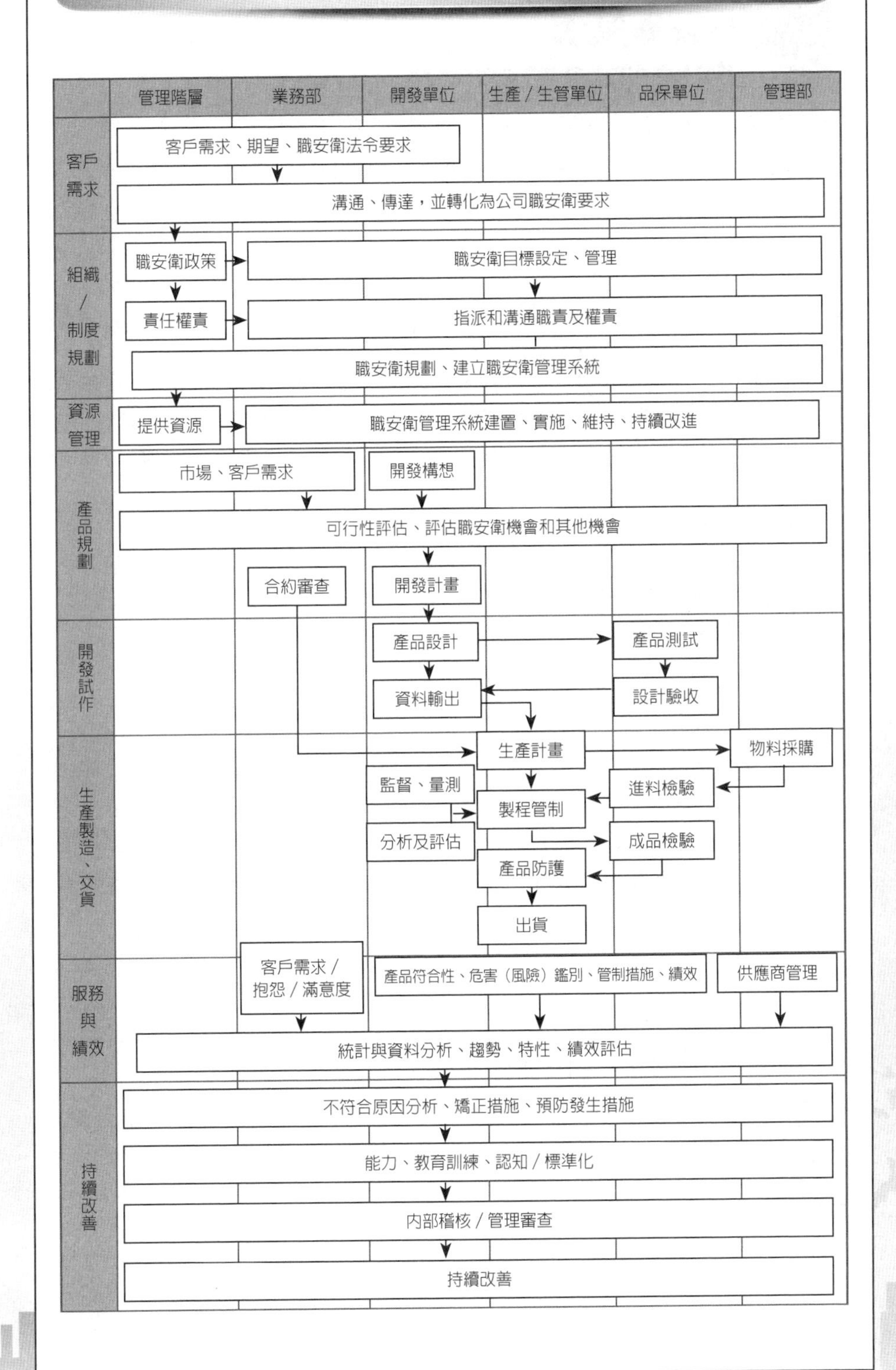
ISO 45001：2018職業安全衛生管理系統圖（個案參考例）
管理階層
業務部
開發單位
生產／生管單位
品保單位
管理部
客戶需求
客戶需求、期望、職安衛法令要求
溝通、傳達，並轉化為公司職安衛要求
組織／制度規劃
職安衛政策
職安衛目標設定、管理
責任權責
指派和溝通職責及權責
職安衛規劃、建立職安衛管理系統
資源管理
提供資源
職安衛管理系統建置、實施、維持、持續改進
產品規劃
市場、客戶需求
開發構想
可行性評估、評估職安衛機會和其他機會
合約審查
開發計畫
開發試作
產品設計
產品測試
資料輸出
設計驗收
生產製造、交貨
生產計畫
物料採購
監督、量測
進料檢驗
製程管制
分析及評估
成品檢驗
產品防護
出貨
服務與績效
客戶需求／抱怨／滿意度
產品符合性、危害（風險）鑑別、管制措施、績效
供應商管理
統計與資料分析、趨勢、特性、績效評估
持續改善
不符合原因分析、矯正措施、預防發生措施
能力、教育訓練、認知／標準化
內部稽核／管理審查
持續改善

Unit 1-4 環境管理系統ISO 14001：2015

ISO 14001：2015規定組織可以用來提高其環境績效的環境管理系統的要求。旨在供組織尋求以系統化方式管理其環境責任的使用，從而有助於實現可持續發展的環境支柱。

ISO 14001：2015爲環境幫助組織實現其環境管理系統的預期成果，組織本身和相關方提供價值。根據組織的環境政策，環境管理體系的預期成果包括：提高環境績效、履行合乎法規義務、實現環境目標。

ISO 14001：2015適用於任何組織，無論其規模，類型和性質如何，適用於組織認爲它可以控制的活動，產品和服務的環境方面或考慮到生命週期的影響。ISO 14001：2015是實現環境管理系統，沒有規定具體的環境表現標準。（國際標準參考https://www.iso.org/standard/60857.html）

台灣松下電器公司政策曾宣示，公司自覺環境使命在於善盡企業社會責任，從推動環境管理系統開始，即藉由ISO 14001精神，以預防汙染、持續改善、塑造綠色企業、生產綠色商品、滿足顧客需求，並對內追求提高競爭力、對外提升企業形象以及拓展商機，實踐達成永續經營的環境目標。

台灣檢驗科技公司SGS黃世忠副總裁曾說，在台灣中小企業推動ISO 14001具顯著成功，證明此標準符合眾多台灣公司企業需求。透過實施環境管理系統可使企業組織對於自身環境管理運作，包括活動、產品與服務，有更深入的了解，也更能有效使用有限資源。更重要的是，藉由推動ISO 14001環境管理系統之循環運作，從執行活動中發現議題，進而解決問題，跨部門合作，達到持續改善，邁向提升競爭力之目標。因此推動實施環境管理系統，追求不只是獲得一紙證書，而是組織眞正能從過程中持續改善，成就企業組織之永續發展與經營優勢，正向循環獲得客戶與消費者肯定與支持。

小博士解說 **個案研究**

2017年企業社會責任報告書中揭露，台橡要求合作夥伴應遵守當地法令不得強迫勞工、違反合法工時及薪資和福利。台橡對於供應商評選已包含ISO 9001、ISO 14001、RoHS（HSF）、QC 080000、OHSAS 18001及CNS 15506乃至於企業社會責任等重要指標，要求供應商遵守集會結社自由、禁用童工可杜絕強迫勞動等規範，以維護基本人權。2017年生產原料類供應商已有30家發行CSR報告。其中對2家原料供應商執行定期評估，結果並無違反事項。

ISO 14001：2015國際標準環境管理系統圖（個案參考例）

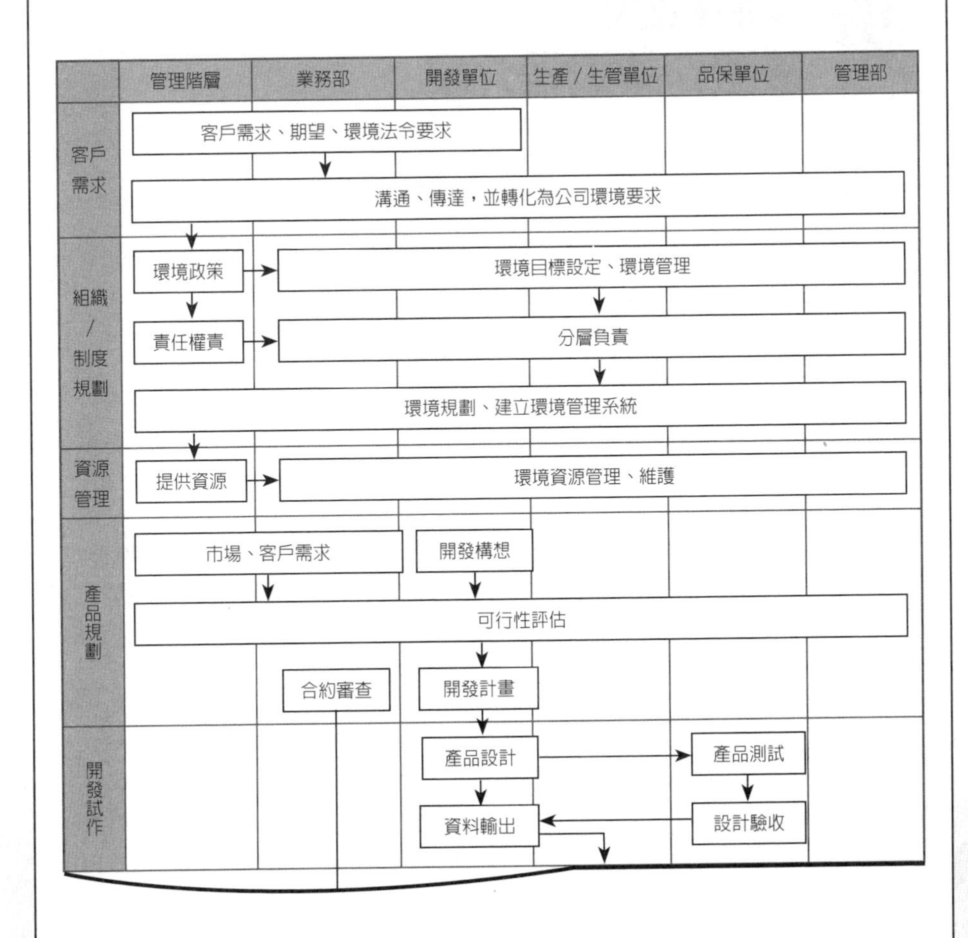

ISO 14001：2015通過廠商列舉

產業業態	產業學習標竿
橡膠業	建大輪胎、正新輪胎、中橡、台橡
塑膠業	介明塑膠（股）公司、胡連精密股份有限公司
金屬加工業	中鋼公司、豐祥金屬
化工業	東聯化學、臺灣中華化學、大勝化學
電信業	台灣大哥大、遠傳電信
運輸業	台灣高鐵、豐田汽車

Unit 1-5 驗證作業流程介紹

品質管理系統驗證步驟（以經濟部標準檢驗局為例）

中小企業嚴謹透過ISO 9001驗證會讓組織更加蓬勃。無論組織想開拓國際市場或擴充國內服務版圖，驗證證書可協助組織對客戶展現品質的基本承諾。

- 透過內外部稽核定期追查可確保貫徹、監督和持續改善組織的管理系統。
- 驗證可使組織提高整體品質系統績效，並拓展市場機會。
- 驗證申請步驟如下：

步驟1. 準備申請資訊

步驟2. 正式申請

步驟3. 主導評審員文件審查與訪談

選派評審員負責審核所有申請文件，並評估其內容與ISO 9001標準要求的差異。並擇期赴組織現場進行免費之訪談活動以了解運作現況。訪談結果如果可以進行下一階段之正式評鑑，組織與主導評審員可一起決定評鑑最佳日期。

步驟4. 評鑑

正式評鑑將由主導評審員帶領評鑑小組執行。它包括對申請者之品質系統進行全面的抽樣，以查核實施的效果。

步驟5. 驗證確認

根據主導評審員的建議，將配合您所提出之矯正計畫經過本局複審小組審核後，被本局正式確認後獲得證書，本局將以正式公文通知查核結果。

步驟6. 持續年度追查

獲得驗證後，每年均有追查小組定期查核，以促進系統改進並確保系統符合標準要求。

參照CNS一般性驗證流程

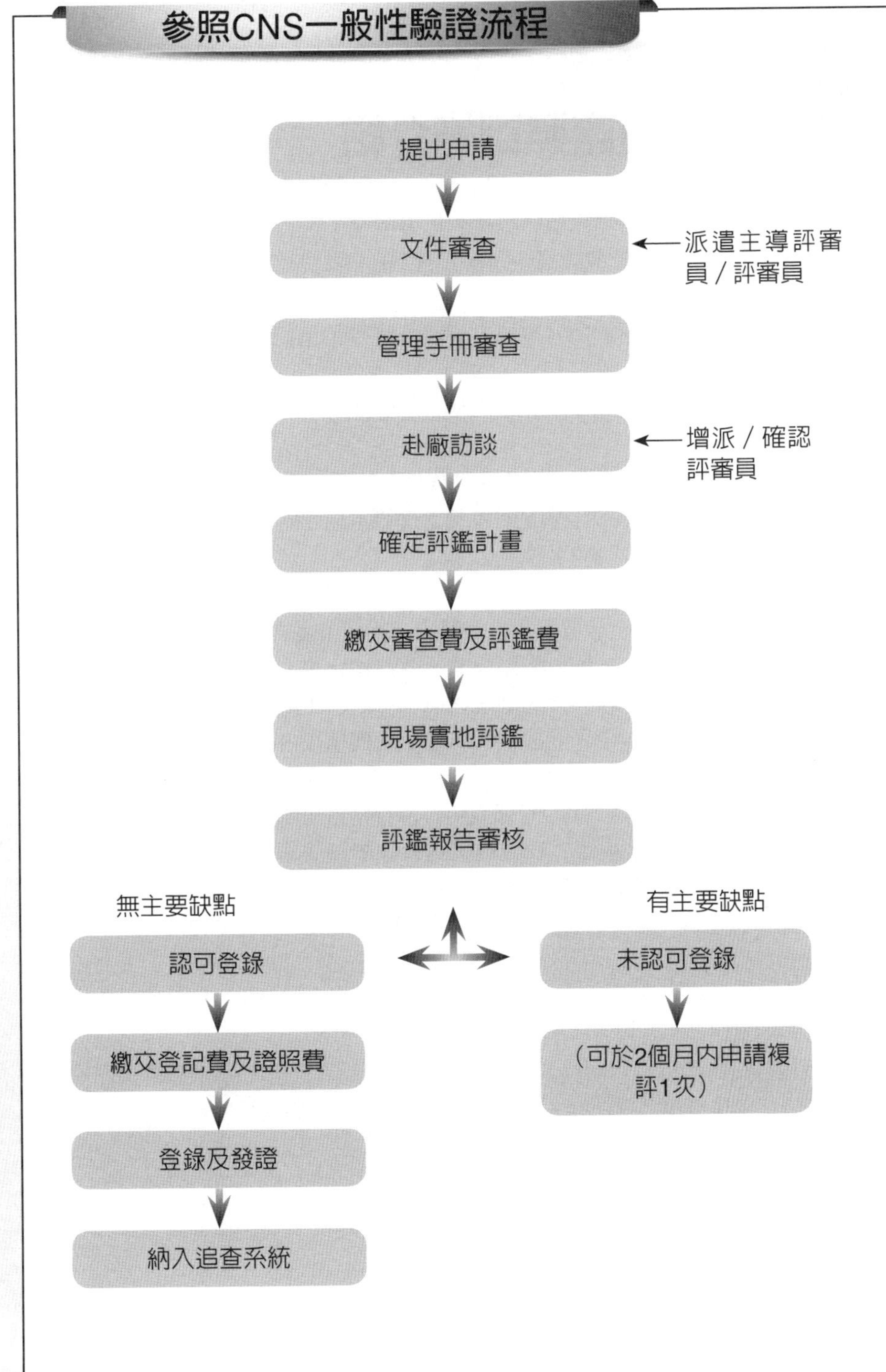

Unit 1-6
稽核員證照訓練介紹

ISO 19011：2018對管理系統稽核提供指導綱要，包括稽核原則，管理稽核計畫和進行管理系統稽核，以及參與稽核過程的個人能力評估指導，包括管理稽核人員計畫、稽核員和稽核小組。

ISO 19011：2018適用於所有需要對管理系統進行內部或外部稽核或管理稽核程序的組織。

ISO 19011：2018對其他類型的稽核應用是可行的，只要特別考慮所需的具體能力即可。

ISO 10019：2005爲選擇品質管理系統顧問和服務提供之指導綱要。它旨在幫助組織選擇品質管理系統顧問。它對評估品質管理體系顧問能力的過程提供指導，並提供相信組織對顧問服務的需求和期望得到滿足的信心。

ISO合格證書與登錄作業是由各國家所成立的認證團體（Accreditation Body）執行，如臺灣TAF、日本JAB、韓國KAB、香港HKAS、中國大陸CNACR、澳洲JAS-ANZ、瑞士SAS、義大利SIT、德國TGA、法國COFRAC、英國UKAS、加拿大SCC、美國ANSI、美國RAB等認證機構。由認證機構依ISO規範稽核當地驗證機構（Certification Body）。

當地中小企業產品驗證與ISO管理系統，由合格ISO驗證機構，進行產品驗證、管理系統稽核與稽核人員訓練，一般稱第三者國際驗證單位。如SGS、AFNOR、B.V、BSI、DNV……等驗證機構。

有關稽核員登錄作業，是合格稽核員國際註冊（IRCA）授證機構，位於英國倫敦，是國際品質保證協會IQA的分支機構，是客觀且獨立運作的機構。目前IRCA的稽核員登錄主要是針對品質管理、環境管理、食品安全、風險管理、職業安全衛生、資訊安全與軟體開發等管理系統的稽核員進行登錄。

一般稽核員的登錄要求可分爲六大要件，包括品質經驗年資、專業工作經驗年資、學歷資格、稽核員訓練課程、實際稽核經驗與有利證明文件。

ISO 45001：2018職安衛管理系統——主導稽核員訓練課程（以SGS為例）

課程目的	課程大綱
自從OHSAS 18001職安衛管理系統標準於1999年發布後，已將近20年，各界始終期待ISO組織能發展出一套國際公認之主流標準。也因此，ISO 45001：2018之標準內容深受矚目。此次新公布之職安衛管理系統標準，將組織之經營策略與營運流程做結合，並將組織之職安衛風險與機會議題導入，也更加注重職安衛績效展現及工作者參與諮商。其為組織提供一個系統的框架，透過Annex SL的相容架構安排，與其他管理系統標準之整合。 本課程以職安衛管理系統之要素為架構，提供職安衛稽核所需之規劃原則、稽核技巧及稽核工具等訓練，稽核角度則包括了第一者稽核、第二者稽核及第三者稽核，可分別應用在內部稽核、外部稽核及驗證稽核，是一套相當完整的稽核訓練。 先備知識： ※參加本主導稽核員訓練課程學員，需對ISO 45001：2018系統標準及條文之含意、運用與執行已具充分了解。	• ISO 45001：2018標準條文解析 • 稽核程序 • 稽核人員資格 • 驗證認證規範 • 稽核演練 • 測驗

ISO 45001：2018職安衛管理系統——內部稽核員訓練課程（以SGS為例）

課程目的	課程大綱
ISO 45001：2018內部稽核員訓練課程可使學員對職業安全衛生管理系統內部稽核之管制重點有完整與基本的認知，並結合職業安全衛生管理系統運作機制之應用演練，建立學員回到企業後可運用ISO 45001：2018內部稽核手法，在符合標準基礎上進行有效持續改善之能力。	• 職業安全衛生管理之稽核基本介紹（條文要求） • ISO 45001與OHSAS 18001標準文件化資訊之差異概述 • 稽核計畫安排與準備（Annex SL架構） • 稽核演練（風險與機會、新版查檢表製作） • 稽核之執行、報告與跟催 • 課程回饋與結論

Unit 1-7 常見ISO國際標準——ISO 50001：2018

有效利用能源有助於組織節省資金，並有助於保護有限資源和面對環境氣候變化。ISO 50001能源管理系統（EnMS），支持所有產業的組織更有效地使用能源。

ISO 50001：2018國際標準建立、實施、維護和改進能源管理系統（EnMS）的要求。預期的結果是使組織能夠採用系統的方法來實現能源績效和能源管理體系的持續改進。

ISO 50001：2018文件：

1. 適用於任何組織，無論其類型、規模、複雜程度、地理位置、組織文化或其提供的產品和服務如何。
2. 適用於受組織管理和控制的影響能源績效之活動。
3. 適用於所消耗的能量之數量、用途或類型。
4. 要求證明持續的能源性能改進，但沒有定義要實現的能源性能改進水平。
5. 可以獨立使用，也可以與其他管理系統對齊或融合。

ISO 50001基於持續改進的管理系統，也用於其他標準，如ISO 9001或ISO 14001，使組織更容易將能源管理融合到改善品質和環境管理的整體工作中。ISO 50001：2018爲組織提供了以下要求的框架，包括制定更有效利用能源政策、修復目標和滿足政策要求，並善用數據，能更好地理解和決定能源使用、測量結果、審查政策的運作情況，以及持續改進能源管理。

ISO 50001實務推動流程：

- 成立能源管理團隊，並界定相關權責與分工。
- 召開專案計畫啟始會議，邀請最高管理階層制定能源政策。
- 實施能源審查，分析重大能源使用及項目，並建立能源基線及能源管理績效指標。
- 執行節能技術診斷，以制定能源管理目標、標的及行動計畫。
- 依據ISO 50001國際標準發展能源管理制度，包括：程序文件、操作規範及紀錄表單。
- 舉辦教育訓練與落實溝通，提升人員對能源管理的認知與能力。
- 落實監測、量測及分析，以掌握重大能源使用之關鍵特性。
- 實施內部稽核，以強化管理系統運作機能。
- 召開管理階層審查會議，與融合當地國家能源政策，以檢討能源管理系統之運作成效。

ISO 50001國際標準藍圖

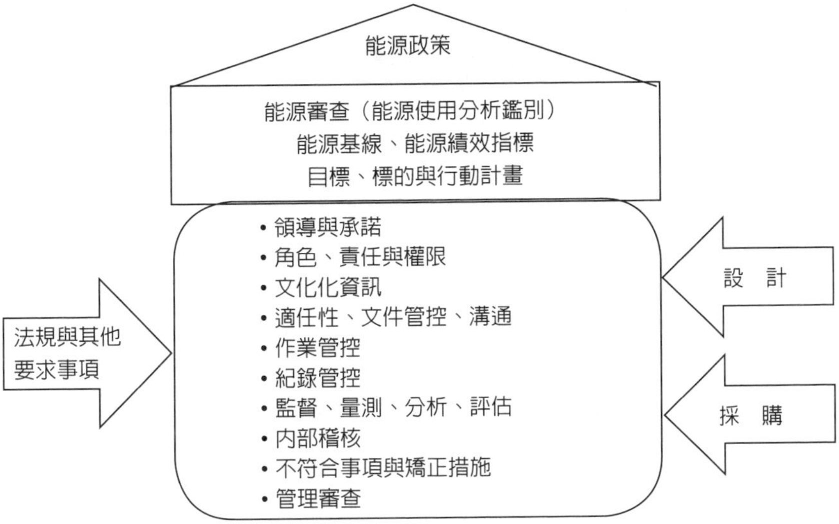

能源管理分級評估

層級	政策	能源管理組織	動機	資訊系統	教育與行銷	設備投資
4	高階主管經常有能源政策、行動計畫與定期審視的承諾	能源管理完全整合入管理結構，有為能源消耗負責的能源代表團	各階層的能源管理者有經常性的正式與非正式溝通	有明確的目標、監測、耗能、除錯、量化節能與預算追蹤系統	由內部與外部行銷能源效率的價值與能源管理的績效	所有新建或改裝機會都願意有肯定的綠色
3	有正式的能源政策但沒有來自頂層管理授權的行動	能源管理者對能源行動，向有代表全體使用者的董事負責	用主流的管道傳遞能源行動直接與大部分的使用者知道	根據分表的資料傳給個別的使用者，但節能未能有效地傳遞給使用者	有提高職員能源認知的計畫以及經常性的公眾推廣運動	採用與其他投資同樣的回收標準
2	資深部門主管或能源經理有自行的能源政策	有正職的能源管理者，對明確的能源行動報告，但產線經理不明確此行動	根據監測的電表數據寫監測與目標報告	能源單位被確實地列入到預算中	確實的職員訓練	只採用能短期回收的投資標準
1	有粗略的能源指南	兼職的或權限有限的能源管理者	工程師與少數使用者有非正式的接觸	根據採購單資料回報能源成本，工程師整理報告給內部技術部門使用	使用非正式管道來推廣能源效率	僅採取低價的行動方案
0	沒有清楚的能源政策	沒有能源管理系統或沒有正式的能源消耗管理者	沒有接觸使用者	沒有能源資訊系統也沒有能源消耗紀錄	沒有提倡能源效率	沒有打算投資或改善能源效率

Unit 1-8 常見ISO國際標準——ISO 14067：2018

產品碳足跡，可提供企業組織實施盤查製造單一產品，從原料製造運輸到銷售與使用，活動數據即投入使用能資源耗用與輸出廢水廢棄物所排放之數據，與科學量化之暖化潛值加權，所計算之碳足跡排放量，簡稱二氧化碳當量。

ISO 14067根據國際生命週期評估標準（ISO 14040和ISO 14044）對產品碳足跡（CFP）進行量化和傳播的原則，要求和指南進行了定量和環境標籤以及用於通訊的聲明（ISO 14020、ISO 14024和ISO 14025）。還提供了產品部分碳足跡的量化、宣傳要求和準則（部分CFP）。

基於這些研究的結果，ISO 14067適用於CFP研究和CFP宣傳的不同選擇。

如果根據ISO 14067報告CFP研究的結果，則提供程序以支持透明度和可信度，並且允許知的選擇。ISO 14067：2018以符合國際生命週期評估標準（LCA）（ISO 14040和ISO 14044）的方式規定了產品碳足跡（CFP）的量化和報告的原則、要求和指南。三陽工業二輪事業協理陳邦雄表示，爲了對產品溫室氣體做更有效率的管理，並實踐塑造「年輕、環保、科技」的產品形象，故於業界率先以E-Woo電動機車作爲標的產品，於2013年1月成立盤查小組，進行產品碳足跡盤查，依循公司永續發展策略及英國PAS 2050之標準程序進行溫室氣體盤查、數據蒐集、排放量計算、文件製作、減量行動計畫，並委託BSI英國標準協會進行第三方查證，以確認E-Woo電動機車的溫室氣體排放數據有一致性、完整性與準確性。

此次盤查係依據電動機車在整個生命週期過程中所直接與間接產生的溫室氣體總量，並統一用二氧化碳當量（CO2e）標示，三陽邀約49家廠商共同參與盤查，依據產品生命週期盤查原材料階段、製造加工階段、配銷運輸階段、使用階段及最終處置階段，查證結果爲搖籃到大門（cradle to gate）每輛475kg CO2e，搖籃到墳墓（cradle to grave）每輛549kg CO2e。

（節錄：2013年12月03日工商時報　郭文正）

ISO 14067企業逐步推動永續發展藍圖

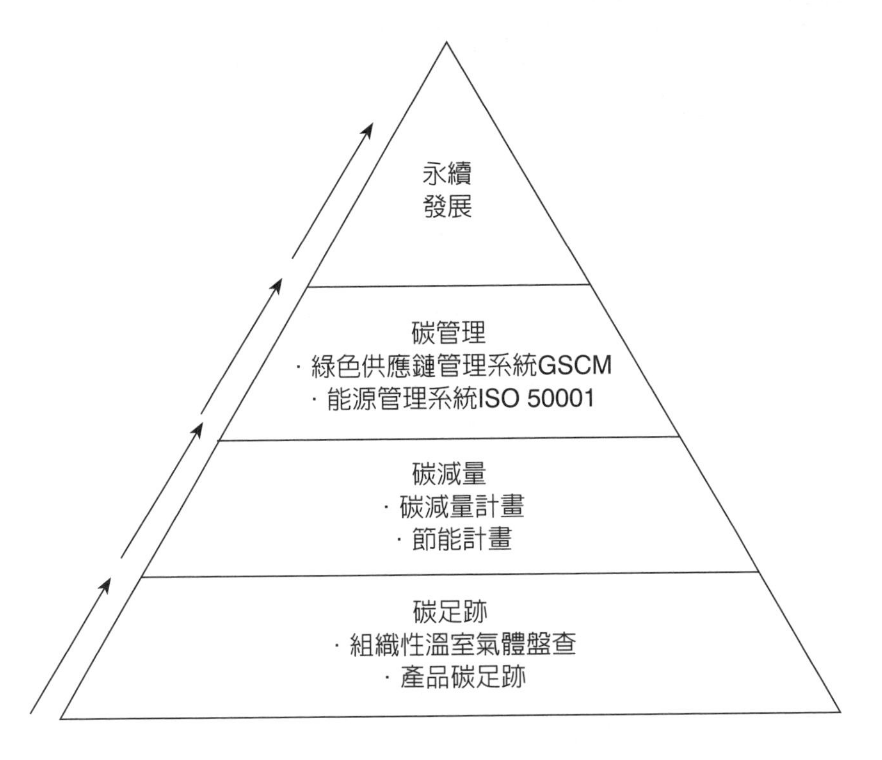

ISO 14067（PAS 2050）產品碳足跡通過廠商列舉

產業業態	產業學習標竿
運輸業	台灣高鐵車站間旅客運輸碳足跡
金融業	玉山銀行
食品業	軒記集團台灣肉乾王、舊振南食品鳳梨酥
飲品業	統一企業、黑松沙士、味丹礦泉水
製造業	日月光半導體、大愛感恩科技、世堡紡織、宏洲窯業、聚隆纖維、茂迪太陽能電池
自行車業	美利達（Merida）、桂盟（KMC）、亞獵士科技、建大輪胎、固滿德輪胎、政豪座墊
電動二輪車	三陽工業（SYM）、可愛馬科技

Unit 1-9 常見ISO國際標準——ISO 14064：2018

ISO 14064-1：2018制定了組織層面溫室氣體（GHG）排放量和清除量的量化和報告的原則和要求。它包括組織溫室氣體清單的設計、開發、管理、報告和驗證要求。

ISO 14064-2：2019制定了原則和要求，並在項目層面提供指導，用於量化、監測和報告，其目的在減少溫室氣體（GHG）減排或提高其活動。它包括規劃溫室氣體項目，確定和選擇與項目及基線情境相關的溫室氣體源，Sinks and Reservoirs（SSRs）、監測、量化、記錄和報告溫室氣體項目績效和管理數據品質的要求。

ISO 14064-3：2019制定了原則和要求，並為驗證和確認溫室氣體（GHG）聲明提供了指導。它適用於組織、項目和產品溫室氣體報表。

ISO 14060標準系列是溫室氣體計畫中立的。如果溫室氣體計畫適用，該溫室氣體計畫的要求是ISO 14060標準系列要求的補充。

此溫室氣體制定，實務盤查可應用在家庭型、社區型、企業型、城市型與國家型溫室氣體。

BSI國際驗證機構公開認為，企業永續發展鼓勵進行ISO 14064溫室氣體排放查證／確證，是建立溫室氣體排放交易可為執行減量最有效的方式之一。依據ISO 14064查證／確證組織溫室氣體排放系統，能為組織帶來以下優勢：

1. 找出節省能源的可能性
2. 找出改善方式的可能性
3. 讓您更了解不同部門、職務和工業程序間的互動方式
4. 提供數種方式，幫助您有效將對環境的不利衝擊降至最低
5. 提升公司的正面形象
6. 增加投資者的獲利
7. 提供金融市場和保險公司可靠的資訊

ISO 14064溫室氣體排放查證步驟

BSI查驗程序將確保企業所提出的 GHG 排放數據正確無誤，而BSI查驗方式則能確保排放報告可靠無誤、透明公開，並且前後一致。BSI驗證7個步驟程序如下：

1. 申請查驗
2. 決定查驗範圍
3. 簽約
4. 文件審查
5. 第一階段查驗
6. 第二階段查驗（如於此階段有缺失事項則需進行修正並確認）
7. 發出查證聲明書

（資料摘錄：https://www.bsigroup.com）

ISO 14064組織溫室氣體藍圖

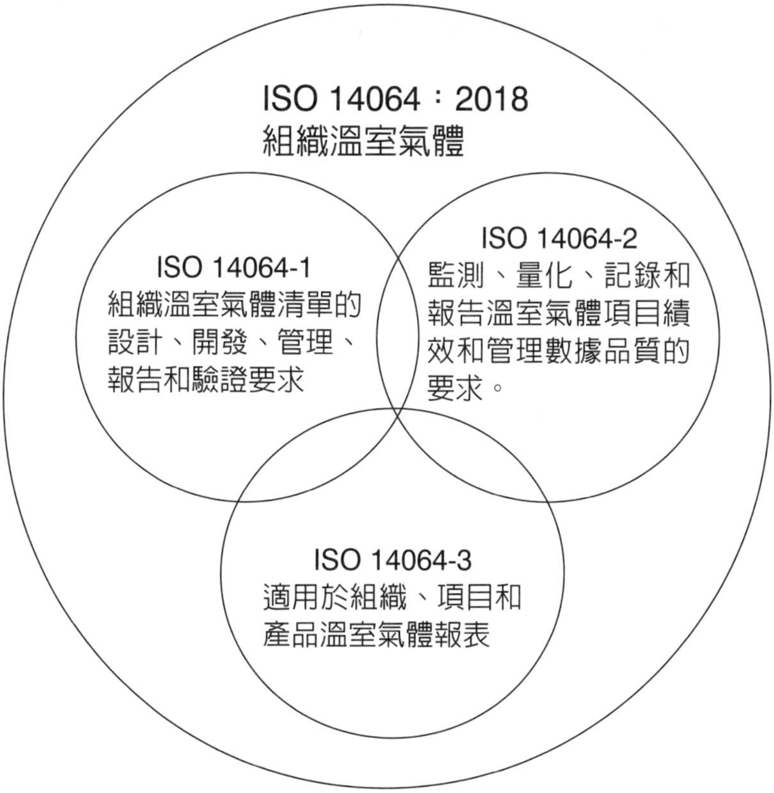

ISO 14064：2018
組織溫室氣體

ISO 14064-1
組織溫室氣體清單的設計、開發、管理、報告和驗證要求

ISO 14064-2
監測、量化、記錄和報告溫室氣體項目績效和管理數據品質的要求。

ISO 14064-3
適用於組織、項目和產品溫室氣體報表

ISO 14064組織溫室氣體驗證通過廠商列舉

產業業態	產業學習標竿
百貨業	遠東SOGO百貨
政府機關	臺南市政府、台電公司
製造業	英全化工、福懋興業、明安國際、大統新創
自行車業	捷安特（Giant）
金融證券業	元大證券、兆豐金控、玉山銀行
壽險業	中國人壽、新光人壽、台灣人壽

Unit 1-10 常見ISO國際標準——ISO 14046：2014

ISO 14046：2014制定了與基於生命週期評估（LCA）的產品、過程和組織的水足跡評估相關的原則、要求和指南。

ISO 14046：2014提供了將水足跡評估作為獨立評估進行和報告的原則、要求和指南，或作為更全面的環境評估的一部分。

評估中只包括影響水質的空氣和土壤排放量，並不包括所有的空氣和土壤排放量。

水足跡評估的結果是影響指標結果的單一個值或簡介。

雖然報告在ISO 14046：2014範圍內，但水足跡結果的溝通（例如以標籤或聲明的形式）不在ISO 14046：2014的範圍之內。

BSI對水足跡ISO 14046查證認為，在水資源匱乏及需求不斷增長的今日，水的使用和管理對於任何組織來說是一個值得思考的重要關鍵。水資源管理不論是在任何一個地方或是全球各地，都需要一個一致性的評估方法。ISO 14046水足跡標準即是一個一致性的且值得信賴的評估方法。國際水足跡標準是適用於評估組織產品生命週期查證報告的規範和指引。ISO 14046提供環境評估一個更廣泛及獨立計算水足跡報告的規範和指引。

BSI國際驗證機構公開認為，在水資源匱乏及需求不斷增長的今日，水的使用和管理對於任何組織來說是一個值得思考的重要關鍵。水資源管理不論是在任何一個地方或是全球各地，都需要一個一致性的評估方法。ISO 14046水足跡標準即是一個一致性且值得信賴的評估方法。

水足跡查核是關於水對於潛在環境的影響。ISO 14046國際標準準則，為水足跡提供了一個獨立的研究，以思考水所帶來的影響。同時提供一個思考生命週期評估對環境的影響。

（資料摘錄：https://www.bsigroup.com）

ISO 14046國際標準藍圖

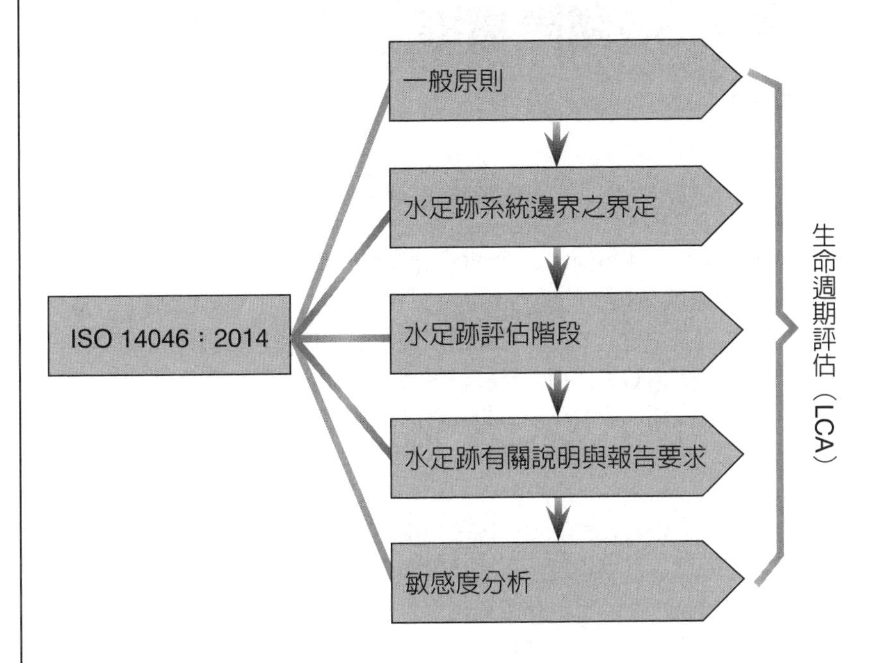

ISO 14046水足跡查證通過廠商列舉

產業業態	產業學習標竿
製造業	興普科技、明安國際、清淨海生技
太陽能源業	茂迪太陽能電池片、新日光
飲料食品業	三皇生技
半導體科技業	新唐科技晶圓、日月光
金融證券業	玉山金控

Unit 1-11 常見ISO國際標準——ISO 17025：2017

ISO / IEC 17025：2017制定了實驗室能力，公正性和一致性操作的一般要求。

無論人員數量多少，ISO / IEC 17025：2017適用於所有執行實驗室活動的組織。

實驗室客戶監管機構，使用同行評估機構和認證機構的組織和計畫使用ISO / IEC 17025：2017來確認或認可實驗室的能力。

財團法人全國認證基金會（TAF）推動國內各類驗證機構、檢驗機構及實驗室各領域之國際認證，建立國內驗證機構、檢驗機構及實驗室之品質與技術能力的評鑑標準，結合專業人力評鑑及運用能力試驗，以認證各驗證機構、檢驗機構及實驗室，提升其品質與技術能力，並致力人才培訓與資訊推廣，強化認證公信力，拓展國際市場，提升國家競爭力。

全國認證基金會成立宗旨在建立符合國際規範並具有公正、獨立、透明之認證機制，建構符合性評鑑制度之發展環境，以滿足顧客（政府、工商業、消費者等）之需求，提供全方位認證服務，促進與提升產業競爭力及民生消費福祉。

TAF主要任務建立及維持國內認證制度之實施與發展，確保本會之認證運作符合國際規範ISO/IEC 17011之要求，以公正、獨立、透明之原則，提供有效率及值得信賴的認證服務，滿足顧客之期望。持續維持與運用國際認證組織之相互承認協議機制，積極參與國際或區域認證組織之認證活動或主辦國際認證活動，建立符合WTO及APEC符合性評鑑制度之基礎架構，有利經貿發展。

建構全國符合性評鑑資料庫及知識服務體系（網址：http://www.ca.org.tw），提供認證品質及技術之專業網絡及資訊服務。加強推廣國家及產業需求之符合性評鑑認證方案，健全國內符合性評鑑制度之發展環境。

ISO 17025認證效益（TAF）：

- 確保實驗室 / 檢驗機構之能力與檢驗數據之正確性。
- 提升實驗室 / 檢驗機構品質管理效率。
- 檢測數據爲國內外相關單位所接受。
- 減少重複校正 / 測試 / 檢驗之時間與成本。

ISO 17025國際標準藍圖

7.過程要求
- 7.1要求、標單與合約的審查
- 7.2方法的選用、查證與確認
- 7.3抽樣
- 7.4試驗或校正件之處理
- 7.5技術紀錄
- 7.6量測不確定度的評估
- 7.7確保結果的有效性
- 7.8結果報告
- 7.9抱怨
- 7.10不符合工作
- 7.11數據管制與資訊管理

5.架構要求
- 5.1法律實體
- 5.2管理階層
- 5.3活動範圍
- 5.4滿足要求（標準、顧客、主管機關、認可組織）
- 5.5組織架構及關聯程序
- 5.6權力及資源
- 5.7承諾（顧客溝通及管理系統完整性）

4.一般要求
- 4.1公正性
- 4.2保密性

ISO/IEC 17025：2017

6.資源要求
- 6.1概述
- 6.2人員
- 6.3設施與環境條件
- 6.4設備
- 6.5計量追溯性附錄A
- 6.6外部供應產品與服務

8.管理系統要求
- 8.1選項（選項A或B）
- 8.2管理系統文件化（選項A）
- 8.3管理系統文件的管制（選項A）
- 8.4記錄管制
- 8.5風險與機會因應措施（選項A）
- 8.6改進（選項A）
- 8.7矯正措施（選項A）
- 8.8內部稽核（選項A）
- 8.9管理審查（選項A）
- 附錄A計量追塑性
- 附錄B管理系統選項

備註：選項A：包含ISO 17025：2017版第八章管理系統要求事項章節。
選項B：實驗室依據ISO 9001：2015版 要求事項建立與維持一套管理系統，其能一致性展現滿足4～7章要求事項，亦能最低滿足規定於8.2～8.9章的管理系統要求事項的目的。

ISO 17025測試實驗室認證通過廠商列舉

技術類別	測試領域_產業學習標竿
音響	國家中山科學研究院資訊通信研究所水下科技組、金頓科技股份有限公司
生物	光泉牧場股份有限公司、財團法人食品工業發展研究所
化學	國家中山科學研究院航空研究所、財團法人金屬工業研究發展中心
電性	國家中山科學研究院電子系統研究所、台灣電力公司綜合研究所
游離輻射	行政院原子能委員會核能研究所、台灣電力股份有限公司
營建	經濟部水利署南區水資源局、國立雲林科技大學
機械	中國鋼鐵股份有限公司、國家中山科學研究院航空研究所
非破壞	中國鋼鐵股份有限公司、中國非破壞檢驗有限公司
光學	財團法人工業技術研究院、經濟部標準檢驗局第六組
溫度	財團法人塑膠工業技術發展中心、內政部建築研究所
鑑識科學	中華電信股份有限公司電信研究院、衛生福利部食品藥物管理署

ISO 17025校正實驗室認證通過廠商列舉

代碼	項目	校正領域_產業學習標竿
KA	長度（Length）	中國鋼鐵股份有限公司、財團法人工業技術研究院、正新橡膠工業股份有限公司
KB	振動量 / 聲量（Vibration & Acoustics）	財團法人工業技術研究院、台灣電力股份有限公司電力修護處
KC	質量 / 力量（Mass/Force）	經濟部標準檢驗局、中國鋼鐵股份有限公司、中華航空股份有限公司
KD	壓力量 / 真空量（Pressure/Vacuum）	交通部中央氣象局、正新橡膠工業股份有限公司
KE	溫度 / 濕度（Temperature/Humidity）	財團法人工業技術研究院、交通部中央氣象局、財團法人台灣大電力研究試驗中心、正新橡膠工業股份有限公司
KF	電量（Electricity）	財團法人工業技術研究院、財團法人台灣大電力研究試驗中心
KG	電磁量（Electromagnetics）	財團法人工業技術研究院、財團法人台灣商品檢測驗證中心
KH	流量（Flow）	台灣中油股份有限公司煉製研究所、行政院環境保護署環境監測及資訊處
KI	化學量（Chemical）	財團法人台灣商品檢測驗證中心、財團法人工業技術研究院
KJ	時頻（Time and Frequency）	財團法人工業技術研究院、中華電信研究所、量測科技股份有限公司
KK	游離輻射（Ionizing Radiation）	台灣電力股份有限公司、中華航空股份有限公司、國立清華大學原子科學技術發展中心

Unit 1-12 清真認證與ISO 22000：2018

清眞認證（Halal Certification）起源於伊斯蘭教法，舉凡穆斯林教友日常生活食用或碰觸身體的產品，必須符合伊斯蘭教法，即爲「清眞（Halal）」，避免碰觸不潔之物（豬、酒精）。關於豬與酒精的違反清眞的議題，另衍生出一些日常生活注意的事項：豬方面，凡事涉及豬成分相關製品，豬成分相關添加物，都相當敏感；酒精方面，除了酒類外，可食用酒精成分相關添加物之劑量規定，在各國清眞認證的標誌上呈現差異。其中，豬以外其他動物，必須特別留意是否違反可蘭經規範之屠宰方式，不只是豬肉，任何動物之血液以及死肉皆違反清眞。

經濟部投資業務處曾揭露，2017年11月23日於「世界清眞高峰會」（World Halal Summit）暨「第五屆伊斯蘭合作組織清眞展」（The 5th Organization of Islamic Cooperation Halal Expo）在伊斯坦堡舉行，大約逾80國、150項品牌參展。

峰會會長（Summit head）Yumus Ete表示，土耳其欲提高在全球清眞商務（Halal business）的市占率由2%～5%至10%，金額由現1,000億美元爲4,000億美元。

Ete會長指，全球清眞市場現共有約4兆美元規模，其中2兆美元屬「伊斯蘭金融」（Islamic finance）、1兆屬「清眞食品產業」（Halal food industry）、2,500億美元屬「清眞旅遊」（Halal tourism）、其餘（7,500億美元）屬「清眞藥療化妝品及紡織品」（medicine cosmetics and textiles）等。

土耳其「食品檢驗暨認證研究協會」（Food Auditing and Certification Research Association, GIMDES）表示，土耳其獲清眞認證商品僅占其總商品的30%。

有關「清眞旅遊」近年在亞洲、歐洲及中東地區興起「清眞旅館」（Halal hotels），對虔城的穆斯林旅客不供酒及豬肉，男、女分池游泳，旅館員工穿著也需符合伊斯蘭慣例（customs），電視亦不播放未符伊斯蘭價值觀的頻道節目。

清眞（Halal）對於穆斯林食用或碰觸身體的產品，必須追溯源頭，從原物料開始，到產品處理、工廠設施、製造機械、包裝、保管儲藏、物流，甚至最終端零售賣場，都必須符合「清眞（Halal）」，這就是清眞認證提倡的「從農場到餐桌」概念（From Farm to Fork）。根據AFNOR國際驗證規範，遵循伊斯蘭教法精神，採用全球首例，在國際管理系統認證要求的基礎上，加入伊斯蘭教法規定的中東地區清眞認證規範進行驗證，並提供具有阿拉伯聯合大公國國家清眞標章的認可證書，其接受範圍涵蓋眾多國家和地區，包括中東地區各國、東南亞、中國大陸及歐美日韓等。除了清眞認證證書外，也可根據產業別同時獲得ISO 22000（食品安全）、HACCP（危害分析管制）、GMP（優良生產規範）、ISO 22716（化妝品優良製造規範）等國際標準認可證書，產官學研合作協助中小企業推廣清眞產品、開拓國際清眞市場，行銷臺灣友善環境。

ISO 9001：2015與ISO 22000：2018條文對照表

ISO 9001：2015品質管理系統	ISO 22000：2018食品安全管理系統
0.簡介	0.簡介
1.適用範圍	1.適用範圍
2.引用標準	2.引用標準
3.名詞與定義	3.名詞與定義
4.組織背景	4.組織背景
4.1了解組織及其背景	4.1了解組織及其背景
4.2了解利害關係者之需求與期望	4.2了解利害關係者之需求與期望
4.3決定品質管理系統之範圍	4.3決定食品安全管理系統之範圍
4.4品質管理系統及其過程	4.4食品安全管理系統及其過程
5.領導力	5.領導力
5.1領導與承諾	5.1領導與承諾
5.1.1一般要求	
5.1.2顧客為重	
5.2品質政策	5.2食安政策
5.2.1制訂品質政策	5.2.1制訂食安政策
5.2.2溝通品質政策	5.2.2溝通食安政策
5.3組織的角色、責任和職權	5.3組織的角色、責任和職權
6.規劃	6.規劃
6.1處理風險與機會之行動	
6.2規劃品質目標及其達成	6.2規劃食安目標及其達成
6.3變更之規劃	6.3變更之規劃
7.支援	7.支援
7.1資源	7.1資源
7.1.1一般要求	7.1.1一般要求
7.1.2人力資源	7.1.2人力資源
7.1.3基礎設施	7.1.3基礎設施
7.1.4流程營運之環境	7.1.4工作環境
7.1.5監督與量測資源	
7.1.6組織的知識	
7.2適任性	7.2適任性
7.3認知	7.3認知
7.4溝通	7.4溝通

	7.4.1一般要求
	7.4.2外部溝通
	7.4.3內部溝通
7.5文件化資訊	7.5文件化資訊
7.5.1一般要求	7.5.1一般要求
7.5.2建立與更新	7.5.2建立與更新
7.5.3文件化資訊之管制	7.5.3文件化資訊之管制
8.營運	8.營運
8.1營運之規劃與管制	8.1營運之規劃與管制
8.2產品與服務要求事項	8.2前提方案（PRPs）
8.2.1顧客溝通	
8.2.2決定有關產品與服務之要求事項	
8.2.3審查有關產品與服務之要求事項	
8.2.4產品與服務要求事項變更	
8.3產品與服務之設計及開發	8.3追蹤系統
8.3.1一般要求	
8.3.2設計及開發規劃	
8.3.3設計及開發投入	
8.3.4設計及開發管制	
8.3.5設計及開發產出	
8.3.6設計及開發變更	
8.4外部提供過程、產品與服務的管制	8.4緊急事件準備與回應
8.4.1一般要求	8.4.1一般要求
8.4.2管制的形式及程度	8.4.2緊急情況及事件處理
8.4.3給予外部提供者的資訊	
8.5生產與服務供應	8.5危害控制
8.5.1管制生產與服務供應	8.5.1實施危害分析預備步驟
8.5.2鑑別及追溯性	8.5.2危害分析
8.5.3屬於顧客或外部提供者之所有物	8.5.3管制措施及其組合的確認
8.5.4保存	8.5.4危害控制計畫
8.5.5交付後活動	
8.5.6變更之管制	

8.6產品與服務之放行	8.6更新規定PRP及危害控制計畫的資訊
8.7不符合產出之管制	8.9產品與流程不符合的控制
	8.9.1一般要求
	8.9.2更正
	8.9.3矯正措施
	8.9.4潛在不安全產品之處理
	8.9.5撤回／召回
	8.8關於PRPs及危害控制計畫的查證
9.績效評估	
9.1監督、量測、分析及評估	8.7監督及量測的控制
9.1.1一般要求	
9.1.2顧客滿意度	
9.1.3分析及評估	
9.2內部稽核	9.2內部稽核
9.3管理階層審查	9.3管理階層審查
9.3.1一般要求	9.3.1一般要求
9.3.2管理階層審查投入	9.3.2管理階層審查投入
9.3.3管理階層審查產出	9.3.3管理階層審查產出
10.改進	10.改進
10.1一般要求	10.1一般要求
10.2不符合事項及矯正措施	10.3食安管理系統的更新
10.3持續改進	10.2持續改進

個案討論

分組組員團隊合作，查閱公開資訊一組織或一公司，如ISO 9001品質手冊，分組選定一專題研究個案。

章節作業

分組查閱通過ISO國際標準規範要求並驗證公開於公司官網，進行產業學習標竿，列舉進行說明。

1. ISO 45001通過廠商有哪些？
2. ISO 50001通過廠商有哪些？
3. ISO 14067通過廠商有哪些？
4. ISO 14064通過廠商有哪些？
5. ISO 14046通過廠商有哪些？
6. ISO 17025通過廠商有哪些？

第2章

品質管理系統要項

章節體系架構▼

Unit 2-1 七大管理原則（1）

1. 顧客導向（Customer focus）

品質管理主要重點是滿足顧客要求，並致力於超越顧客的期望。

主要重點：與客戶互動的每個層面提供機會爲客戶創造更多的價值（商機）。了解當前和未來客戶及其他利益關係人的潛在需求有助於組織的永續發展。

2. 領導（Leadership）

所有階層的領導建立一致的目標和方向，並創造使員工參與達成組織建置品質目標的友善環境。

主要重點：建立一致的目標、方向和參與，使組織能夠統合其策略、政策、流程及有限資源以達成目標。

3. 員工參與（Engagement of people）

組織所有人員要能勝任，被適宜授權即能從事以創造價值，有授權即能參與的員工，透過組織強化其員工能力以創造價值。

主要重點：有效率地管理組織，讓所有階層的員工參與，並尊重他們個體適切發展是很重要的。認知、授權和強化技能和知識，促進員工的參與，以達成組織的目標。

所謂「參與」，在不同程度上讓員工投入組織的改善決策過程及各種管理。也就是讓他們與企業管理者處於平等的位置共同研究和腦力激盪討論問題，以良善影響組織的績效和改善員工的工作心態。

重視員工方面所遇到的重大挑戰包括：(1)整合人力資源的做法：甄選育用留才、績效衡量、表揚、訓練、生涯升遷等；(2)依據策略性的改變過程調整人力資源管理，例如輪調工作環境安全性、疫情人力調節。

員工參與好處，舉凡有助於改進品質和提升生產力，因爲他們會全力以赴；如果員工在其中扮演一部分專案角色，則較會推動和支援決策；員工比較容易找出業務上有待改善的領域；員工比較容易做出業務上立即的改進行動等。

七大品質管理原則藍圖

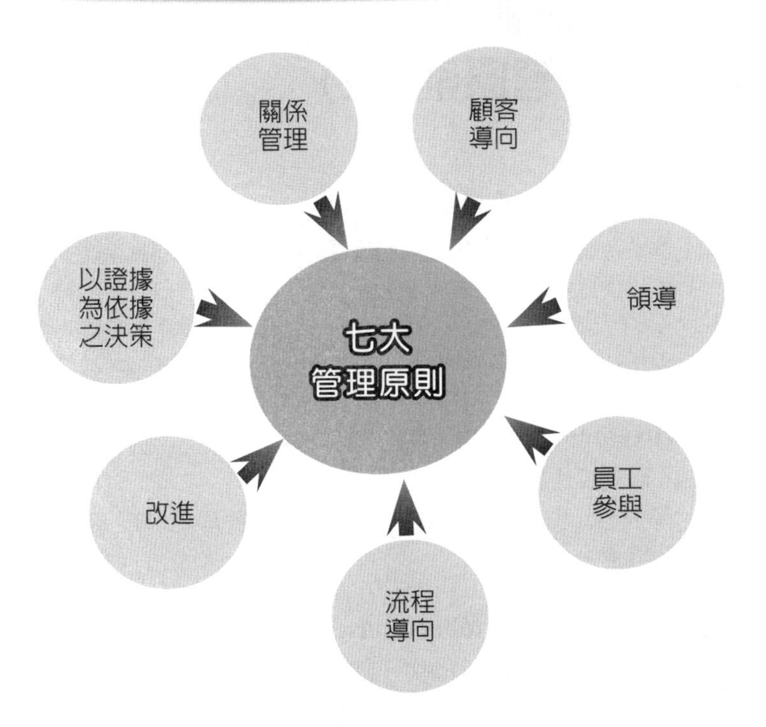

個案：防蝕系統設計製造安裝

七大原則	個案學習
顧客導向	客製提供陰極防腐蝕產品服務
領導	合理價格、高品質與快速服務
員工參與	上下目標一致、團隊合作
流程導向	TQM、Lean production
改進	提供安全穩定快樂職場環境
以證據為依據之決策	精確、持續改進、及時
關係管理	曾被評為最佳供應商

Unit 2-2 七大管理原則（2）

4. 流程導向（Process approach）

當活動被了解及被管理成有互相關係的流程，成爲一個具連貫系統、一致的及可預測的結果，將可以更有效率地被達成。

主要重點：品質管理系統是由互相關連流程所構成。了解系統是如何產生其結果，包括所有流程、資源、管制和相互作用產生的，能使組織優化其績效。

5. 改進（Improvement）

成功的組織不斷地專注於改進。

主要重點：基本上，改進是讓組織維持目前的績效水準，反映內部和外部環境的改變，並創造新的機會。

6. 以證據為依據之決策（Evidence-based decision making）

基於數據和資訊的分析和評估的決策，更可能產生預期的結果。

主要重點：了解因果關係及非預期的後果很重要的。在決策時，事實、證據和數據分析帶來更大的客觀性與商機。

7. 關係管理（Relationship management）

對於永續發展，組織管理其與利益團體的關係，如供應商、客戶等等關鍵利益團體（利害關係人）。

關係管理要點，組織管理其與利益團體的關係以優化其績效的影響，永續發展實現的可能性更大。加強與供應商和夥伴的網絡關係管理往往是特別重要的。

推薦標竿學習企業

產業業態	國內產業學習標竿
橡膠業	建大輪胎、正新輪胎、中橡、台橡
塑膠業	上緯企業、鼎基化學、興采實業、員全
金屬加工業	三星科技、巧新科技、鐵碳企業、桂盟
化工業	台灣永光化學、長興化學、南光化學、生達化學
自行車產業	巨大機械、美利達、太平洋自行車、亞獵士科技

2. 輸入 Input
- 產品需求
- 請購單
- 模治具規格
- 圖面（設計）

1. 流程 Process
- 治工具管理流程

3. 輸出 Output
- 訂購單
- 驗收單
- 治工具點檢表

預防保養系統流程 Prevent maintain management

5. 藉由什麼？ What（材料／設備）
- 三用電表
- 3D量測平台
- 游標卡尺
- 潤滑防銹油
- 電力分析儀

6. 藉由誰？ Who（能力／技巧／訓練）
- 專業技術工程師
- 具電子、自控、機械維護能力

2. 輸入 Input
- 年度計劃表 plan
- 人力配置 manpower
- 訂單預測 forecast
- 保養治工具 tooling

1. 流程 Process
- 預防保養作業
- prevent maintain

3. 輸出Output
- 設備保養紀錄
- 維修履歷表
- 部品採購、領用作業
- 碳排、能源耗用紀錄

4. 如何做？ How（方法／程序／指導書）
- 模治具維護保養準則
- 預防保養準則
- 量測分析作業準則
- 職業安全作業準則

7. 藉由哪些重要指標？ Result（衡量／評估）
- 稼動率
- 修機率
- 部品耗用費
- 節能減碳量

Unit 2-3 內部稽核

內部稽核目的，爲落實企業國際標準管理系統之運作，各部門能確實而有效率合時合宜之執行，以達成經營管理與管理系統之要求，並能於營運過程實行中發現產品品質異常或服務不到位，能即時督導矯正以落實管理系統運作與維持。

ISO 9001：2015_9.2 internal audit條文要求

9.2.1

組織應定期實施內部稽核，以提供資訊針對品質管理系統是否：

(a) 符合該組織品質管理系統的自我要求與ISO國際標準的要求。

(b) 有效實施及維持。

9.2.2

(a) 計畫、建立，實施並維持稽核方案，包括頻率，方法、職責，規劃要求和報告。稽核方案應考慮到品質目標，相關流程、客戶回饋、影響組織之變更、以及先前稽核結果的重要性。

(b) 確定每次稽核的稽核標準和範圍。

(c) 選擇稽核員及執行稽核。

(d) 確保稽核的結果報告給相關管理階層。

(e) 採取適當的矯正與矯正措施不致於無故拖延。

(f) 保持文件化資訊作爲稽核方案的執行和稽核結果的證據。

查檢表或稽核流程

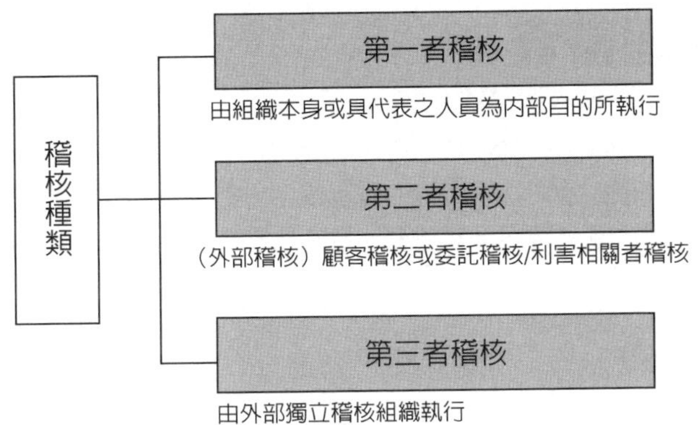

註1（稽核依據）：法令規章、標準、標準程序書、管理辦法、作業指導書、作業說明書、共通規範、特定規範、相關之紀錄、表單、報告及實際操作之要求。

註2（稽核原則）：廉潔、公平陳述、專業、保密性、獨立性、證據為憑。

內部稽核實施流程

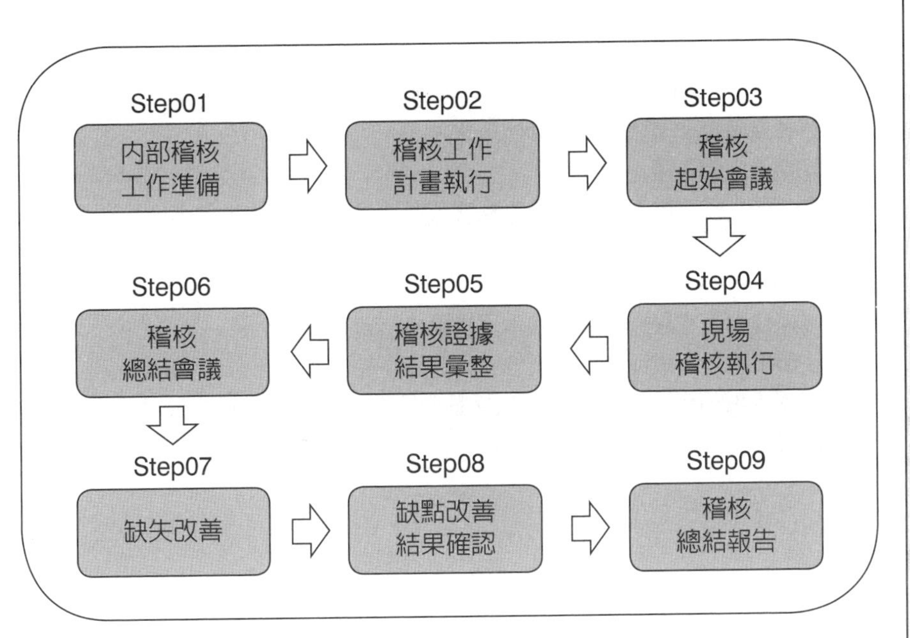

Unit 2-4 管理審查

管理審查目的，為維持企業的品質管理系統制度，以審查組織內外部品質管理系統活動，以確保持續的適切性、充裕性與有效性，結合內部稽核作業輸出與管理審查會議討論，能即時因應風險與掌握機會，達到品質改善之目的並與組織策略方向一致。

管理審查議題（參考例）：

1. 顧客滿意度與直接相關利害相關者之回饋。
2. 職安衛與品質目標符合程度並審視上次審查會議決議案執行結果。
3. 組織過程績效與產品服務的符合性。
4. 不符合事項及相關矯正再發措施。
5. 監督及量測結果（如法規、車輛審驗）。
6. 內外部品質稽核結果（含職安衛）。
7. 外部提供者之績效（如客供品）。
8. 處理風險及機會所採取措施之有效性。
9. 改進之機會。
10. 其他議題（知識分享、提案改善）。

參加會議對象（參考例）：

1. 總經理為管理審查會議之當然主席。
2. 管理代表為會議之召集人。
3. 各部門主管、幹部及經理指派相關人員為出席會議之成員。

管理審查事項之執行（參考例）：

1. 管理代表負責管理審查會議中決議事項之執行工作。
2. 決議事項及完成期限應記載於會議記錄中。
3. 審查事項輸出的決策行動，包括系統過程及產品有效性之改善及相關投入資源之需要。

ISO 9001：2015_9.3 Management review條文要求

9.3.1

最高管理階層應定期審查組織的品質管理系統，以確保其持續的適宜性、充分性和有效性。

(a) 前次管理審查的矯正措施狀況。

(b) 有關品質管理系統，包括策略方針等，外部和內部議題的變化。

(c) 品質管理系統的績效，包括趨勢和指標的資訊，關於(1)不合格事項及矯正措施；(2)監控和量測結果；(3)稽核結果；(4)客戶滿意；(5)外部供應商和其他相關利益團體的議題；(6)維護有效品質系統所需之資源適切性；(7)流程績效和產品與服務的符合性。

(d) 處理風險與機會所採取之有效性（參照6.1條文）。

(e) 新的持續改進潛在機會。

9.3.2

管理審查的輸出應包括有關的決定與措施；

(a) 持續改進的機會。

(b) 品質管理系統任何必要的改變，包括所需資源。

組織應保留文件化資訊作爲管理審查結果的證據。

Unit 2-5 文件化管理(1)

文件化管理目的，爲使公司所有文件與資料，於內部能迅速且正確的使用及管制，以確保各項文件資料之適切性與有效性，以避免不適用文件與資料被誤用。確保文件與資料之制訂、審查、核准、編號、發行、登錄、分發、修訂、廢止、保管及維護等作業之正確與適當，防止文件與資料被誤用或遺失、毀損，進行有效管理措施。

ISO 9001：2015_7.5文件化資訊（Documented information）條文要求

7.5.1一般要求（General）
組織的品質管理系統應包括：
(a) 本國際標準所要求的文件化資訊。
(b) 組織所決定之品質管理系統有效性所必要的文件化資訊。
7.5.2制訂與更新（Creating and updating）
當制訂與更新文件化資訊時，組織應確保適當的：
(a) 識別和描述（如標題、日期、作者或可追溯編號）。
(b) 格式（如語言、軟體版本、圖形）和媒體（如紙張、電子化）。
(c) 審查和批准的適宜性和充分性。

文件化管理藍圖

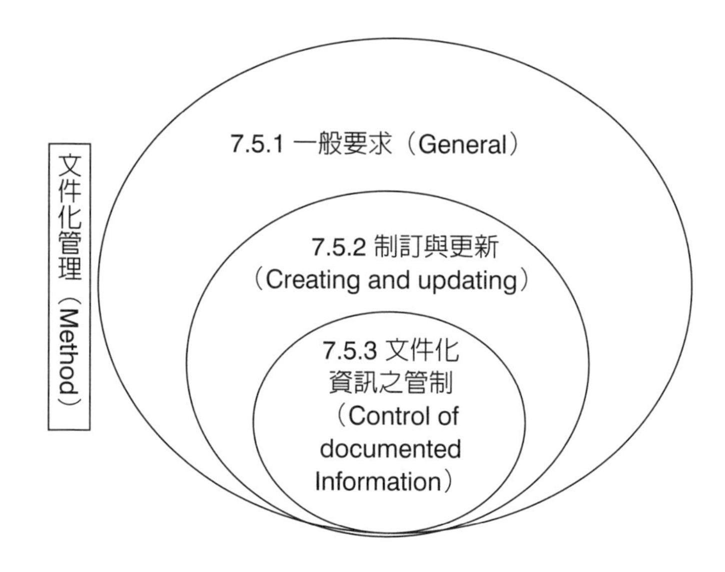

文件制修訂與報廢流程範例

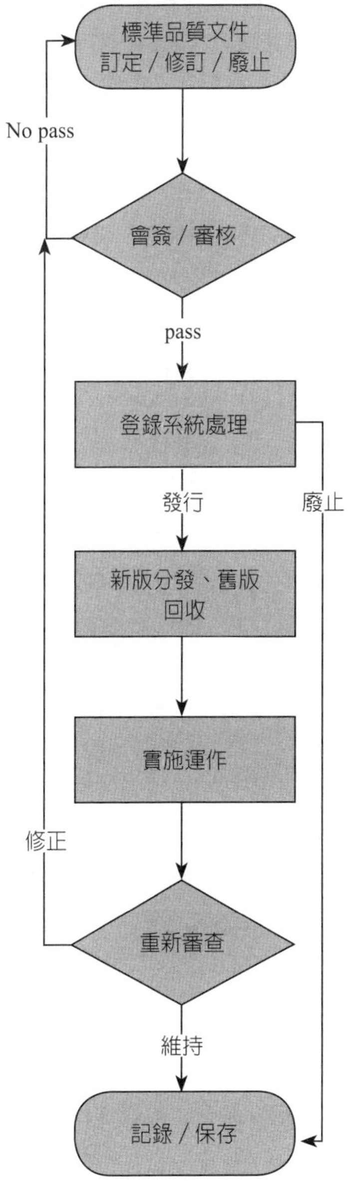

標準文件之制修廢流程	權責單位	相關文件化資訊
標準品質文件訂定／修訂／廢止	各部門單位承辦人員	文件標準格式頁／文件訂修廢履歷表
會簽／審核（No pass → 標準品質文件訂定／修訂／廢止；pass → 登錄系統處理）	各部門單位／單位權責主管	文件訂修廢會簽單／標準文件草案／文件封面／
登錄系統處理（發行 → 新版分發、舊版回收；廢止 → 記錄／保存）	文管中心	文件訂修廢履歷表／標準文件資料／標準文件清單／標準文件電子檔／
新版分發、舊版回收	文管中心	管制文件分發／回收／紀錄表
實施運作	各部門單位	管制文件
重新審查（修正 → 會簽／審核；維持 → 記錄／保存）	文管中心／業務承辦人員	標準文件／內部稽核查檢表
記錄／保存	文管中心	管制文件／文件訂修廢履歷表

Unit 2-6 文件化管理（2）

有關外部文件管制，凡與產品品質相關之法規資料如國家標準規範等，均由企業內文管中心管制，並登錄於「文件管理彙總表」，需隨時主動向有關單位查詢最新版之公告資料。如有外部單位需要有關文件時，文管中心應於「文件資料分發回收簽領紀錄表」登錄，並於發出文件上加蓋「僅供參考」，以確實做好相關管制，以免誤用。

7.5.3 文件化資訊的管制（Control of documented Information）條文要求

7.5.3.1
品質管理系統及本國際標準所要求的文件化資訊應被管制以確保：
(a) 當需要時，無論何時何地，它是可獲得適當使用。
(b) 它是被充分保護（如避免失去保密性、使用不當或失去完整性）。
7.5.3.2
對文件化資訊的管制，適用時組織應致力於以下活動：
(a) 分發、存取、檢索和使用。
(b) 儲存和保存，包括保持易讀性。
(c) 變更的管制（例如版本管制）。
(d) 保存期限和處置。
適當時，組織所決定之品質管理系統規劃與運作之必要外來原始文件化資訊，應被鑑別和管制。

ISO文件管理師組織職責：

1. 除文件化資訊的管制，包括一般行政作業ISO文件管理維護、分類、修訂收發登記、分層入檔、保管。
2. 外部文件（如法令法規、客戶承認書建立與維護）更新、查核、跟催、整理等作業。
3. 召開文件變更跨部會議，協助ISO跨系統推行文件管理,並進行文件系統性整理，以確保ISO管理系統實施的有效性。
4. 協助ISO系統推行文件資訊化管理，並進行文件系統性融合，以確保ISO系統實施的有效性。
5. 具備良好溝通能力及獨立作業能力、規劃力。

標準文件之分類管制

文件名稱	說　明
原版文件	審核通過後，存檔備查使用
管制文件	文件發行後，據以遵循實施
參考文件	供參考使用，未具任何效力
作廢文件	不符合需求，已改版或作廢

備註1（管制單位）：標準文件不得自行列印、複印、塗改。
備註2（管制章範例）：管制文件章、參考文件章、作廢文件章，應包含單位名稱及日期。

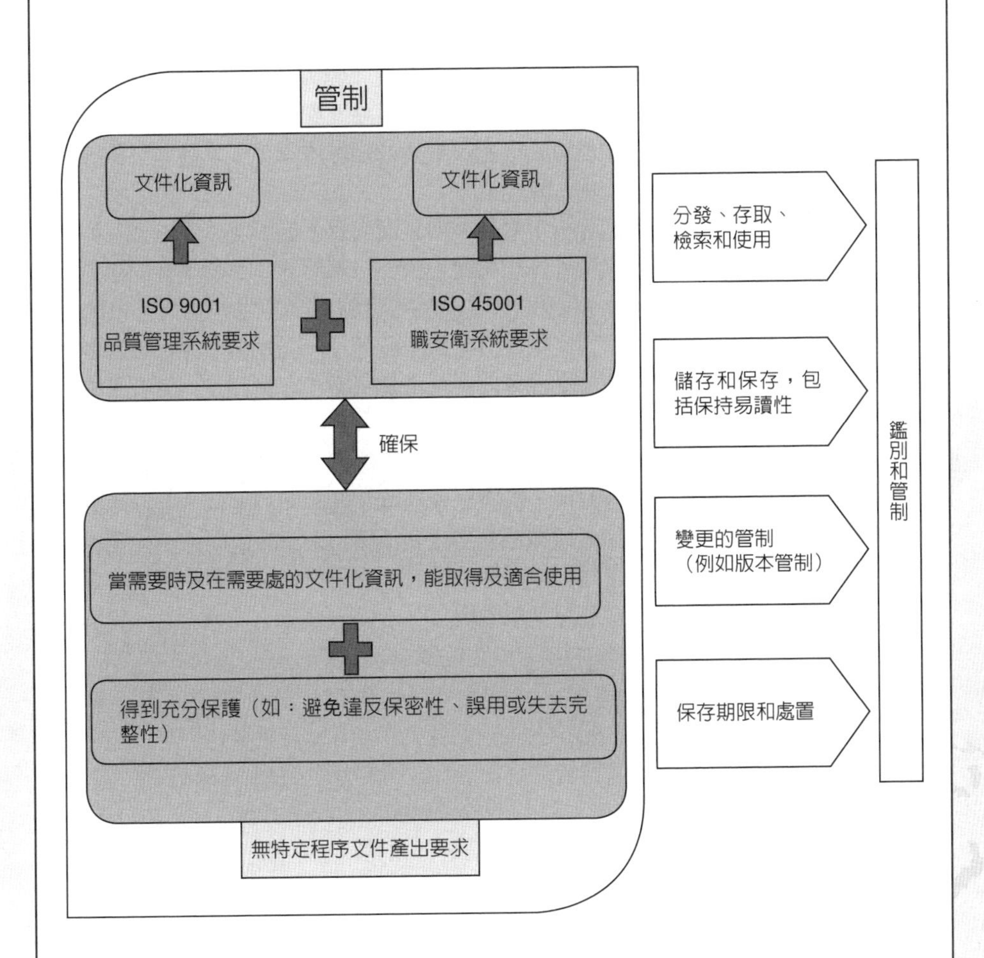

Unit 2-7 知識管理

知識經濟的時代，企業所要面對的是一個更複雜、快速的環境。近年來全球許多企業紛紛投入知識管理的熱潮中，可見得企業欲透過知識管理創造價值的期待及渴望。多數企業對知識管理的認知仍停留在文件管理及系統建置階段，且不知從何處強化或改善，無法眞正落實及發揮知識管理的精神及效益。因此，經濟部工業局主導規劃「知識管理評量機制」，希望透過技術服務業及標竿企業多年來推動知識管理的實務經驗，根據企業知識管理發展過程而設計一套評量機制，可作爲企業自我檢視推動現況，並據以調整導入策略及實施做法。

從工業時代到資訊時代，再到知識經濟時代，社會變得更加多元，充滿了不確定性。不過，愈懂得善用知識的人，愈會發現處處充滿商機。現今透過網路資訊隨時隨地唾手可得，但是哪一些才是企業眞正需要的資訊呢？要如何去蕪存菁地創造企業知識進而爲企業帶來財富？又要如何將企業過去成功的經驗傳承下去？這些都是今日面臨全球化競爭的企業所要面對的基本課題。

根據管理大師許士軍教授的分析，臺灣企業正面臨以下的困境：組織喪失創新的動力、組織與外界產生隔閡、集權管理結果喪失彈性、基層員工與管理者的無力感。基於多年的產業輔導顧問經驗，認爲企業文化的不合時宜，與這些困境互爲因果關係，更是企業的通病。如何讓企業文化從僵化到充滿彈性，從被動回應到主動因應，從問題解決模式到預防問題機制，從墨守成規到創新突破，在在都是經營者必須擁有的經營觀念。

知識分享目的，可配合企業中長期業務發展，激勵員工藉由知識分享管理進行軟性內部外部溝通，透過知識文件管理、知識分享環境塑造、知識地圖、社群經營、組織學習、資料檢索、文件管理、入口網站等文化變革面、資訊技術面或流程運作面之相關專案導入與推動工作，跨專長提供問題分析、因應對策或其他策略規劃建議，內化溝通型企業文化，營造知識創造與創新思維。

知識管理IPO流程範例

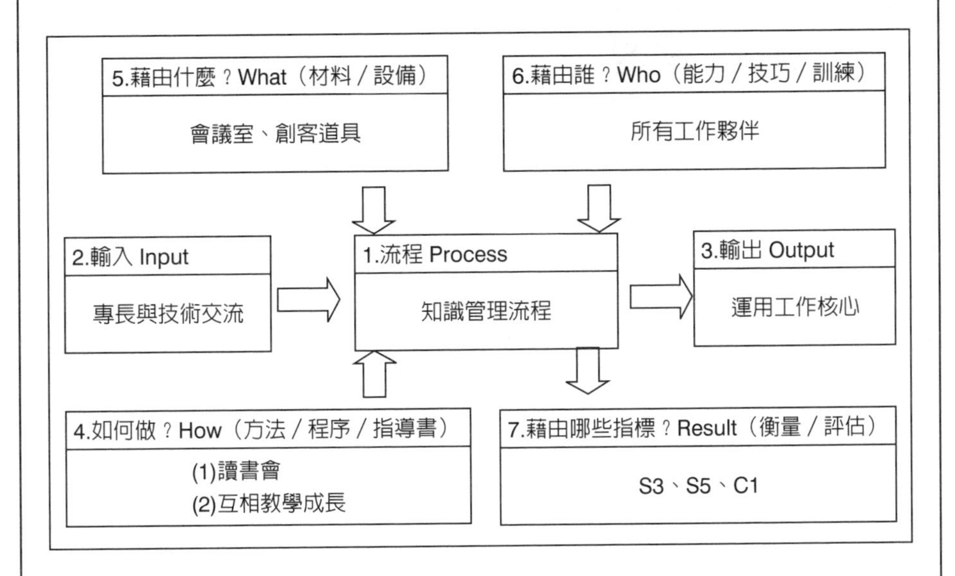

實務推動KM問題解決

項目	常見可能遭遇之問題	問題解決方式
1. 企業文化	組織成員對KM知識管理重要性之認知度需要加強	1. 以業務單位為KM推動示範單位，成立推動委員會 2. 以Work-out方式進行策略共識
2. 營運流程管理	業務行銷部門中關鍵作業隱性知識較無法具體表達	1. 建立作業標準書與文件管理分類 2. 挑選部門種子技術教師 3. 推動培養部門師徒導師制
3. 資訊科技硬體方面	電腦設備不足，員工多人共用一部電腦與未能有效進行資訊分享	1. 依Web-ISO平台分享知識，內部提供共用資料使用教學課程 2. Web-ISO平台統一編碼管理與識別
4.人員素質	業務員工資訊能力強，業務行銷流程未能聚焦產品行銷定位，將產業趨勢資訊轉換成知識書面文件是有困難的	1. 進行業務作業KM分類與盤點 2. 具體規劃產業分析報告KM資料庫 3. 具體規劃產品行銷市場定位圖

Unit 2-8 風險管理

風險是不確定性對預期結果的影響，並以風險為基礎的思維理念，始終隱含在ISO 9001：2015的國際標準，使基於風險的思路更加清晰，並運用它建立與實施，維持和持續要求完善的品質管理系統。

企業可以選擇發展更廣泛基於風險的方法要求本國際標準，以ISO 31000提供了正式的風險管理指引，可以適當運用在組織環境。

在可接受的風險水準下，積極從事各項業務，設施風險評估提升產品之質量與人員職業安全衛生。加強風險控管之廣度與深度，力行制度化、電腦化及紀律化。組織部門應就各業務所涉及系統及事件風險、市場風險、信用風險、流動性風險、法令風險、作業風險和制度風險做系統性有效控管，總經理室應就營運活動持續監控及即時回應，年度稽核作業應進行確實查核，以利風險即時回應與適時進行危機處置，制定程序文件。

風險（Risk）：潛在影響組織營運目標之事件，及其發生之可能性與嚴重性。

風險管理（Risk management）：為有效管理可能發生事件並降低其不利影響，所執行之步驟與過程。

風險分析（Risk analysis）：系統性運用有效資訊，以判斷特定事件發生之可能性及其影響之嚴重程度。

風險管理目的，在可接受的風險水準下，積極從事各項業務，設施風險評估提升產品之質量與人員安全。加強風險控管之廣度與深度，力行制度化、電腦化及紀律化。企業應就各產品與服務業務所涉及系統及事件風險、市場風險、信用風險、流動性風險、法令風險、作業風險和制度風險做系統性有效控管，企業應就營運活動持續監控及即時回應，年度稽核作業應進行確實查核，以利風險即時回應與適時進行危機處置，制定實施。

國際標準——風險管理參考

項次	國際規範	名稱
1	ISO 31000：2009-Risk management-Principles and guidelines	風險管理：原則與指引
2	ISO/TR 31004：2013 provides guidances for organizations on managing risk effectively by implementing ISO 31000：2009	風險管理：執行ISO 31000之指導綱要
3	ISO/IEC 31010：2009 Risk Management-Risk assessment techniques	風險管理：風險評估技術
4	ISO 14971：2007 Risk Management Requirements for Medical Devices	風險管理：醫療器材之產品

ISO風險評估（以金屬製品製造流程為例）

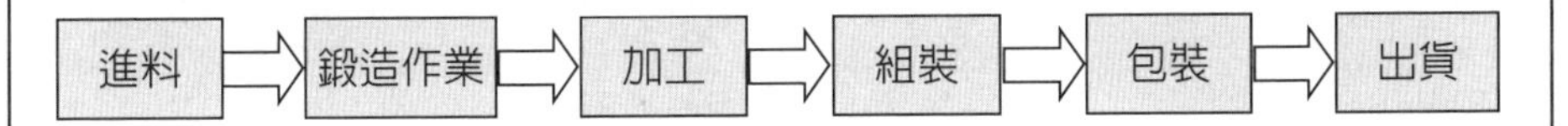

作業說明：此為一金屬零件製造工廠主要製程，包括進料、鍛造作業、加工、組裝、包裝、出貨。進料時先以堆高機自碼頭貨車上將貨物載至倉庫，再以固定式起重機吊掛至定位；接下來以鍛造爐進行零件鍛造，進行熱處理後再以衝床、車床、研磨機及鑽孔機等加工，最後以輸送帶包裝出貨。

嚴重度等級	可能性等級			
	P4	P3	P2	P1
S4	5	4	4	3
S3	4	4	3	3
S2	4	3	3	2
S1	3	3	2	1

個案討論

分組研究個案，試說明符合七大原則中的哪幾項？

章節作業

七大品質管理原則與ISO 9001標準條文關係，請列出說明。

個案學習：防蝕系統設計製造安裝

七大原則	個案學習	條文
顧客導向	客製提供陰極防腐蝕產品服務	
領導	合理價格、高品質與快速服務	
員工參與	上下目標一致、團隊合作	
流程導向	TQM、Lean production	
改進	提供安全穩定快樂職場環境	
以證據為依據之決策	精確、持續改進、及時	
關係管理	曾被評為最佳供應商	

列舉標竿學習個案——優於競爭對手五大領域

顧客服務	
客戶關係	
績效卓越	
工作環境	
成長機會高	

第3章

ISO 45001：2018 概述

章節體系架構 

Unit 3-1 簡介

企業推動職業安全衛生管理系統ISO 45001，使組織成員可藉由主動積極改進組織職安衛績效的方式與預防工作相關的傷害及健康危害，促進提供安全健康的工作場所。

ISO 45001：2018職安衛管理系統，適用於建立、實施及維持職安衛管理系統以改進職業安全衛生、消除危害及降低職安衛風險（包括系統瑕疵）、善加利用職安衛機會及處理職安衛管理系統之相關活動不符合事項爲目的之組織。本國際標準可協助組織達成其職安衛管理系統的預期結果。與組織職安衛政策一致，職安衛管理系統之預期結果包括：

1. 持續改進職業安全衛生績效。
2. 符合法規要求事項及其他要求事項。
3. 達成職業安全衛生目標。

ISO 45001：2018適用於任何規模、類型及活動之組織，亦適用於任何組織管控的職業安全衛生風險，但組織亦必須納入考量組織運作的前後環節，以及其工作者與其他利害相關者之需求與期望等因素。

小博士解說

ISO 9001國際標準條文是每家公司制定品質手冊之依循，一般通則採四階層程序文件。組織內部經跨功能部門，所制訂品質手冊屬二階程序文件所遵循之上位手冊，依此類推。

列舉ISO 9001國際標準應用於學校之品質手冊：

本校之品質管理系統，涵蓋本校行政服務之目標管理運作、日常運作、持續改善活動等。在日常服務中，對於教授與老師、行政職工之工作品質，即進行必要之考核或督導，聲明本校行政服務之作業流程中，並無行政服務系統的設計與開發，且任何行政服務均可在作業過程中及服務提供後確認其完整性與正確性，因此，ISO 9001國際標準中，設計與開發及服務提供流程，確認不適用於本校品質管理系統。

ISO 9001：2015品質管理系統，國際標準條文可參考附錄3-1。

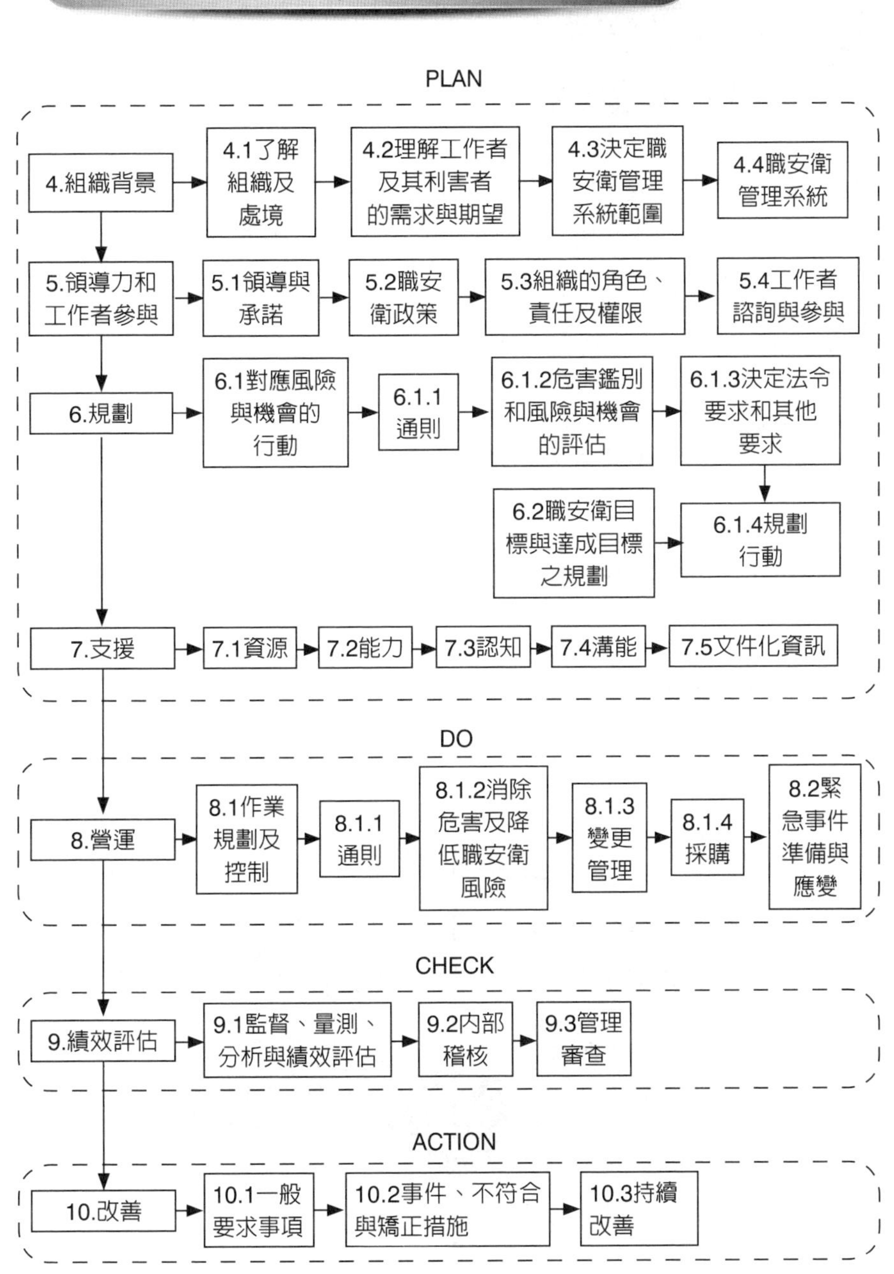
ISO 45001條文PDCA要求
PLAN
4.組織背景
4.1了解組織及處境
4.2理解工作者及其利害者的需求與期望
4.3決定職安衛管理系統範圍
4.4職安衛管理系統
5.領導力和工作者參與
5.1領導與承諾
5.2職安衛政策
5.3組織的角色、責任及權限
5.4工作者諮詢與參與
6.規劃
6.1對應風險與機會的行動
6.1.1通則
6.1.2危害鑑別和風險與機會的評估
6.1.3決定法令要求和其他要求
6.2職安衛目標與達成目標之規劃
6.1.4規劃行動
7.支援
7.1資源
7.2能力
7.3認知
7.4溝能
7.5文件化資訊
DO
8.營運
8.1作業規劃及控制
8.1.1通則
8.1.2消除危害及降低職安衛風險
8.1.3變更管理
8.1.4採購
8.2緊急事件準備與應變
CHECK
9.績效評估
9.1監督、量測、分析與績效評估
9.2內部稽核
9.3管理審查
ACTION
10.改善
10.1一般要求事項
10.2事件、不符合與矯正措施
10.3持續改善

Unit 3-2 PDCA循環

ISO 45001：2018職安衛管理系統方法係建立在「計畫（P）—執行（D）—檢核（C）—行動（A）」的概念上，可一體應用於所有過程及管理系統。

PDCA概念提供組織用以達成持續改進之反覆過程，其可應用於整個管理系統及個別要項，PDCA循環可簡要說明如下：

Plan（計畫）：決定及鑑別職安衛風險、職安衛機會、其他風險與其他機會，建立必要的職業安全衛生目標與過程，以依據組織職安衛政策交付結果。

Do（執行）：依計畫實施此等過程。

Check（檢核）：監督及衡量職安衛政策與職安衛目標相關的活動及過程，並報告結果。

Action（行動）：採取措施以持續改進職安衛績效，並達成預期結果。

ISO 45001：2018職安衛管理系統圖解方式說明將條文第4章至第10章納入PDCA循環架構內。

下頁以管理系統圖解方式說明將條文第4章至第10章納入PDCA循環架構內。

個案研究，以醫院護理PDCA改善爲例說明。

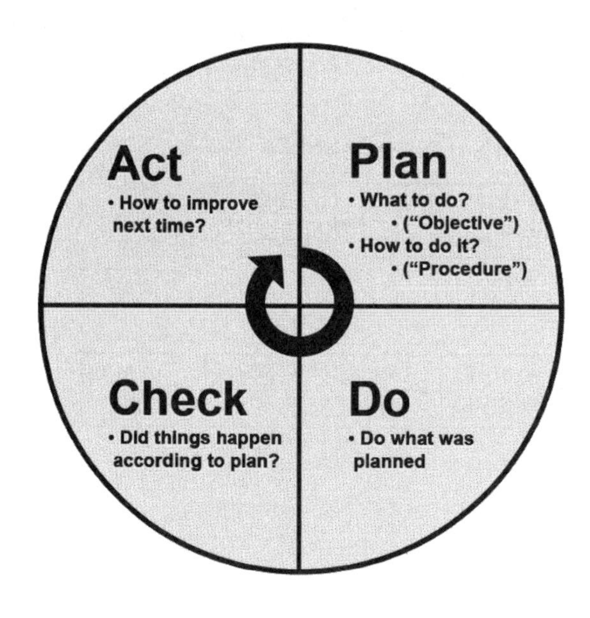

圖解ISO 45001：2018系統圖

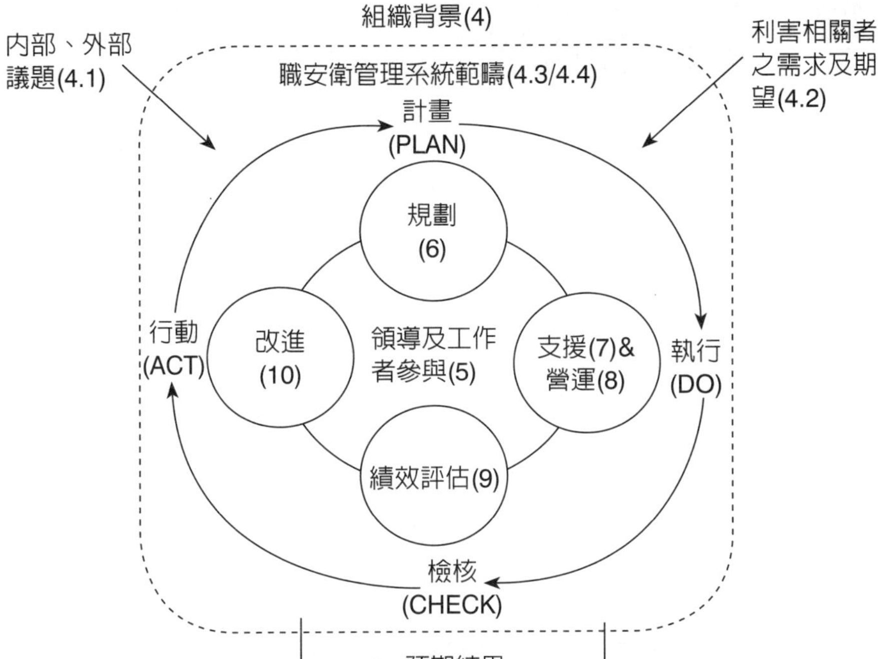

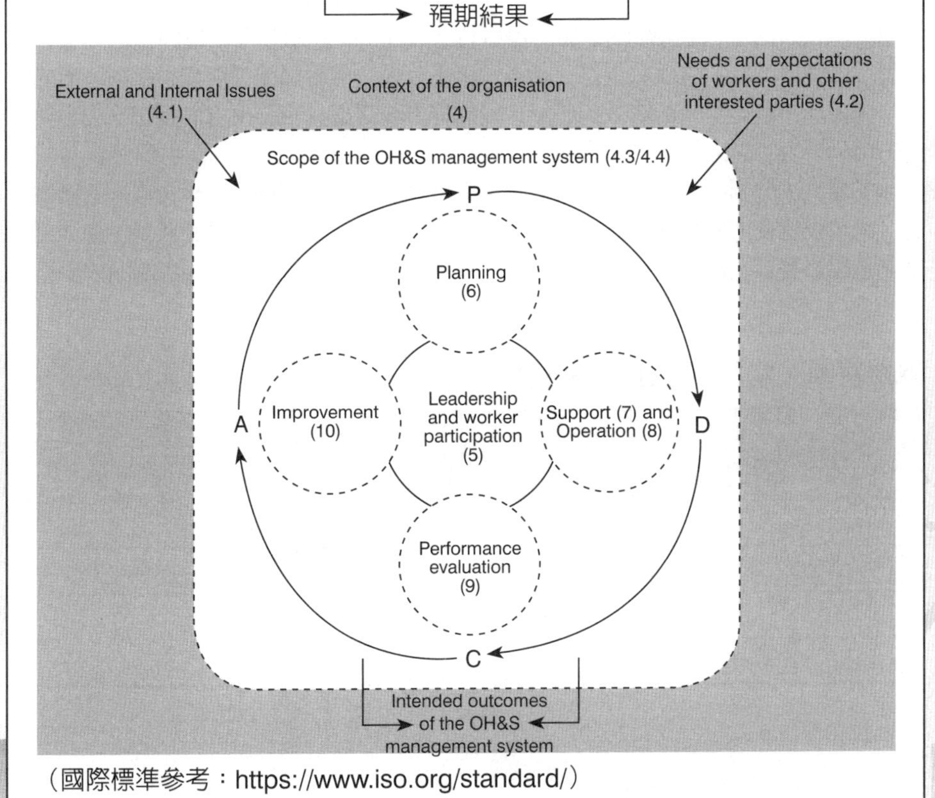

（國際標準參考：https://www.iso.org/standard/）

Unit 3-3 考量風險思維

基於風險之思維（A.4）（Risk-based thinking）是達成有效品質管理系統所不可或缺的。它的概念隱含於前一ISO 9001：2008版本中，例：執行預防措施以消除潛在不符合事項、分析已發生的任何不符合事項，並採取適合防止不符合後果的措施以預防再發生。

爲符合國際標準要求事項，組織有需要規劃並實施處理風險及機會之措施，同時處理風險及機會兩者，可建立增進管理系統有效性的基礎、達成改進結果及預防負面效應，如鑑別職安衛風險、顧客抱怨與退貨風險。

鑑別職安衛風險有利於達成預期結果的情況，可能帶來機會，例：工安零事故、降低財損增加工作安全、開發新產品與服務機會、改進整體企業工安文化。處理機會之措施也可將相關風險納入考量。風險是不確定性的效應，且任何不確定性可能有其正面或負面效應，風險的正向偏離可能形成機會，但並非所有風險的正向效應都能形成機會。

風險機會系統性評估方法，可採評估專案報告提交管理審查會議討論與產業環境風險機會之因應，如PEST分析是利用環境掃描分析總體環境中的政治（Political）、經濟（Economic）、社會（Social）與科技（Technological）等四種因素的一種分析模型。市場研究時，外部分析的一部分，給予公司一個針對總體環境中不同因素的概述。運用此策略工具也能有效的了解市場的成長或衰退、企業所處的情況、潛力與營運方向。

常見五力分析是定義出一個市場吸引力之高低程度。客觀評估來自買方的議價能力、來自供應商的議價能力、來自潛在進入者的威脅和來自替代品的威脅，共同組合而創造出影響公司的競爭力。

風險基準，常用評估風險等級表

嚴重度等級	可能性等級			
	P4	P3	P2	P1
S4	5	4	4	3
S3	4	4	3	3
S2	4	3	3	2
S1	3	3	2	1

鑑別風險機會評估步驟

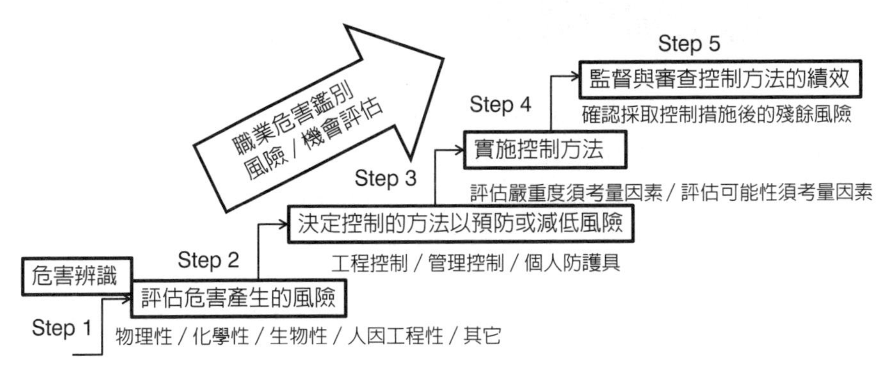

例如：作業名稱、週期、環境特性

基於風險之思維

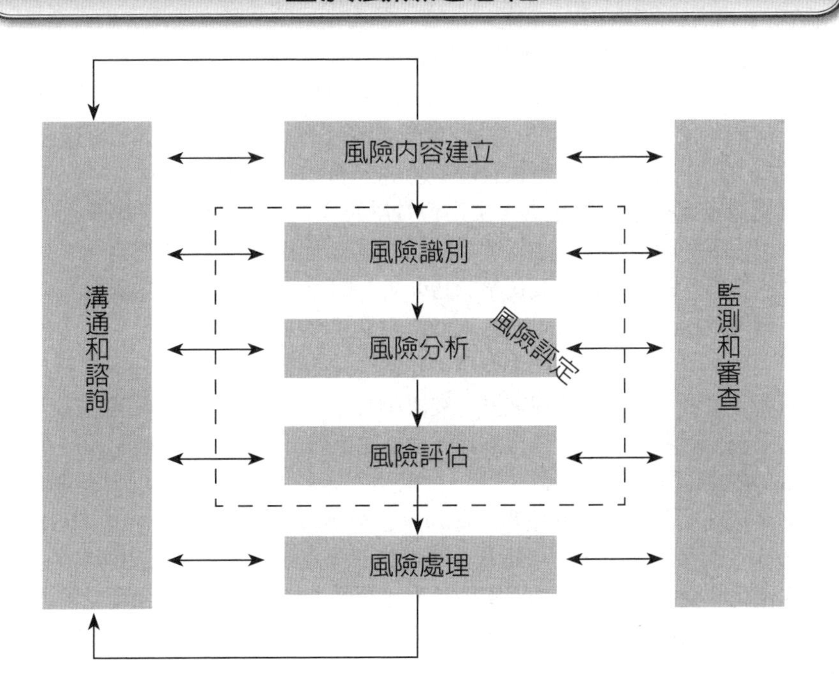

Unit 3-4 成功關鍵因素

實施ISO 45001：2018職安衛管理系統爲組織策略性與營運面之決定，其成功取決於領導、承諾及組織內部各階層與功能別單位的參與。

實施及維持職安衛管理系統，其有效性與達成預期結果之能力，係依賴下列關鍵因素：

1. 最高管理階層的領導、承諾、責任及承當。
2. 最高管理階層發展、領導及促進組織內部支持職安衛管理系統預期結果的文化。
3. 溝通。
4. 工作者及其代表之諮詢與參與。
5. 配置維持管理系統必要的資源。
6. 與組織整體策略性目標及發展方向一致之職安衛政策。
7. 可有效鑑別危害、控制職安衛風險及充分利用職安衛機會之過程。
8. 持續績效評估及監督職安衛管理系統，以改進職安衛績效。
9. 將職安衛管理系統整合納入組織之業務過程。
10. 使職安衛目標與政策一致，組織的危害、職安衛風險及職安衛機會納入考量。
11. 符合相關法規要求事項及其他要求事項。

個案研究：台積電公司高階管理齊力支持，積極建立安全健康職場，2019年8月，已完成中華民國臺灣全數15座晶圓廠及4座後段封測廠的第三方國際驗證單位稽核，成功取得最新版職業安全衛生管理系統ISO 45001：2018認證。

落實職業安全衛生國際標準，全方位杜絕工作場域危害風險，根據多年的實務經驗，一個完整的職業安全衛生管理系統能有效防範因工作導致的傷害與疾病，成爲職場安全的指導方針。台積電公司早於1996年，即投入資源建構職業安全衛生管理系統，並陸續取得ISO 14001、OHSAS 18001等認證。2018年第二季至今，爲接軌國際標準，擴大更完善的職業安全衛生作爲，在董事長的帶領下，結合各廠區工安環保、設備、廠務、學習中心、品質實驗室、健康中心、員工關係等跨組織的努力，持續全方位優化系統、展開相關人員教育訓練，並強化風險評估後的改善執行力，是全臺擁有最多ISO 45001認證廠區數的公司。

探討其成功關鍵因素，**台積電公司19座多廠區專案推動**爲順利轉換成ISO 45001職業安全衛生管理認證系統，台積電公司採取四大重要步驟，截至2019年8月通過認證。**四大優化關鍵，包括深化領導階層及利害關係人參與、職業安全衛生管理人員教育訓練、績效指標的建置、強化風險評估後之具體改善執行力**

（資料來源：https://csr.tsmc.com/csr/ch/update/inclusiveWorkplace/caseStudy/17/index.html）

ISO 45001：2018職安衛管理系統成功關鍵因素

因素	章節	條文	工作內容（5W1H）	相對應的文件化資訊	備註
1	ISO 45001：2018	5.1(a)	領導承諾、責任及責任承擔		
2	ISO 45001：2018	5.1(j)	發展、引領、促進及文化		
3	ISO 45001：2018	7.4	對內及外之溝通		
4	ISO 45001：2018	5.4	工作者及工作者代表的諮商與參與		
5	ISO 45001：2018	7.1	提供的資源		
6	ISO 45001：2018	5.1(b)	策略之發展與政策目標一致		
7	ISO 45001：2018	6.1.1~6.1.4	行動、危害鑑別、控制風險、文件化資訊、評估風險機會		
8	ISO 45001：2018	9.1.1/10.3	績效評估及持續改進		
9	ISO 45001：2018	5.1(c)	系統要求納入組織執行過程		
10	ISO 45001：2018	6.2.1	目標應與政策一致性、監督危害風險及機會		
11	ISO 45001：2018	6.1.3	符合法令及其他要求事項		

關鍵因素與ISO 45001系統連結

因素	為何發生（Why）	應分析風險發生機制，以找出危害來源（What）	可能受影響者（Who）	發生時間（When）	工作區域（Where）	研擬預防措施（How）
行動、危害鑑別、控制風險、文件化資訊、評估風險機會	• 作業失誤 • 機械操作錯誤	• 環境 • 械械設備 • 作業活動	• 業主 • 訪客 • 設計人員 • 監造人員 • 作業人員 • 民衆	任何時間使組織能夠主動改善其OH&S的標準預防傷害和健康不良的表現	• 作業區内 • 作業區外	• 預防不安全狀況 • 預防不安全行為 • 預防材料設備 • 預防管理缺失

個案討論

分組研究個案，從職安衛品質文件中，說明職安衛管理系統圖的優點特色。

章節作業

分組實作展開——SIPOC系統流程。

第 4 章

組織背景

章節體系架構 

Unit 4-1 了解組織及其背景

產業內外部環境機會之因應，可善用四大工具：

1. PEST分析是利用環境掃描分析總體環境中的政治（Political）、經濟（Economic）、社會（Social）與科技（Technological）等四種因素的一種模型。市場研究時，外部分析的一部分，給予公司一個針對總體環境中不同因素的概述。運用此策略工具也能有效的了解市場的成長或衰退、企業所處的情況、潛力與營運方向。
2. 五力分析是定義出一個市場吸引力高低程度。客觀評估來自買方的議價能力、來自供應商的議價能力、來自潛在進入者的威脅和來自替代品的威脅，共同組合而創造出影響公司的競爭力。
3. SWOT強弱危機分析是一種企業競爭態勢分析方法，是市場行銷的基礎分析方法，通過評價企業的優勢（Strengths）、劣勢（Weaknesses）、競爭市場上的機會（Opportunities）和威脅（Threats），用以在制定企業的發展戰略前，對企業進行深入全面的分析以及競爭優勢的定位。
4. 風險管理（Risk management）是一個管理過程，包括對風險的定義、鑑別評估和發展因應風險的策略。目的是將可避免的風險、成本及損失極小化。風險管理精進，經鑑別排定優先次序，依序優先處理引發最大損失及發生機率最高的事件，其次再處理風險相對較低的事件。

針對工作環境安全管理，可加強工作安全分析（Job safety analysis），透過事先或定期對某項工作進行安全分析，識別危害因子，評價其風險等級，依據評價結果制定和實施相應的控制措施，達到最大限度消除或控制風險的方法。

經常被中小企業忽略風險危害，其中承攬管理程序作業常不被重視。勞動部於2015年「職業安全衛生管理辦法」第十二條之一規定，雇主應依其事業單位之規模、性質，訂定職業安全衛生管理計畫，並依「職業安全衛生法施行細則」第三十一條規定，執行工作環境或作業危害之辨識、評估及控制、採購管理、承攬管理、變更管理與緊急應變措施等職業安全衛生事項，特研訂風險評估、採購管理、承攬管理、變更管理及緊急應變措施等五項相關技術指引，提出建立及執行各項安全衛生管理制度應有之基本原則、作業流程及建議性做法等，作為事業單位規劃及執行之參考。

ISO 45001：2018_4.1 組織背景條文要求

4.1了解組織及其背景 組織應決定與組織目的有關的外部與內部議題，相關議題會影響組織達成職安衛管理系統預期成果的能力。

SWOT分析工具

SWOT矩陣	優勢STRENGTHS（內部分析internal）	弱勢WEAKNESS（內部分析internal）
	• 操作人員技術熟練 • 大部分銷售都是重複訂單 • 強大／穩定的採購流程 • ……	• 現有產品／服務的交貨週期很長 • 新產品的開發週期很長
機會OPPORTUNITIES（外部分析external） • 新的地域開放 • 市場尋求技術幫助 • 可能的獨家供應 • 使用認可公司的趨勢 • 客戶希望更快交貨	S-O策略（進攻） 利用今日的機會	W-O策略（進攻） 克服弱點以追求機會
威脅THREATS（外部分析external） • 顧客將我們視為陳舊 • 競爭對手積極定價 • 不是新地區的玩家 • 客戶需要最新的技術 • 供應商提高成本	S-T策略（防禦） 增強和加強競爭優勢	W-T策略（防禦） 制定防禦計畫，防止弱點變得更容易受到外部威脅

五力分析工具

• 由少數供應者主宰市場狀況
• 對購買者而言，無適當替代品
• 對供應商而言，購買者並非重要客戶
• 供應商的產品對購買者的成敗具關鍵地位
• 供應商的產品對購買者而言，轉換成本極高
• 供應商容易向前整合

潛在進入者（新進入者的威脅）

• 經濟規模大小
• 專利保護優勢
• 產品與服務差異化
• 品牌度
• 轉換成本
• 資金需求
• 獨特配銷通路
• 政府法規與政策

威脅

供應商（供應商的議價能力）

議價力

同業競爭壓力（現有廠商的競爭程度）

買方（購買者的議價能力）

議價力

• 購買者群體集中，採購量很大
• 所採購的是標準化產品
• 轉換成本極少
• 購買者容易向後整合
• 購買者的資訊充足

威脅

• 替代品有較低的相對價格
• 替代品有較強的功能
• 購買者面臨低轉換成本

替代品（替代品或服務的威脅）

Unit 4-2 了解工作者及其他利害關係者之需求與期望

利害關係者（interested parties）鑑別可依據AA1000 stakeholder engagement standards之六大原則，包含責任、影響力、親近度依賴性、代表性、政策及策略意圖，由社會企業責任CSR委員會評估小組成員及相關代表，依據上述原則確認爲股東及投資者、政府機關、客戶、供應商、員工及社區。

列舉標竿企業上銀科技在照顧員工與投資者的最大獲利之時，也追求公司永續發展。爲確保企業永續發展之規劃與決策，須與公司所有利害關係人建立透明及有效的多元溝通管道及回應機制，將利害相關人所關注之重大性議題引進企業永續發展策略中，做爲擬定公司社會責任實行政策與相關規劃的參考指標。

列舉標竿企業伸興工業公告強調利害關係人的鑑別與溝通，是企業社會責任的基礎。爲了解利害關係人對於本公司之經濟、人權、社會與環境面等關注事項，我們透過問卷調查、客服網路信箱、股東大會、員工福利委員會等方式，收集來自內部與外部不同管道之意見，做爲日後研擬公司管理方針之參考。

列舉森田印刷廠之利害關係人，包含投資人與股東、員工、客戶、政府機構與主管機關、鄰里居民等類別。

個案研究中，聚鼎科技股份有限公司於1998年建立的新竹科學園區內，爲亞洲第一間專業PPTC（高分子正溫度係數）製造公司。公司擁有領先的技術優勢，提供客戶創新的電路保護及熱管理系列產品之解決方案，以確保現今高密度電子產品中的安全性及可靠度。

個案重視員工工作環境與人身安全保護措施，部分廠區潛藏噪音、粉塵等風險，現場採個人防護具保護。爲確保員工人身安全與健康之工作環境，推動(1)取得國際ISO 14001認證，透過環境管理規劃、執行、查核與改善的循環機制，致力持續不斷減廢及汙染預防，並營造安全舒適的工作環境。(2)安全衛生、環境管理專責單位或人員設立情形：各廠區設置安全衛生業務主管及安全衛生管理員，執行安全衛生業務，並經各地主管機關核備在案。環保部分設置專責人員進行環保管理相關作業。(3)一般作業及特別危害健康作業（如噪音、粉塵作業等）的員工，每年實施健康檢查與管理；若有特殊健康檢查異常且列入二級管理的員工，將會安排進行評估與衛教建議。(4)廠內所有危險性機械設備均依法令實施定期檢查合格，操作人員均取得專業執照並定期接受在職回訓等保護措施。

列舉聚鼎科技公司之利害關係人，包括員工、客戶、股東及供應商，其所關注議題及溝通做法如下頁參考。

ISO 45001：2018_4.2條文要求

組織應決定：

(a)與職安衛管理系統相關的工作者及其他利害相關者；

(b)工作者及其他利害者的需求和期望；

(c)這些需求和期望中哪些可能成爲法令要求和其他要求。

聚鼎科技利害關係溝通（參考例）

對象	關注議題	溝通做法
員工	• 薪資福利 • 職涯發展 • 職業安全衛生與健康 • 勞資關係	• 定期舉行月會、不定期舉行福委會會議／勞資會議、面對面溝通協調問題。 • 性騷擾投訴、舞弊或違反從業道德檢舉信箱、保密匿名申訴制度。 • HR滿意度調查。
客戶	• 客戶服務 • 產品品質／價格 • 客戶關係管理	• 定期內部溝通討論訂單／品質／客戶需求會議、每年進行客戶滿意度調查、定期及不定期拜訪客戶。 • 按公司標準程序檢驗並調整產品品質／價格。
股東	• 永續發展策略 • 經營績效 • 風險管理	• 每年股東大會。 • 於公司網頁及公開資訊公布每月營收／季度及年度財報及營收分布等。 • 不定期舉辦法人說明會。
供應商	• 永續發展策略 • 經營績效 • 供應商評核	• 舉辦供應商會議及供應商評核。 • 不定期訪查供應商。 • 要求外包商／供應商共同遵守電子產業行為規範。

中鼎工程利害關係者溝通（通過ISO 45001認證參考例）

對象	關注議題	溝通做法
員工	• 安全與健康工作環境 • 人才招募與留才 • 職涯發展與教育訓練 • 勞工權益與人權	• 勞資會議 • 高階主管座談會 • 職業安全衛生委員會／每季 • 員工意見平台 • 專線電話 • 專用電子信箱 • 職工福利委員會／隨時
股東／投資人	• 獲利能力 • 業務展望 • 同業競爭 • 營運風險 • 永續經營	• 股東會／每年 • 法人說明會／每半年 • 海外法人說明會 • 投資人說明會／不定期 • 投資人來訪／不定期
社區	• 社會參與	• 舉辦大型文化活動／每年 • 義賣活動／每隔週 • 公益活動／不定期
供應商／下包商	• 供應鏈永續管理 • 安全與健康工作環境 • 環境污染防制	• 廠商拜訪 • 訪廠／不定期 • 舉行供應商大會／每年
客戶	• 客戶服務與管理 • 安全與健康工作環境 • 供應鏈永續管理	• 客戶滿意度調查／每年 • 訂定專案年度品質目標，每季進行量測，並召開會議檢討。
媒體	• 資訊揭露 • 品牌形象	• 重大訊息發布新聞稿／隨時

Unit 4-3 決定職安衛管理系統的範圍

職安衛管理系統範圍，依公司場址所有有關產品與服務過程管理，輸入與輸出作業安全工作環境皆適用之。包括承攬安全管理、勞檢法規要求等。

有關適用性，融合跨系統ISO 9001標準並無排除事項，但產業別組織可依其規模大小或複雜性、其所採行的管理模式、其活動的範圍及其所面對的風險與機會之性質，審查ISO 45001/ISO 9001標準要求事項之適用性。

ISO 45001於2018年推出的全新職業健康與安全管理系統（OHSMS）國際標準。推動實施ISO 45001的企業組織能夠更有系統地保護員工及其他人的健康及安全。

ISO 45001：2018是OHSMS國際標準新制。ISO 45001標準與OHSAS 18001相似，融合針對新的及修訂過的ISO管理系統標準一律採用Annex SL高階架構。ISO 45001可融合ISO 9001：2015及ISO 14001：2015等其他管理系統標準。

ISO 45001：2018_4.3條文要求

組織應決定職安衛管理系統的界限及適用性，以確立其範疇。
當決定範疇時，組織應考量下列事項：
(a) 條文4.1提及之外部及內部議題；
(b) 條文4.2提及之要求；
(c) 考量所規劃和執行與工作相關的活動。
職安衛管理系統應涵蓋在組織控制或影響下，可能衝擊組織之職安衛績效的活動、產品及服務。

圖解QMS系統範圍

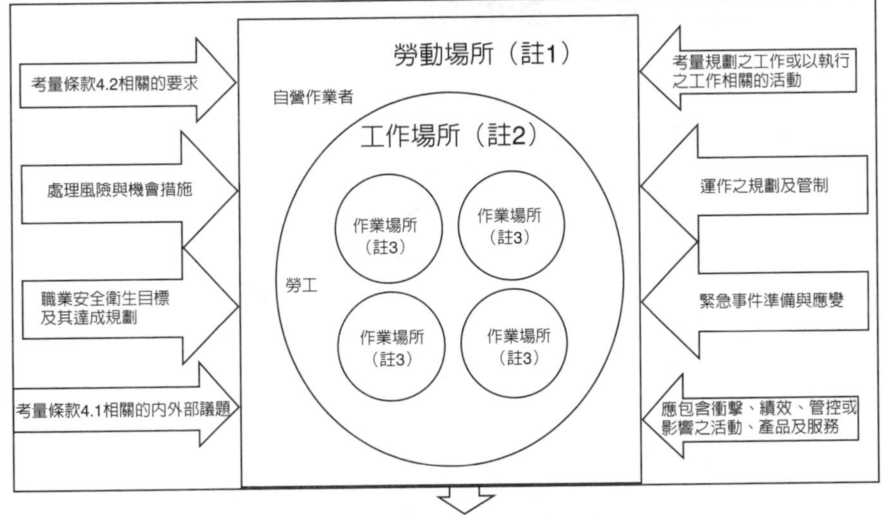

註1.勞動場所：指於勞動契約存續中，由雇主所提示，使勞工履行契約提供勞務之場所。
註2.工作場所：指勞動場所中，接受雇主或代理雇主指示處理有關勞工事務之人所能支配、管理之場所。
註3.作業場所：係指工作場所中，為特定之工作目的所設之場所。

稽核系統範圍

EMS文件化的階層（一般通用）

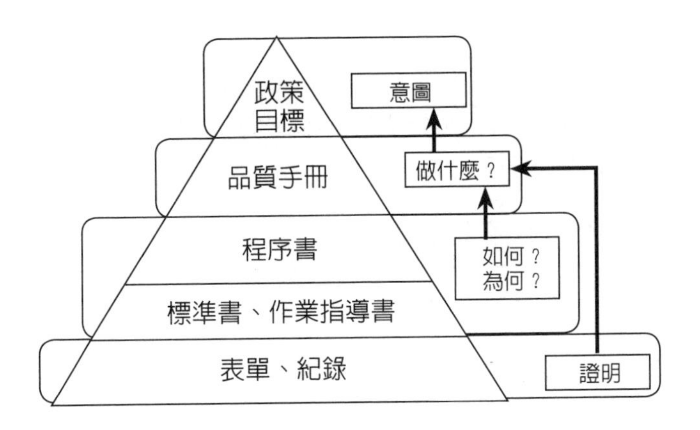

Unit 4-4 職安衛管理系統

企業組織流程觀點目標，以協同合作的決策來充分滿足顧客需求，整個組織的決策都應盡全力運用有限資源來創造顧客價值。

SIPOC流程模型是美國品管大師戴明博士提出管理系統模型，用於流程管理和流程改進的技術，是最被使用的管理工具。**Supplier（供應商）**、**Input（輸入）**、**Process（流程）**、**Output（輸出）**、**Customer（客戶）**。

流程思考所需的改變，主要在於人與人的工作關係以及跨功能的工作方式。它將影響企業的各個層面，從績效評估、工作設計到管理職責以及組織結構。管理者的領導力必須包含流程思考、供應鏈管理等，才能創造更有競爭力的企業經營模式；流程思考，以跨部門協調來使決策符合企業品質政策，組織內外每個流程都包含資訊流、物流、金流以及增加附加價值的所有活動過程。

任何規模的組織，決定相互關係團隊中，任何一個角色的職安衛作業工安失敗都會使顧客不想購買產品或降低交易，每個有關職安衛決策所產生的跨部門關聯性必須明確地被考量，ISO 45001職安衛管理系統思考讓管理者在理解工作安全分析JSA管理權衡之後，能做出更健康更安全、更具競爭力的職安衛政策。

個案研究中，列舉台積電公司積極建立安全健康職場，2019年8月，完成國內全數15個晶圓廠及四個後段封測廠的第三方稽核，成功取得最新版職業安全衛生管理系統ISO 45001認證。落實ISO 45001職業安全衛生國際標準全方位杜絕工作場域危害風險。

依據多年產業個案研究與實務輔導推動ISO經驗，一個完整的職業安全衛生管理系統能有效預防危害風險因工作導致的傷害與疾病，成爲職場安全的指導方針。台積電公司早於1996年，即投入資源建構職業安全衛生管理系統，並陸續取得ISO 14001、OHSAS 18001等認證。2018年第二季至今，爲接軌國際標準，擴大更完善的職業安全衛生作爲，在高階管理者的帶領下，結合各廠區工安環保、設備、廠務、學習中心、品質實驗室、健康中心、員工關係等跨廠組織的努力，持續全方位優化系統、展開相關人員教育訓練，並強化風險評估後的改善執行力，是全臺擁有最多ISO 45001認證廠區數的個案公司。

ISO 45001：2018_4.4條文要求

組織應參照本標準要求事項，建立、實施、維持並持續改進職安衛管理系統，包含所需要的過程及其交互作用。

解析OH&S-PDCA

條款	標題	內容	PDCA循環
第四條	組織背景（Context）	• 確定政策／實施計畫。	Plan
第五條	領導和工作者參與（Leadership and worker）	• 確定政策／實施計畫。 • 剖析風險／健康與安全組織／實施計畫。 • 評估效果（事件發生前進行監控，事件發生後進行調查）。 • 審查績效／根據經驗教訓採取行動。	Plan, Do, Check, Act
第六條	規劃（Planning）	• 確定政策／實施計畫。	Plan
第七條	支援（Support）	• 剖析風險／健康與安全組織／實施計畫。	Do
第八條	營運（Operation）		Do
第九條	績效評估（Performance evaluation）	評估效果（事件發生前進行監控，事件發生後進行調查）。	Check
第十條	改進（Improvement）	• 審查績效／根據經驗教訓採取行動。	Act

QMS/EMS 文件化的階層（如何完成公司政策）

例如：個案公司職安衛政策PDCA

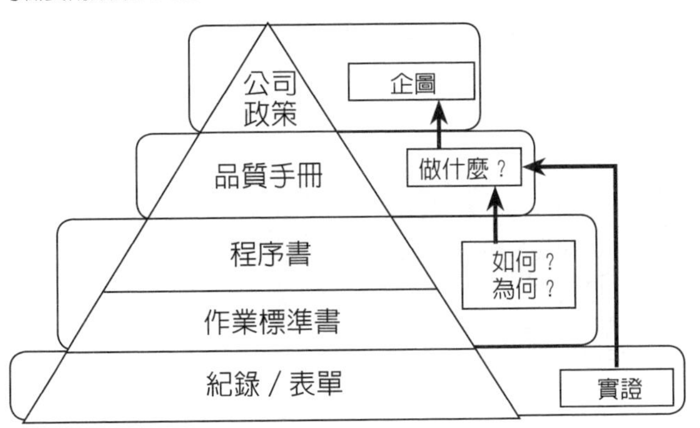

補充個案

台積電公司（TSMC）利害關係人溝通

員工	•不定期內部網站、電子郵件、海報 •不定期人力資源服務代表 •一季一次各組織溝通會 •不定期員工意見反映管道 •不定期員工申訴直通車（Ombudsman） •不定期審計委員會Whistleblower舉報系統
股東／投資人	•一年一次股東大會 •一季一次法人說明會 •依需求安排民國105年度與318家投資機構進行超過234場次 •不定期排電子郵件 •不定期財務報告 •一季一次公司年報、企業社會責任報告書、向美國證管會申報之20-F •一年一次公司年報、企業社會責任報告書、向美國證管會申報之20-F •不定期公開資訊觀測站重大訊息、台積公司官網各項新聞
客戶	•一年一次客戶滿意度調查 •一季一次客戶業務檢討會議 •不定期客戶稽核 •不定期電子郵件
供應商	•一季一次業務檢討會議 •一年一次問卷調查 •107場現場稽核 •一年一次供應鏈管理論壇 •8場從業道德規範宣導
政府	•不定期公文往來 •不定期說明會、公聽會或研討會 •不定期主管機關稽核 •不定期透過園區同業公會、台灣半導體協會、世界半導體協會、全國工業總會與主管機關溝通
社會	•不定期社區大型藝術活動 •一週至少一次志工服務 •不定期CSR Mailbox •每天「台積愛行動」臉書官方粉絲頁
媒體	•32篇新聞稿 •2則聲明稿 •9場記者會 •1場媒體導覽 •14次採訪

聯電公司利害關係人溝通

利害關係者	溝通管道	關注議題	
客戶	線上服務平台MyUMC 定期溝通討論會議 問卷回覆 現場稽核討論 VOC客戶線上即時申訴系統 客戶滿意度監控	客戶服務 創新管理 顧客隱私 永續發展策略 倫理與誠信	安全產品共同準則 客戶持續服務 風險管理
員工	CEO與同仁座談、秘書座談、福委會大會、廠處溝通會、勞資會議、溝通專區 員工專屬資訊網站、BBS留言板、性騷擾投訴、舞弊或違反從業道德檢舉信箱、意見反應平台、保密申訴制度、幫幫我專線 聯電人網站、聯電CSR電子報、福利措施相關之員工滿意度調查、服務滿意度調查、HR滿意度調查、員工認同度調查	薪酬與福利 永續發展策略 經濟績效 員工溝通 人權	持續執行產業薪資調查 福利資訊平台 員工健康及工作生活平衡 強化經營策略與方針溝通 尊重國際勞工與人權規範標準
投資者	每年股東大會 每季法人說明會 財務年報 每季國內外營運說明會 海內外投資機構研討會	勞資關係 永續發展策略 經濟績效 公司治理 倫理與誠信	公司治理評鑑作業 股東說明會 建置財務暨營運報告
供應商	檢討報告或會議 環安衛及企業社會責任相關管理說明 問卷調查與稽核訪查 與供應商進行環安衛及企業社會責任相關合作計畫	顧客隱私 永續發展策略 客戶服務 法規遵循 倫理與誠信	供應商BCM管理 永續發展研討與說明
政府機關	參與園區、科管局之機能組織運作 主管機關主辦的法規公聽會、研商座談會	法規遵循 職業健康與安全 環境管理 能源使用 化學品使用	溫室氣體減量及管理 專區工安專家平台 能源減量計畫
社區／非營利組織	專責負責單位與社區居民溝通 定期參與里民大會 年節拜訪里鄰長與社區居民 邀請社區居民參加公司家庭日活動 參與社團活動或座談會 參與外部協會運作	法規遵循 環境管理 人權 當地社區 職業健康與安全	家庭日活動 志工文化 節能安全志工示範團隊
媒體	記者會 發布新聞稿 公司網頁	廢汙水排放 水資源使用 經濟績效 永續發展策略 能源使用	發布營運與永續管理項關新聞稿 GREEN 2020綠色環保目標

上銀科技利害關係人溝通

利害關係人		關注議題	溝通平台與方式	對應措施
1	員工	經濟績效 間接經濟衝擊 產品法規遵循	勞工代表參加會議 網站專區 申訴信箱 企業社會責任報告書	健全及優渥的薪資福利 多元化的員工溝通管道；關照員工身心靈健康的各種機制 定期月會宣達公司經營情況與目標
2	股東	經濟績效 行銷溝通 環境法規遵循 產品法規遵循	年度股東會 參與公共政策等相關會議 公文往來 法人說明會 網站媒體新聞	至少每季召開一次董監事會；以審查企業經營績效和討論重要策略議題 藉由董事會高層討論各項可能之重大風險擬定營運計畫；透過內部流程嚴密管控；持續改善 公司相關之重要決議及時公布於台灣證卷交易所之公布資訊觀測站 隱私及營業秘密內部管制
3	客戶	產品及服務標示 行銷溝通 顧客隱私 產品法規遵循	年度客戶滿意度調查 網頁更新／3D網站建置 客戶關係管理軟體 產品推展	透過客戶調查與經常性的拜訪、交流、提供優質的售前與售後服務 藉由網頁的更新；連結子公司網站以及3D網站建置；讓客戶快速了解產品、服務訊息 透過軟體管理維護客戶拜訪資料及售後服務資訊；展覽以及官網商機留言所得到的潛在商機訊息也可藉由軟體進行列管與追蹤 參加展覽推廣新產品 安排子公司／經銷商教育訓練 新產品於總部大廳展示；客戶來訪時可以介紹推廣
4	供應商	環境法規遵循 產品及服務標示 行銷溝通 顧客隱私	供應商調查／評鑑 供應商業務檢討會議 採購安全衛生管理 百大供應商抽核	供應商風險評估 採購安全衛生規範
5	承攬商	環境法規遵循 產品及服務標示 行銷溝通 顧客隱私	定期舉辦承攬商協議組織會議 訂定承攬商安全衛生環保協議組織管理辦法 實地稽核	定期辦理年度協議會議 承攬商年度評比 辦理內部員工監工訓練
6	政府機關	間接經濟衝擊 環境法規遵循 產品責任法規遵循	政策推動與投入 參與相關研討會活動 推動環安衛系統驗證 企業社會責任報告書	與政府機關共同攜手合作 申請、投入政府機關 遵守政府環安衛法令規章 加強汙染預防工作

利害關係人		關注議題	溝通平台與方式	對應措施
7	當地社區	經濟績效 間接經濟衝擊 環境法規遵循	企業網站／E-mail 財務年報、不定期發布營運新聞 上銀科技基金會舉辦志工活動 企業社會責任報告書	公司網站定期或不定期公告訊息 志工團 建置國小圖書館 企業社會責任報告書發行
8	公協會	間接經濟衝擊 顧客的健康與安全 行銷溝通	主管機關舉辦各類座談會、研討會 參與相關活動 企業社會責任報告書 公司網站／E-mail	遵守政府法令規章 定期與不定期參與座談及研討會 企業社會責任報告書發行 公司網站定期或不定期公告訊息
9	學界	經濟績效 間接經濟衝擊 環境法規遵循	公司網站／E-mail 財務年報不定期發布營運新聞 上銀科技基金會舉辦志工活動 企業社會責任報告書 安排參訪活動	每年定期舉辦上銀機械碩士、博士論文獎 智慧機械手實作競賽 HIWIN論壇 參訪活動安排及邀請企業社會責任報告書發行
10	媒體	經濟績效 顧客的健康與安全 產品責任法規遵循	即時透過新聞稿回應 企業網站 上銀科技基金會舉社會參與活動 企業社會責任報告書 記者會	公司網站不定期更新 財務年報公布公司經營訊息 企業社會責任報告書發行

車王電子利害關係人溝通

利害相關者主要議題	對象	負責單位	溝通管道	主要議題
員工	正職員工、約聘雇員工、外籍員工、工讀生	人資	每季一次勞資會議 不定期個案訪談 每年健康檢查 不定期提案改善	
供應商	供應商、承攬商、外包商等合作夥伴	採購 總務 生產	電話／傳真 電子郵件 函文 教育訓練課程 相關作業表單 申訴電子信箱：ann@more.com.tw 供應商調查 不定期訪談	供應商的企業社會責任 認知供應商評比 符合法令規範 公司願景與永續發展策略 採購環保與安全管理 供應商管理
政府	目的事業主管機關（例：縣市政府、消防警察勞安環安所屬機關金管會等）	總務 財務	電話／傳真 電子郵件 函文 所屬該機關之網站申報系統 抽查、訪視 專屬對應窗口	法令遵循 環境保護 勞工權益 公司治理
社區	加工出口區管理中心、廠房鄰近社區等	人資 企劃 財務 總務	企業網站 加工出口區管理處網站 專屬對應窗口 不定期電話／傳真	社會關懷與公益活動 環境保護 勞工權益 公司治理
非政府組織	公協會、環保團體公益團體媒體	企劃室 發言人	企業網站 函文 電子郵件 電話／傳真 公協會會務參與 不定期記者會 不定期媒體專訪 不定期新聞發布 專屬對應窗口	社會關懷與公益活動 異業交流 公司治理

個案討論

工廠找嘸人力包裝　社區長者發揮戰力協助（2020年4月12日）

防疫期間，年長者們也來盡心力。現在疫情嚴峻，口罩成了必備物品，但如果要收納，又是一個問題，彰化和美中寮的大庄社區關懷協會，訂了1萬個口罩收納夾，不過一時間找不到人來包裝，社區關懷據點的爺爺奶奶，發揮戰力，人人戴上口罩、手套，成爲包裝好幫手，就好像以前的家庭代工時代，而這些經過包裝的收納夾，也送到員警、診所醫師還有民眾手中。

https://www.youtube.com/watch?v=RFwCFxU3WhE

分組討論，如何提升管理並能同時符合ISO 9001與ISO 45001管理系統範圍？

章節作業

2020年打流感疫苗傳死亡案例。

2020年全球首例！巴西男接種牛津新冠疫苗死亡。

2016年施打疫苗死亡　衛福部判賠209萬。

有男子打疫苗出現副作用身亡，衛福部需賠償209萬給家屬。嘉義一名高職生、七年前（2009年）接種H1N1新型流感疫苗，二年多後卻因罹患急性腦脊髓炎、引發敗血症死亡，家屬指出，這種病症是疫苗的重大副作用之一，認爲是疫苗害死了孩子，要求衛福部核發救濟補償，高等法院認爲，無法排除陳姓高職生的死與接種疫苗無關，日前改判衛福部須補償家屬209萬元。

https://www.youtube.com/watch?v=S48WDwPLclA

依藥廠股東身分，要求不同利害關係者提出專案檢討報告與因應措施。

第5章

領導和工作者參與

章節體系架構 

Unit 5-1 領導與承諾

台積電公司成立至今超過30年，不論是在營收、營業獲利以及在世界上的重要性等層面上，都創造了「奇蹟性的成長」。經營者長期印證了領導與承諾的實踐，前台積電董事長張忠謀曾表示，他對台積電的未來並不擔心，因爲他相信新選出的董事會、領導階層，將會是很能幹、有能力的團隊，而且能堅持台積電的4大傳統價值，也就是「誠信正直」、「承諾」、「創新」、「要贏得客戶的信任」，可以順利接班，所以台積電的奇蹟絕對還沒有停止，於2020年防疫供應鏈更突顯其國際地位重要程度。

觀察台積電公司上下一心，領導階層與承諾的實踐力，從組織內外環境中之核心作業活動與附屬作業活動的競爭實力。張忠謀常舉台積電運動會上常常喊的口號：「我愛台積，再創奇蹟。」並說台積電的奇蹟，將會一次又一次的持續創造與實踐。

ISO 45001：2018_5.1條文要求

5.1 領導和工作者參與

最高管理階層（Top management）應針對職安衛管理系統，以下作爲展現其領導力與承諾。

(a) 對預防與工作相關的傷害和有礙健康，及提供安全健康的工作場所和活動負全部責任和承擔責任。
(b) 確保職安衛政策與相關的職安衛目標被建立，並與組織策略方向一致。
(c) 確保職安衛管理系統要求事項已整合到組織的營運過程中。
(d) 確保職安衛管理系統建立、實施、維持和改善所需要的資源是可取得的。
(e) 溝通有效的職安衛管理和符合職安衛管理系統要求的重要性。
(f) 確保職安衛管理系統可達成其預期結果。
(g) 指導和支持人員貢獻於職安衛管理系統的有效性。
(h) 確保並促進持續改善。
(i) 支持其他相關的管理角色，於所負責的業務範圍證明其領導力。
(j) 發展、領導及促進組織支持職安衛管理系統預期成果的文化。
(k) 報告事件、危害、風險與機會時，保護工作者不受報復。
(l) 確保組織建立和實施工作者諮商及參與的流程（參閱條文5.4）。
(m)支持安全衛生委員會的建立及運作（參閱條文5.4）。

備考：本標準中所提及的「業務」（business）一詞，可廣義解釋爲組織存在目的之核心活動。

以奇美實業官網揭露爲例，奇美秉持許文龍創辦人的人生觀，亦即「奇美的存在是爲了追求幸福」，爲廣大社會做出貢獻，實現深度的幸福感。奇美自成立第一天起就積極實施各項政策，爲員工、客戶、社區及環境福祉做出貢獻，此外也要求供應商支持及遵循公司的社會責任政策及行爲準則。

ISO 45001管理系統成功關鍵因素
最高管理者及高階主管對安全衛生有絕對的義務，安全衛生管理系統的有效性的承擔者就是高階主管。
• 最高管理階層應展現對於職安衛管理系統重視程度。 • 主管應展現出建置職安衛管理系統的決心和支持。 • 工作者代表諮商和積極主動參與職安衛管理系統。 • 主管應能以身作則，帶領工作者朝目標邁進。 • 職安衛管理系統整合納入組織的營運程序。 • 確認職安衛管理系統可以達到預期結果。 • 有效溝通的職安衛管理系統。 • 指導和支持工作者，使其樂於貢獻。 • 支持公司非職業安全衛生部門進行職業安全衛生改善。 • 建立主動積極文化。 • 資源是可以取得的。 • 鼓勵工作者持續改善。
工作者的參與工作者的諮商
• 參與包括邀請安全衛生委員會和員工代表參加決策。 • 諮商包括邀請安全衛生委員會和員工代表參加。
職業安全衛生系統最重要的工作項目
• 組織對內、外背景的了解分析職安衛管理系統風險和機會。 • 鑑別職安衛管理系統合乎企業需求的。 • 危害鑑別、風險評估、風險控制（鑑別評估控制以系統化之方式實施）。 • 提升安全衛生管理系統績效（績效以系統化之方式實施）。 • 目標符合政策且與政策方案等相容。

以顧客抱怨處理作業流程SIPOC圖為例

流程：接受與處理顧客負面抱怨事件報告 起始作業點：業務人員接到顧客抱怨單或退貨作業 終止作業點：將負面事件報告整理後，第一時間E-mail通知其他門市人員、管理人員了解，即時充分內部外部溝通				
供應者-Supply	投入-Input	過程-Process	產出-Output	顧客-Customer
抱怨單提出方式 1.書面 2.E-mail 3.傳真 4.家族留言版 5.電話 6.退貨	負面資料文件（顧客抱怨單或退貨單）	1.接到並分級負面報告 2.將A級報告轉換成電子檔 3.初步判斷負面事件的影響評估表與建議對策 4.執行產品檢視再確認 5.內部會議讓工作伙伴了解，以建立管理報告，並呈報管理者處置	1.處理過程的流程資料 2.管理表格	抱怨回覆方式 1.電話回覆 2.親自拜訪 3.提供優惠價或折讓

Unit 5-2 職安衛政策

個案研究：奇美實業在職安衛管理系統中對員工承諾負責，致力於爲員工提供安全及適宜的工作環境，並維護員工權益。公司ISO管理系統及架構獲得多項認證，遵循各種國際規範，協助保障員工權益，並確保工作環境安全無虞。嚴格遵循SA 8000管理系統規範，積極兌現我們的管理承諾。並陸續於2019年奇美建立員工專屬運動中心。2017年奇美榮獲勞動部頒贈「職業安全衛生優良單位五星獎」。

奇美高階決策興建新廠時，皆從規劃衛生及安全措施開始著手。爲確保健康和安全的工作環境，成立了一個負責執行和維護職業健康安全管理措施及系統的委員會。

奇美遵循衛生及安全法規，徹底實施下列政策：

- 建立合法、有效的職業安全衛生管理制度，以利健康安全的生產活動之推行。
- 持續稽核及審查職業衛生及安全管理系統的品質與效力，以找出不足之處進行改善。
- 預防各種有害或不衛生的工作條件，投入時間與資源確保員工參與或遵循職業衛生及安全準則。
- 從事健康相關教育及推廣活動，目標是加強醫療保健知識，協助提升員工健康。
- 適當的風險控管技術可有效減少所有利害關係人的危害。
- 禁止或限制使用任何含有對人體有害物質的原料、輔助材料或包裝材料。
- 持續強化與員工、客戶、股東、承包商、廠商及其他利害關係人之間的互動，共同預防發生職業意外事件。

奇美實業國際化經營理念，除通過ISO 9001以外，也陸續通過ISO國際驗證，如ISO 14001、ISO 45001、ISO 50001、ISO 14064、SA 8000、TOSHMS等國際級驗證。

ISO 45001：2018_5.2條文要求

5.2 職安衛政策

最高管理階層應建立、實施及維持符合下列特性之職安衛政策。

(a) 包括提供安全健康工作條件的承諾，以預防工作相關的傷害和有礙健康，其適合組織目的、規模和處境及職安衛風險和機會的特定性質。

(b) 提供一設定職安衛目標的架構。

(c) 包括一滿足法令要求事項和其他要求之承諾。

(d) 包括一消除危害及降低職安衛風險之承諾（參閱條文8.1.2）。

(e) 包括一持續改善職安衛管理系統之承諾。

(f) 包括工作者和工作者代表參與和諮商之承諾。

職安衛政策應：

- 以文件化資訊方式取得。
- 在組織內部溝通。
- 相關利害關係人可以適當取得。
- 是切題的與適當的。

CHIMEI奇美實業政策

政策構面	政策推動
公平的工作環境	1972年——奇美籌設經營委員會，將管理權與所有權分開（總經理制）。奇美與員工之間建立和諧的勞資關係，打造以人為本的工作文化，強調／堅持和諧、尊嚴、安全感、自由及共享等理念。公司自始以來一直維持低員工流動率，勞工及管理階層之間也保持零爭端的紀錄。
共享利益	1988年——奇美在立法規定前13年就實施週休二日制度。 1985年——公司制定「從業員國內外旅遊辦法」，舉辦員工海外旅遊。 1973年——奇美領先臺灣大多數企業，實施從業員持股制度。 奇美更將退休員工視為奇美大家庭的重要成員，透過「奇美退休從業員聯誼會」將對員工的承諾延伸至退休員工。退休人員除可穩定享有在職期間配股的分息，也能使用公司的休閒設施及設備。

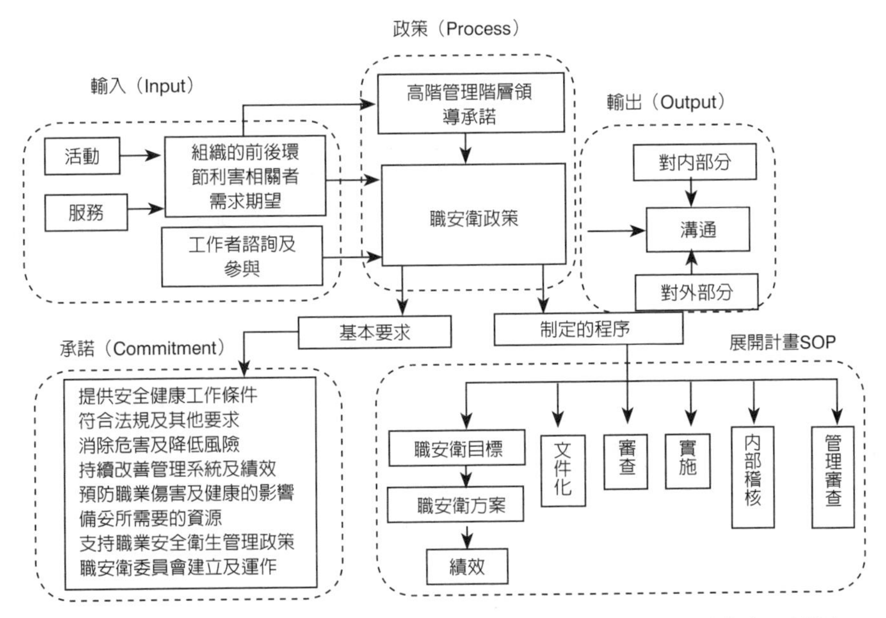

註：以書面方式經雇主或最高管理階層簽署後公告於諸如布告欄、大門口、警衛室、會議室、作業區等，亦可以電子郵件、網站方式進行公告；使員工、承攬商、周圍居民、訪客周知

Unit 5-3 組織的角色、責任及職權

各盡其職、分工落實執行、多能工學習適才適所。物料盡其用、貨物半成品暢其流、人員盡其才能、廠房儲區盡其運用。

中小企業當總經理明確制訂品質政策與品質目標時，必須宣達內部員工實施執行，與外部供應商與客戶充分溝通品質管理系統要求，展現其組織領導與承諾有效性。並充分授權、分工、激勵與實踐。

一般中小企業之產品（服務）過程中，會常因管理不當，產生顧客抱怨或產品不良而需要進行重工作業，其重工過程中所預期產出之管理指標，掌握人員、設備、材料、方法，是管理者內部控制必要的工具。列舉IPO重工管理作業進行說明。

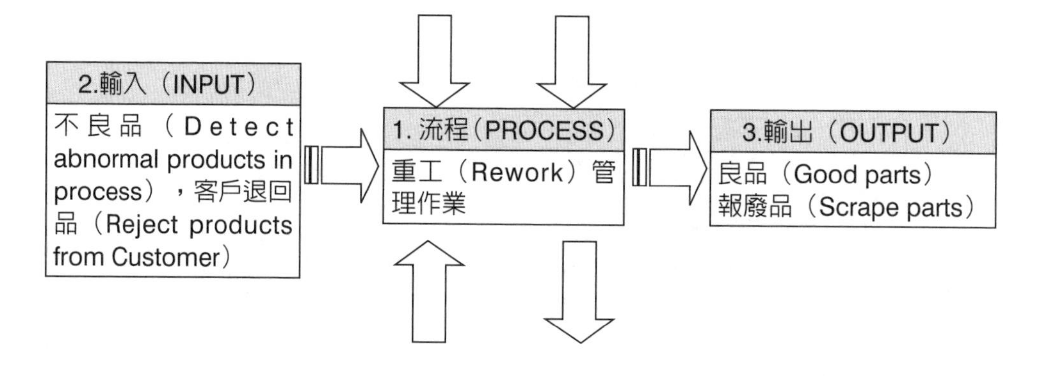

ISO 45001：2018_5.3條文要求

最高管理階層應確保職安衛管理系統中相關角色的責任及職權，已經在組織內所有階層有所分派並溝通，並以文件化資訊維持。組織內部所有階層的工作者應擔負他們可控制的職安衛管理系統相關的責任。

備註：雖然責任和職權可以指派，但最終最高管理階層仍然對職安衛管理系統的運作負責。

最高管理階層應對下列事項分派責任及職權：

(a) 確保職安衛管理系統符合本標準要求事項。

(b) 向最高管理階層提報職安衛管理系統績效。

ISO 45001：2018參考IPO作業流程

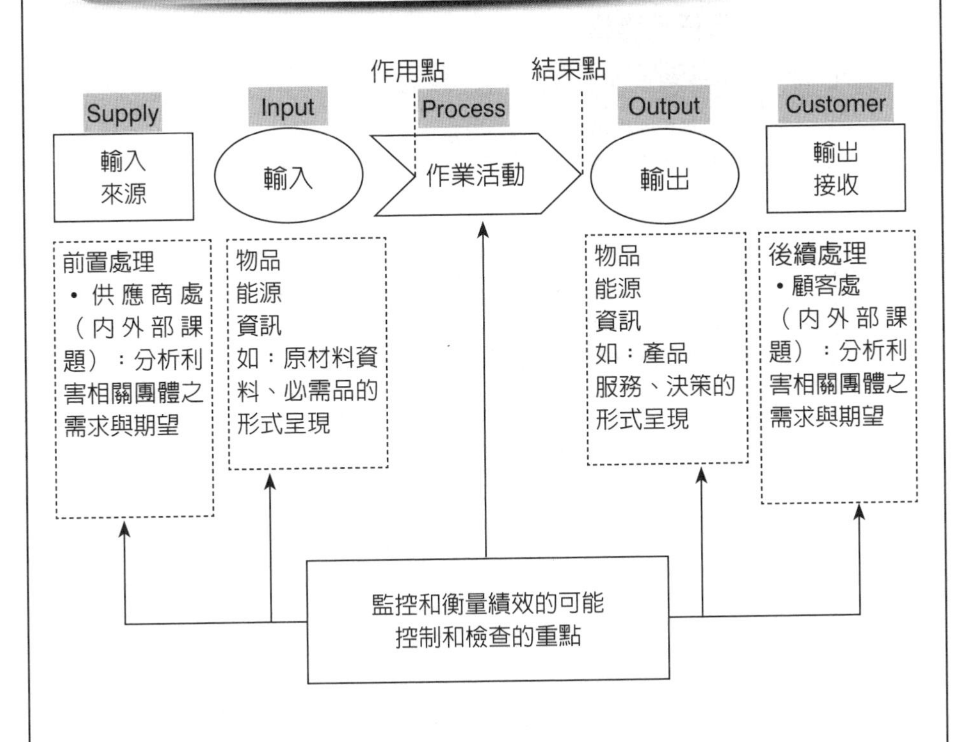

組織圖（職安衛委員會）

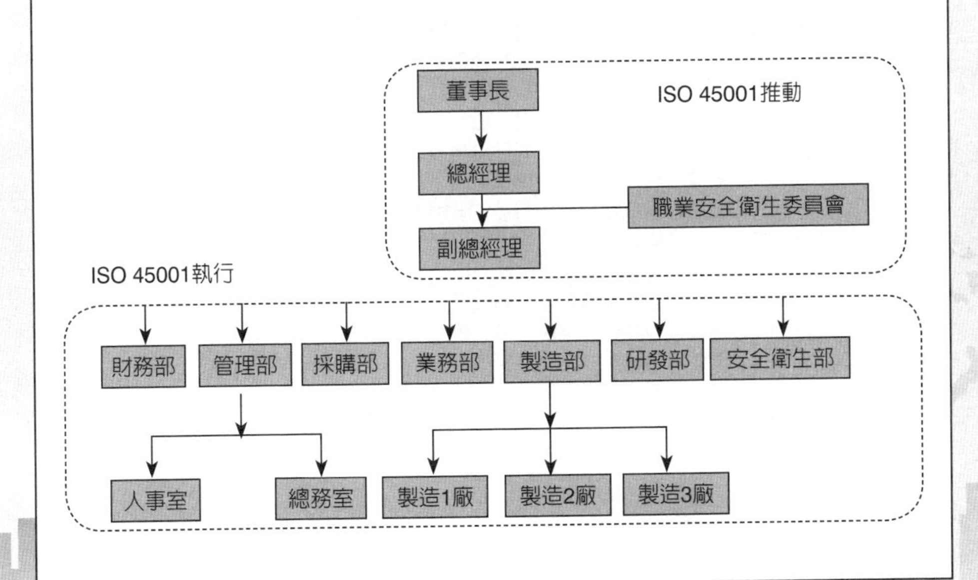

組織角色分工、責任及職權

權責	職掌
董事長	1. 公司長期經營發展策略之擬定。 2. 對外投資、購併之計畫擬定與契約審閱。 3. 公關活動、媒體聯絡等相關事宜之規劃執行。 4. 執行董事會及股東會之議定事項。 5. 監督所屬執行安全衛生管理事項。
總經理	1. 制定公司經營和職安衛政策及目標，決定管理方向。 2. 負責公司營運及業務和財務運轉之責。 3. 經營風險管理與負責管理階層審查之召開。 4. 文件之審核及裁決。 5. 制定公司規章及擬定管理制度。 6. 滿足客製化要求、主導新產品開發。 7. 負責公司的營運績效與監督公司之安全衛生管理事項。 8. 對董事會及董事長負責，並接受督導，執行董事會之決策。 9. 向董事會、董事長報告公司各項業務之發展狀況。 10. 統籌所有部門經營管理、資源分配與運用，負責計畫、組織、督導及協調公司所屬成員執行之一切工作。 11. 負責公司相關營運管理事務及合併報表之督促完成。 12. 監督公司內各事業單位確實依其職掌履行所指派之職務，與其執行之績效。 13. 核准各單位中各工作執行之人事晉用、獎懲與任免。 14. 負責擬定公司之階段性與必要之長短期營運計畫及執行。
專案室 （管理代表）	1. 公司中，短期經營目標實施政策之擬定。 2. 規劃執行總經理決議事項之追蹤與落實。 3. 專案計畫推動，文件管理、內部稽核與管理審查會議之召開。 4. 文管中心負責公司各部門ISO系統流程和執行成效之溝通。
安全衛生委員會	1. 對雇主擬訂之職業安全衛生政策提出建議。 2. 協調、建議職業安全衛生管理計畫。 3. 審議安全、衛生教育訓練實施計畫。 4. 審議作業環境監測計畫、監測結果及採行措施。 5. 審議健康管理、職業病預防及健康促進事項。 6. 審議各項安全衛生提案。 7. 審議事業單位自動檢查及安全衛生稽核事項。 8. 審議機械、設備或原料、材料危害之預防措施。 9. 審議職業災害調查報告。 10. 考核現場安全衛生管理績效。 11. 審議承攬業務安全衛生管理事項。 12. 其他有關職業安全衛生管理事項。
工作場所負責人及各級主管	依職權指揮、監督所屬執行安全衛生管理事項，並協調及指導有關人員實施。

權責	職掌
財務部	1. 內部財務報表製作、內控作業。 2. 員工薪資計算及發放作業。 3. 客戶應收帳款、廠商應付帳款追蹤管制。 4. 財務作業風險評估。
管理部	1. 負責公司內部廠務經營與委外資源管理。 2. 人員配置之規劃，適才適所。 3. 綜合處理各部門管理業務、發展及執行計畫。 4. 工作環境職安衛風險評估。 5. 依職權指揮、監督所屬執行安全衛生管理事項，並協調及指導有關人員實施。
採購部	1. 依職權指揮、監督所屬執行安全衛生管理事項，並協調及指導有關人員實施。 2. 將採購合約中加入安全資料表、設備安全規格、使用說明書等。
業務部	1. 客戶需求之界定，於產銷溝通會議中充分傳達給廠內相關單位，共同努力完成使命。 2. 促使客戶和公司內部各部門相互間訊息傳遞溝通良好，追求資訊傳達對稱與即時。 3. 訂單變更之協調、開拓新客戶及服務現有客戶。 4. 顧客滿意度之調查、負責產品報價及展示（覽）。 5. 業務作業風險評估。 6. 依職權指揮、監督所屬執行安全衛生管理事項，並協調及指導有關人員實施。
研發部	1. 依職權指揮、監督所屬執行安全衛生管理事項，並協調及指導有關人員實施。 2. 訂定新產品之物料、製造、安裝、使用、廢棄之各種安全措施。 3. 督導與協調製造單位建立安全之作業環境。
製造工廠廠長	1. 依職權指揮、監督所屬執行安全衛生管理事項，並協調及指導有關人員實施。 2. 負責全廠之職業安全衛生事宜。
職安衛管理師及管理員	1. 擬訂、規劃及推動安全衛生管理事項。 2. 督導安全衛生管理事項。 3. 指導各部門實施安全衛生管理事項。
職安衛業務主管	1. 擬訂、規劃及推動安全衛生管理事項。（未置有職安衛管理師及管理員之事業單位） 2. 主管及監督安全衛生管理事項。（置有職安衛管理師及管理員之事業單位）
稽核員	1. 擬定內部稽核計畫。 2. 依據稽核計畫執行稽核。 3. 撰寫稽核報告。 4. 追蹤稽核所發現之不符合事項。

Unit 5-4 工作者諮商及參與

個案研究：中國文化大學環境保護與職業安全衛生手冊中，揭露校長已確保並建立、執行和維持所有適當階層和功能的工作者，工作者代表諮詢和參與管理系統發展、規劃、執行、績效評估和改善行動的程序。

學校所建立的「管理責任程序書（QP-02）」，已包括：

1. 提供諮詢和參與必要的參與機制、時間、訓練和資源。
2. 提供可以適時獲取有關於環安衛管理系統明確、易懂和相關的資訊。
3. 決定並移除參與的障礙或阻礙，並盡量降低那些無法移除的障礙或阻礙。
4. 應強調非管理階層工作者的諮詢。
5. 應強調非管理階層工作者的參與。

勞動部TOSHMS指引及驗證標準（CNS 45001）等要求最高管理階層應承諾確保工作者有時間參與職業安全衛生管理各項活動，且須提供必要資源使其能有效的執行各項職業安全衛生工作。因此，事業單位在職業安全衛生管理系統之規劃、建立、實施、檢討、評估及改進等過程中，均應要有工作者及其代表之適度參與或被諮詢。為達成參與及諮詢之目的，事業單位可考量成立TOSHMS推動小組，其成員除安全衛生人員及相關主管外，亦應包含各部門所推派之工作者代表，除可建立符合組織及工作者雙方需求之職業安全衛生管理系統外，並可在推動過程中，逐步強化工作者及其代表之職業安全衛生知識及技能，進而提升企業之職業安全衛生文化。

對於依法應設置職業安全衛生委員會之事業單位，可考量將前述工作者參與及諮詢之要求及做法，與職業安全衛生委員會之功能及運作模式予以整合運用，期使在有限之人力資源下，符合法規及職業安全衛生管理系統對工作者參與及諮詢之要求，並可確實發揮職業安全衛生委員會應有之功能。

（資料來源：https://www.toshms.org.tw/MankFlow.aspx）

工作者諮商及參與法規說明

項目	說明
事業單位應依職業安全衛生管理辦法第2-1條、第6條第2項、第10條、第11條設置職業安全衛生委員會，其組成人員	雇主為當然委員 職業安全衛生人員 事業內各部門之主管監督指揮人員 與職業安全衛生有關之工程技術人員 從事勞工健康服務之醫護人員 勞工代表
職安衛管理系統區分四類人員	工作者、最高管理階層（雇主、總經理、副總經理）、管理工作者及非管理工作者（基層員工）納入
參與（participation）	係指介入決策，參與包括參加安全衛生委員會及工作者代表
諮商（consultation）	係指在做決策前徵詢意見。諮商包括參加安全衛生委員會及工作者代表
非管理階層工作者的諮商	ISO 45001要求工作者在參與方面有9項
非管理階層工作者的參與	ISO 45001要求工作者在諮詢方面有7項

職業安全衛生管理辦法第5-1條本辦法中華民國109.09.24修正之第4條條文，自發布後6個月施行						
職業安全衛生單位	職業安全衛生委員會	未置有職業安全（衛生）管理師、職業安全衛生主管	置有職業安全（衛生）管理師、職業安全衛生主管	職業安全（衛生）管理師、職業安全衛生管理員	工作場所負責人及各級主管	一級單位之職業安全衛生人員

ISO 45001：2018_5.4條文要求

組織應建立、實施和維持一流程，適用於所有階層和功能的工作者及工作者代表諮商及參與職安衛管理系統之發展、規劃、實施、績效評估和改善行動。

組織應：

(a) 提供諮商及參與的機制、時間、訓練和必要的資源。

備註1：工作者代表能作爲諮商及參與的機制。

(b) 提供適時獲得明確、易懂的和相關的職安衛管理系統資訊。

(c) 決定和移除參與的障礙或阻礙，並最大限度地降低那些無法移除的。

備註2：障礙和阻礙包括不回應工作者投入或建議、語言或文化障礙、報復或報復的威脅、不鼓勵或懲罰工作者參與的政策或做法。

(d) 強調非管理職工作者諮商，如列：

(1)決定利害相關者的需求和期望（參閱條文4.2）。

(2)建立職安衛政策（參閱條文5.2）。

(3)適用時，分派組織角色、責任和職權（參閱條文5.3）。

(4)決定如何履行法令要求和其他要求（參閱條文6.1.3）。

(5)建立職安衛目標及實施計畫（參閱條文6.2）。

(6)決定外包、採購和承攬商適用的控制措施（參閱條文8.1.4）。

(7)決定什麼需要監督、量測和評估（參閱條文9.1）。

(8)規劃、建立、實施和維持稽核計畫（參閱條文9.2.2）。

(9)確保持續改善（參閱條文10.3）。

(e) 強調非管理職工作者參與，如列：

(1)決定他們的諮商及參與的機制。

(2)危害鑑別和風險與機會的評鑑（參閱條文6.1.1及6.1.2）。

(3)決定消除危害和降低職安衛風險的行動（參閱條文6.1.4）。

(4)決定能力要求、訓練需求、訓練及訓練評估（參閱條文7.2）。

(5)決定溝通內容及應如何完成（參閱條文7.4）。

(6)決定控制措施及其有效的實施和使用（參閱條文8.1，8.1.3和8.2）。

(7)調查事件和不符合，並決定矯正措施（參閱條文10.2）。

備註3：強調非管理職工作者諮商及參與者在適用於執行工作活動的人員，但並不排除，例如受組織工作活動或其他因素影響的管理人員。

備註4：已確認在可能的情況下提供工作者免費的訓練，以及於工作時間內提供訓練，能消除工作者參與的重大障礙。

個案討論

依分組職安衛管理手冊文件／程序書

章節作業

2020/10/13中國時報／許哲瑗　新北

康軒案勞資爭議調解會12日登場，歷時2小時協商，下午4時宣布調解成立，公司認定女員工屬非自願離職，並在官網公告道歉啟事7天，但資遣費、撫慰金金額保密，女員工最後更與康軒集團執行長蔡其修握手言和，象徵全案圓滿落幕。

康軒集團董事長李萬吉居家檢疫期間多次外出，遭員工爆料後被開罰百萬，事後傳出一名年資18年的女員工，因被懷疑是吹哨者慘遭「離職」，引發熱議，全教總更發起連署抵制康軒書籍。

請擇一利害關係者，從職安衛管理系統角度提出建議、補救措施、檢討報告或社會責任因應措施。

假如您是……

第6章

規劃

章節體系架構 

Unit 6-1 處理風險與機會之措施

2018年5月時事事件，中華電信推出499快閃方案，宏華國際表示母公司中華電信，雖促銷方案事出突然，與中華電信爲承攬業務關係，當然要對客戶負責。不過他們承諾，全體同仁的延時加班都會加倍發給薪資，所有的加班時間都會計入，由門市主管紙本統一申報，避免由繁忙之同仁自行逐筆於系統申報，發生漏報、晚報或忘了申報之情形。

宏華國際針對此事件聲明表示：「『善待員工同時維護公司價値』是宏華全體主管之責任，此次499快閃方案造成員工的擔心及社會大眾的誤解，我們深感抱歉，也希望社會體諒門市員工的辛苦。」

宏華國際表示，他們會全力配合勞檢，但也懇求在此忙碌的情形下，給他們準備勞檢資料的時間，讓他們平安度過此突發事件，更祈使全體同仁平安健康，未來在公司內能有更好的發展。

ISO 45001：2018_6.1.1條文要求

6.1.1 在規劃職安衛管理系統時，組織應考量條文4.1（環境）所提及之議題與條文4.2（利害相關者）所提及之要求事項及4.3（系統範圍），並決定需加以處理之風險及機會，以達成下列目的。

(a) 對職安衛管理系統可達成其預期結果給予保證。

(b) 預防或減少非預期之影響。

(c) 達成持續改進。

當決定需對應職安衛管理系統及其預期成果的風險與機會時，組織應規劃下列事項：

— 危害（參閱條文6.1.2.1）。

— 職安衛風險及其他風險（參閱條文6.1.2.2）。

— 職安衛機會及其他機會（參閱條文6.1.2.3）。

— 法令要求和其他要求（參閱條文6.1.3）。

組織在其規劃流程中，當組織、流程或職安衛管理系統變更時，應決定及評估與職安衛管理系統預期成果相關的風險與機會。對於已規劃的變更，不論是永久性或暫時性，應於變更實施前採用評估（參閱條文8.1.3）。

組織應維持其文件化資訊：

— 風險與機會。

— 決定和對應其風險與機會（參閱條文6.1.2～6.1.4）所需的流程與行動，使達到具備可以依規劃執行的信心。

處理風險選項

風險處理涉及選擇一或多個選項以供改變風險及實施此等選項。

- 決定不開始或不繼續可能引起風險的活動以避免風險。
- 承受或提高風險以尋求機會。
- 移除風險緣由。
- 改變可能性。
- 改變結果（後果）。
- 與另一團體或多個團體分擔風險，包含合約與風險資金提供。
- 藉由已被告知的決定留置風險。

化危機為商機

危機發生前

企業應：
1.建立標準作業程序（SOP）
2.投保企業保險
3.加強管理

危機

危機發生後

企業應：
1.採行危機處理
1.1積極性原則
1.2即時性原則
1.3真實性原則
1.4統一性原則
1.5責任性原則
1.6靈活性原則

Unit 6-2 危害鑑別和風險與機會的評鑑

個案研究：中國文化大學公開揭露，環境與職安衛手冊中危害鑑別，依據「環境及職安衛顯著考量面程序書（QP-03）」之要求建立實施並維持過程，這些過程應考慮以下事項：

1. 學校的作業和社會因素（其中包括：工作量、工作時間、受害、騷擾和霸凌），領導力和學校文化。
2. 例行性和非例行性的活動和狀況，包括考慮下列事項：
   (1)基礎設施、設備、採購、物質及工作場所的物理條件；(2)教學和服務的設計、研究、開發、試驗、學生活動、學生生活輔導、施工、後勤服務、維護及處置；(3)人爲因素；(4)如何實際完成工作。
3. 本校過去的內外部事件，包括緊急情況及其原因。
4. 潛在的緊急情況。
5. 人員，包括考慮下列事項：
   (1)進入工作或教學場所的人員及其活動，包括工作者、承攬商、學生、訪客及其他人員；(2)在工作場所附近可被學校活動影響的人員；(3)在學校非直接管制下的地點之工作者。
6. 其他議題，包括考慮下列事項：
   (1)工作區域、過程、安裝、機械設備、操作程序及工作組織，包括相應有關教職員工生的需要及性能的設計；(2)在學校控制下與工作有關活動的工作場所，其附近所發生的情況；(3)並非由本校控制，發生在工作場所附近可能造成人員受傷和／或疾病的情況。
7. 實際或建議改變其運作、過程、活動及職業安全衛生管理系統（參閱8.1.3）。
8. 危害資訊或知識的改變。

ISO 45001：2018_6.1.2.1條文要求

6.1.2.1 危害鑑別

組織應建立、實施並維持以持續且積極主動的危害鑑別流程，這些流程應考量但不限於下列事項：

(a) 組織的工作安排方式、社會因素（其中包括工作量、工作時間、受害、騷擾和欺凌）、領導和組織文化。
(b) 例行性與非例行性的活動與情況，包括下列產品危害的事項：
  (1)工作場所的基礎設施、設備、材料、物質及物理條件。
  (2)產品與服務設計、研究、開發、試驗、生產、裝配、施工、交付服務、維護及處置。
  (3)人為因素。
  (4)如何執行工作。
(c) 組織過去內部或外部的相關事件，包括緊急情況及其原因。
(d) 潛在的緊急情況。
(e) 人員，包括考慮下列事項：
  (1)進入工作場所的人員及其活動，包括工作者、承攬商、訪客及其他人員。
  (2)在工作場所附近可能被組織活動影響的人員。
  (3)在組織非直接控制下的地點的工作者。
(f) 其他議題，包括考量下列事項：
  (1)工作區域、流程、安裝、機械／設備、操作程序及工作組織之設計，包括匹配有關工作者的需要及能力。
  (2)於組織控制下的有關工作活動所引發在工作場所附近發生的情況。
  (3)發生在工作場所附近，可能造成工作場所人員傷害和有礙健康之非組織可控制的情況。
(g) 組織、運作、流程、活動及職安衛管理系統的實際或預計變更（參閱條文8.1.3）。
(h) 有關危害之資訊或知識的改變。

Unit 6-3 評鑑職安衛風險和職安衛管理系統的其他風險

個案研究：中國文化大學公開揭露，環境與職安衛手冊中職業安全衛生風險及其他風險的評鑑，依「環境及職安衛顯著考量面程序書（QP-03）」之要求建立、實施及維持過程以：

1. 從危害鑑別中評估職業安全衛生風險，同時考量適用的法規與其他要求事項及現有的控制措施。
2. 鑑別和評鑑風險，與職業安全衛生管理系統的建立、實施、運作與維持相關，其中源自4.1鑑別的議題及4.2中鑑別的需求和期望。

對職業安全衛生風險的評估方法及準則應依據學校的範圍、性質及時機依據「環境及職安衛顯著考量面程序書（QP-03）」之要求加以定義，以確保使用系統性的鑑別方式是主動的而非被動的。應維持並保存這些方法和準則的文件化資訊。

個案研究：福懋興業公開揭露，危害鑑別與風險評估管理辦法中危害鑑別及風險評估作業，當公司活動或原物料得變更過程將改變原本風險控管措施或產生新風險時，變更需求單位應依據變更管理辦法予以啟動危害鑑別、風險評估及決定風險控制措施作業。主要包括流程盤查、作業條件盤查、危害鑑別、風險評估及風險控制決定，作業流程如「危害鑑別與風險評估作業流程圖」。

其中危害鑑別方法，包括危害鑑別作業前，各部門應依據其活動屬性及作業條件，登錄於「職安衛作業盤查流程表」及「作業條件盤查」進行作業盤查工作，爾後再進行危害鑑別作業。危害鑑別作業主要是依「危害鑑別及風險評估作業表」分析作業中所存在的潛在危險與可能的危害，考量的範圍有人員、機械、設施、方法、物料、能源與作業環境之間的相互關係，將各區域之作業活動，依作業／活動及步驟／節點進行危害鑑別，其中應考量危害可能發生原因、後果影響及特性，危害特性依據「事件代碼表」包含物理性、化學性、生物性、人因工程、人爲因素、不安全行爲及其他等。

ISO 45001：2018_6.1.2.2條文要求

組織應建立、實施及維持一流程，以：
(a) 考量現有控制措施的有效性時，從已鑑別的危害中評鑑職安衛風險。
(b) 決定和評鑑與職安衛管理系統的建立、實施、運作和維持相關的其他風險。
組織對職安衛風險的評鑑方法及準則應依據組織的範圍、性質及時機加以定義，以確保是主動的而非被動的，並以系統性的方式使用。應維持並保留這些方法和準則的文件化資訊。

化危機為商機

危機發生前

企業應：
1.建立標準作業程序（SOP）
2.投保企業保險
3.加強管理

危機

危機發生後

企業應：
1.採行危機處理
1.1積極性原則
1.2即時性原則
1.3真實性原則
1.4統一性原則
1.5責任性原則
1.6靈活性原則

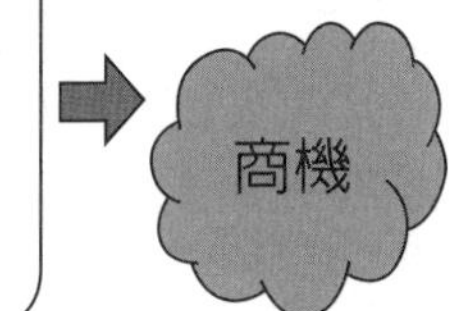

危害鑑別與風險評估之過程考量的要項

項次	危害鑑別實施方法	風險評估應包括
1	制定危害識別和風險評估的方法	不了解組織環境的變化
2	識別危害	未能滿足有關方面的需求和期望
3	在評估危險事件或暴露發生的可能性以及事件或暴露可能造成的傷害或健康不良的嚴重性的基礎上，考慮到現有控制措施的充分性，估算相關的風險水平	工作者的諮詢和參與不足
4	根據組織的法律義務及其職業健康安全目標確定這些風險是否可以接受	規劃或資源分配不足
5	在認為有必要的情況下，確定適當的風險控制措施	無效的審核程序
6	記錄風險評估的結果	不完整的管理審查
7	持續審查危害識別過程	關鍵角色的持續計畫不佳
8	持續審查風險評估過程	高層管理人員參與度低

Unit 6-4 評鑑職安衛機會和職安衛管理系統的其他機會

個案研究——中國文化大學公開揭露，環境與職安衛手冊中依據「環境及職安衛顯著考量面程序書（QP-03）」之要求建立、實施及維持以評鑑：

1. 同時考量學校營運、政策、過程、活動計畫的變更以提升職業安全衛生績效的機會：
   (1)調整工作者的工作、工作組織及工作環境的機會。
   (2)消除與降低職業安全衛生風險的機會。
2. 其他改進職業安全衛生管理系統的機會。

備考：職業安全衛生風險與職業安全衛生機會會造成本校的其他風險和其他機會。

ISO 45001：2018_6.1.2.3條文要求

組織應建立、實施及維持一流程，以評鑑：

(a) 提升職安衛績效的職安衛機會，同時考量組織及其政策、流程或活動的計畫性變更，以及：
   (1)調整工作者的工作、工作組織及工作環境的機會。
   (2)消除危害與降低職安衛風險的機會。

(b) 改善職安衛管理系統的其他機會。

備考：職安衛風險和機會可能導致組織的其他風險和機會。

職業健康安全績效的機會

改善職業健康安全績效的機會包括	改善職業健康安全管理體系的機會包括
在規劃和設計設施、過程、工廠和設備以及材料時要考慮危害和風險	增強高層管理人員對OH&S管理系統的支持的可見性
修改工作流程，包括減輕單調和重複的工作	改善工人的諮詢和參與職業健康安全決策的能力
引進新技術以減輕高風險活動	加強事件調查程序
在專注於與職業健康和安全有關的論壇上進行合作	改善關於職業健康與安全問題的雙向溝通，並在工作場所促進職業健康與安全
介紹工作安全分析和與任務相關的評估	加快糾正措施以解決職業健康與安全不符合項
實施工作許可程序	以與其他業務目標相同的熱情實施OH&S目標
進行人體工程學和其他與傷害預防相關的評估	提高識別危害，處理職業健康與安全風險和實施適當控制的能力
改善組織的職業健康和安全文化	採用風險評估方法進行職業健康安全審核
事件或不符合工作調查與矯正措施	將各級工人視為組織的重要資源

評鑑職安衛機會和職安衛管理系統的其他機會查檢表

查核項目		查核結果及說明	
		結果	說明
(5)	如(1)所述之過程、程序或做法，可用以： a)評鑑所鑑別出危害之職安衛風險，且係考量既有管制措施有效性之情況下		
	b)評鑑可提升職安衛績效的職安衛機會考量的事項包括：		
	一已規劃之組織、政策、過程或活動的變更		
	一調整適合工作者之工作、工作編組及工作環境的機會		
	一消除危害或降低職安衛風險之機會		
	c)決定及評鑑與職安衛管理系統建至、實施、運作及維持相關的其他風險		
	d)改進職安衛管理系統之其他機會		

Unit 6-5 決定法令要求和其他要求

個案研究：中國文化大學公開揭露，環境與職安衛手冊中決定法令要求及其他要求，依「環境及職安衛相關法規管理程序書（QP-04）」之要求，取得並鑑別與本校之管理系統有關的環安衛法令規章與利害相關者的需求和期望之事項，並決定這些要求都能被納入管理系統中。本校將指派專人適時更新此項資訊，並傳達給本校管制下工作的人員（包括承攬與外包）及其他相關利害者。

列舉原勞委會於96年10月19日發布「危險物與有害物標示及通識規則」，以分階段方式公告指定適用之危害物質，分別於97年12月31日及100年1月7日公告第一、第二階段適用之危害物質共計2,151種。並於102年公告指定第三階段適用之危害物質名單計1,020種，並自103年1月1日起適用（事業單位於103年12月31日止，其新舊標示及通識措施得併行）；而其他符合「國家標準15030化學品分類及標示系列」具有物理性危害或健康危害之化學物質，自105年1月1日起適用（事業單位於105年12月31日止，其新舊標示及通識措施得併行），意即自105年1月1日起，我國工作場所化學物質之分類及標示，將全面採行GHS制度。

ISO 45001：2018_6.1.3條文要求

組織應建立、實施及維持一流程，以：

(a) 決定並取得適用於危害、職安衛風險及職安衛管理系統的最新法令要求和其他要求。

(b) 決定這些法令要求和其他要求如何應用於組織及哪些需要進行溝通。

(c) 當建立、實施、維持和持續改善職安衛管理系統時，應考量到這些法令要求和其他要求。

組織應維持並保留法令要求和其他要求的文件化資訊，並應確保更新以反映任何變更。

備考：法令要求和其他要求可能導致組織的風險與機會。

ISO 45001：2018/6.1.3決定法令要求和其他要求

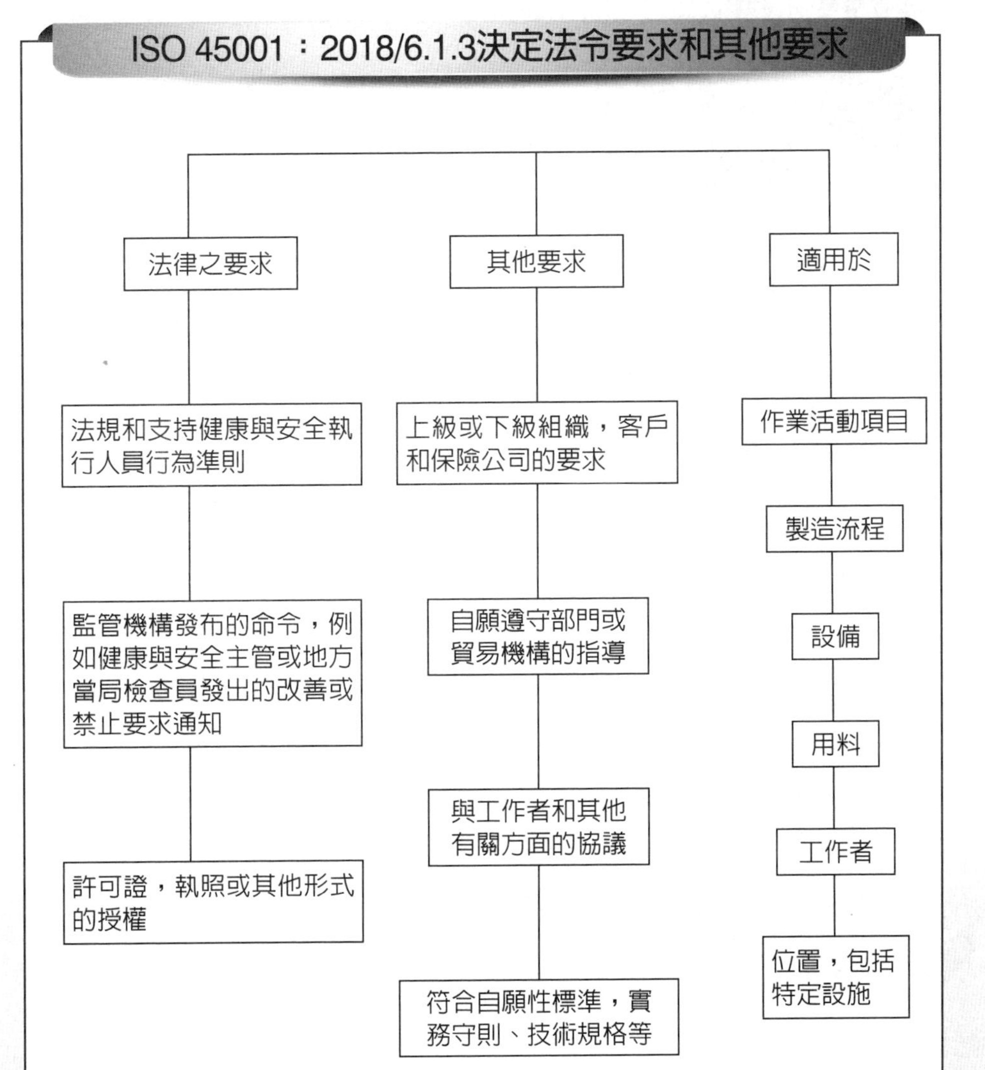

Unit 6-6 規劃行動

個案研究：中國文化大學公開揭露，環境與職安衛手冊中規劃行動，依「環境及職安衛相關法規管理程序書（QP-04）、「環安衛目標、標的與管理方案程序書（QP-16）及4.1《ISO 14001：2015/ISO 45001：2018組織前後環節分析表》及《流程管制及風險分析表》之要求所鑑別出與管理系統有關之風險與機會規劃相關行動，以便於整合與實施於管理系統中之各種程序。

包括規劃下列事項：

1. 採取以下措施：
   (1)以對應風險與機會（參閱6.1.2、6.1.2.2、6.1.2.3）。
   (2)以對應法規要求事項及其他要求事項（參閱6.1.3）。
   (3)對緊急情況之準備及應變（參閱8.2）。
2. 如何：
   (1)將此等措施整合與實施至環安衛管理系統過程及其他業務過程中（參閱6.2、第7節、第8節及9.1）。
   (2)評估此等措施之有效性。

所有權責人員須定期或不定期針對程序之有效性進行評估；且當規劃此類行動時，本校將考量其技術可行性、財務面、作業面與業務需求，並一併納入其中。

ISO 45001：2018_6.1.4條文要求

組織應規劃下列事項：

(a) 採取行動，以：
   (1) 對應風險與機會（參閱條文6.1.2.2及6.1.2.3）。
   (2) 對應法令要求和其他要求（參閱條文6.1.3）。
   (3) 緊急情況準備與應變（參閱條文8.2）。

(b)如何：
   (1) 整合與實施行動到職安衛管理系統的流程中，或其他營運的流程。
   (2) 評估這些行動的有效性。

組織規劃行動時，應考量控制的層級（參閱條文8.1.2）和職安衛管理系統的輸出。

組織在規劃其行動時，應考慮最佳實務、技術選項，及財務、運作和營運要求。

職安衛管理方案規劃及追蹤表

文件編號	職安衛管理方案	執行方法	改善前風險嚴重度／可能性／風險等級	改善後預期風險嚴重度／可能性／風險等級	具體作為	預期成效	執行單位	方案時程及分工
1	工作環境或作業危害之辨識、評估及控制							
2	機械、設備或器具之管理							
3	危險物與有害物之標示及通識							
4	有害作業環境之採樣策略規劃及測定							
5	危險性工作場所之製程或施工安全評估事項							
6	採購管理、承攬管理及變更管理事項							
7	安全衛生作業標準之訂定							
8	定期檢查、重點檢查、作業檢點及現場巡視							
9	安全衛生教育訓練							
10	個人防護具之管理							
11	健康檢查、健康管理及健康促進事項							
12	安全衛生資訊之蒐集、分享及運用							
13	緊急應變措施							
14	職業災害、虛驚事故、影響身心健康事件之調查處理與統計分析							
15	安全衛生管理記錄及績效評估措施							
16	其他安全衛生管理措施							

Unit 6-7 規劃職安衛目標及其達成

管理大師Peter Drucker認爲，有了目標才能確定每個人的工作。企業的使命和任務，必須轉化爲目標。如果一個專案沒有目標，這個專案的工作必然被忽視。管理者應該制訂目標對下級進行管理。當組織最高階層管理者制訂了組織目標後，必須對其進行有效工作分解，轉換成各個部門以及個人的共同目標。管理者根據共同目標的達成情況對下屬進行考核、評價和獎懲。

列舉華夏海灣塑膠公司深刻了解員工、供應商、承攬商爲企業永續發展中最重要的資產，因此在公司產品之研發、製造、測試、銷售過程中，除須符合職業安全衛生法規及其他相關要求外，並持續改善安全衛生，避免不安全的行爲、環境及設備造成職業災害，以善盡保障員工安全衛生之責任。

華夏公司建立有OHSAS 18001及CNS 15506等職業安全衛生管理系統，台氯、華聚公司陸續於2018、2019年通過ISO 45001：2018職安衛管理系統驗證，華夏公司在2019年導入ISO 45001，預計2020年取得驗證。

華夏公司的職業災害管理目標爲「工安零災害」，低失能傷害頻率與失能傷害嚴重率是評估組織員工於健康安全的關鍵指標之一。

華夏公司訂有「安全工時獎勵辦法」以激勵員工落實工作安全。

華夏公司的職業災害管理目標爲「工安零災害」，低失能傷害頻率與失能傷害嚴重率是評估組織員工於健康安全的關鍵指標之一。

華夏公司訂有「安全工時獎勵辦法」以激勵員工落實工作安全。

華夏公司訂有「職安衛危害鑑別風險評估與控制管理作業準則」，利用分級管控，將風險降至最低。

華夏公司2019年舉辦促進人權保障相關訓練的參與課程。

2016至2019年華夏公司未發生供應商、外包商及承攬商事故。

（資料來源：https://www.cgpc.com.tw/）

ISO 45001：2018_6.2條文要求

6.2.1職安衛目標

組織應建立相關功能和階層的職安衛目標，以維持與持續改善職安衛管理系統及職安衛績效（參閱條文10.3）。

職安衛目標應：

(a) 與職安衛政策一致。

(b) 可量測（如果可行）或能夠進行績效評估。

(c) 考量：

(1)適用的要求。

(2)評鑑風險與機會（參閱條文6.1.2.2與6.1.2.3）的結果。

(3)與工作者（參閱條文5.4）及工作者代表（如果有）諮商的結果。

(d) 可被監督。

(e) 可被溝通。

(f) 適當時加以更新。

6.2.2達成職安衛目標之規劃

當規劃如何達成其職安衛目標時，組織應決定：

(a) 所須執行的工作。

(b) 所需要的資源爲何。

(c) 由何人負責。

(d) 何時完成。

(e) 如何評估結果，包括監督的指標。

(f) 如何將達成職安衛目標的行動整合到組織的營運流程。

組織應維持與保留職安衛目標與達成之規劃的文件化資訊。

個案討論

台積電公司（TSMC）為落實職業安全衛生管控，建立權責分工的執行組織，因應內外部利害關係人對台積公司的要求與期許，除持續精進既有的安全文化推廣、風險管理措施外，因應擴廠計畫，台積公司標準化承攬商作業安全衛生管理程序，建立《台積公司承攬商環安衛藍皮書》，強化安全管理制度，與承攬商共創安全友善環境。（資料來源：https://csr.tsmc.com/csr/ch/index.html）

從利害關係人角度，評核TSMC達成年度那些職安衛目標？

章節作業

ISO 45001：2018自我查核表

內稽查核表係依據ISO/CNS 45001：2018之要求及一般運作實務等所編訂之自我查核表，提供事業單位在建置或轉換職安衛管理系統前，自我確認既有職安衛管理符合ISO/CNS 45001、職安衛法規及一般實務等要求之現況，作為後續規劃及推動職安衛管理系統之參考。

延伸學習：https://www.sahtech.org/content/ch/masterpage/Index.aspx

ISO/CNS 45001：2018自我查核表使用說明（參閱附錄3-2）

本查核表係依據ISO/CNS 45001：2018之要求及一般運作實務等所編訂之自我查核表，提供事業單位在建置或轉換職安衛管理系統前，自我確認既有職安衛管理符合ISO/CNS 45001、職安衛法規及一般實務等要求之現況，作爲後續規劃及推動職安衛管理系統之參考。

本查核表依ISO/CNS 45001：2018之架構編撰，各章節有些查核項目，並非ISO/CNS 45001明確之要求，但考量執行該要求之有效性，而增加其查核項目，事業單位在應用上可先考量查核項目之適用性，再確認實際執行之現況，例如「4.1了解組織及其前後環節」一節僅要求組織應決定出與組織目的有關，且會影響職安衛管理系統預期結果之內部及外部議題，惟本查核表加入了蒐集及決定之方式、相關人員之能力及資源等項目，確保所決定出之內部及外部議題對後續職業安全衛生管理系統之推動有其實質之效益。

針對此份查核表之內容，在應用上有任何建議或須修正之處，請電傳給安全衛生技術中心張福慶先生（E-mail：cfc@sahtech.org）。

ISO/CNS 45001：2018自我查核表（參考例）

查核項目		查核結果及說明	
		結果	說明
4.1 了解組織及其前後環節			
(1)	有鑑別出與組織目的有關，且會影響職安衛管理系統預期結果之內部及外部議題		
(2)	應用何種方式來蒐集及初步確認出組織的內部及外部議題		
(3)	對所鑑別出的內部及外部議題，應用何種方式來決定應納入考量之內部及外部議題		
(4)	人員的能力及其他資源可有效辨識出組織的內部及外部議題		
(5)	有定期檢討確認組織內部及外部議題之變化，並交付管理階層審查		
4.2 了解工作者及其他利害相關者的需求與期望			
(1)	有鑑別出其他與職安衛管理系統有關的利害相關者		
(2)	有蒐集及初步確認出工作者的需求與期望		
(3)	有蒐集及初步確認出其他利害相關者的需求與期望		
(4)	應用何種方式來蒐集工作者及其他利害相關者之需求與期望		
(5)	對所確認出之需求與期望，應用何種方式來決定哪些需求與期望是要視為法規要求事項及其他要求事項來處理		
(6)	在決定利害相關者之需求與期望時，有與非管理階層之工作者進行諮商		
(7)	人員的能力及其他資源可有效決定出要視為法令要求和其他要求的需求與期望		

第7章 支援

章節體系架構▼

Unit 7-1 資源

企業追求永續經營與發展，掌握關鍵的內外部資源、工作流程與工作規範將是最基礎迫切關鍵的管理重點，管理方針可從五大面向著手進行改善，列舉人員、機具設備、物料（或材料）、方法與環境。

一般建議中小企業可針對現場作業流程改善爲基石，以滿足跨部門作業流程的順暢度與工廠設施規劃，其中藉由動線規劃之專案推動計畫來提升公司的流程管理與生產線產出提升，提升公司生產管理與倉儲管理能力。一旦掌握現行影響生產線順暢、產出量、生產週期等因素，追求智慧化大數據即時性回覆／查詢機制，以利追溯問題原因，適時矯正預防措施與適地持續改善工作。

推動專案首要是公司管理層的全力支持與配合，掌握必要的專案資源，由部門執行幹部進行良善分工合作及現場幹部積極參與學習，如能善用工作規劃及作業流程化機制，透過專案過程不斷溝通、宣導、教育及檢討，積極共創建立現場管理與5S管理之共識，落實專案執行作業流程改善，必能提升整體生產效率與企業營收。

日月光集團CSR企業社會責任報告中，曾揭露透過人才培育、設備資源、綠色材料、持續創新發展綠色產品與廢水處理的製造流程，更重視員工福利，以改善員工的工作環境與生活品質。持續以公開且透明化的方式揭露企業社會責任報告的內容，與更多社會責任與環境計畫及執行的相關成果。

歷年逐步完成日月光集團高雄廠K5、K7、K11、K12經濟部工業局「綠色工廠標章」認證，透過資源專案整合，訂定短期與長期策略。日月光集團內的其他建築，階段性通過審核認證，以達到綠色工廠的標準。

能資源管理與節約方面，日月光的工廠絕大部分購買使用公營發電廠電力，少部分直接使用天然氣、石油或柴油爲燃料。

廠區區域空氣汙染來源統計調查，爲維護員工健康與環境安全，安裝能改善空汙防治的設備，並建置數套備援設備，避免設備發生故障，也不會有未經處理的廢氣排放到大氣中。針對工廠產生之主要空氣汙染來源：揮發性有機化合物（VOC），積極採用臭氧洗滌塔處理。爲了減少臭氧洗滌塔處理過程中產生之廢水，採用高效能之洗滌塔，使處理過之揮發性有機化合物濃度遠低於法定標準。

ISO 45001：2018_7.1條文要求

> 7.1資源
>
> 組織應決定與提供建立、實施、維護及持續改進職安衛管理系統所需資源。

流程圖示拆解展開

流程展開圖	列舉流程更新需求
1. 流程（Flow）	A. 職安衛管理審查作業流程 B. 職安衛虛驚事件作業流程 C. 安全衛生防疫作業流程 D. 鑑別危害作業流程 E. 承攬商安全衛生作業流程 F. 緊急應變措施作業流程 G. 職安衛諮詢與溝通作業流程 H. 職安衛合規作業流程 I. 廢汙水處理作業流程 J. 廢棄物管理作業流程
2. 輸入（Input）	
3. 輸出（Output）	
4. 如何做？（How）（方法 / 程序 / 指導書）	
5. 藉由（What）？（材料 / 設備）	
6. 由（Who）？（能力 / 技巧 / 訓練）	
7. 藉由哪些指標？（Result）（衡量 / 評估）	

基礎設施

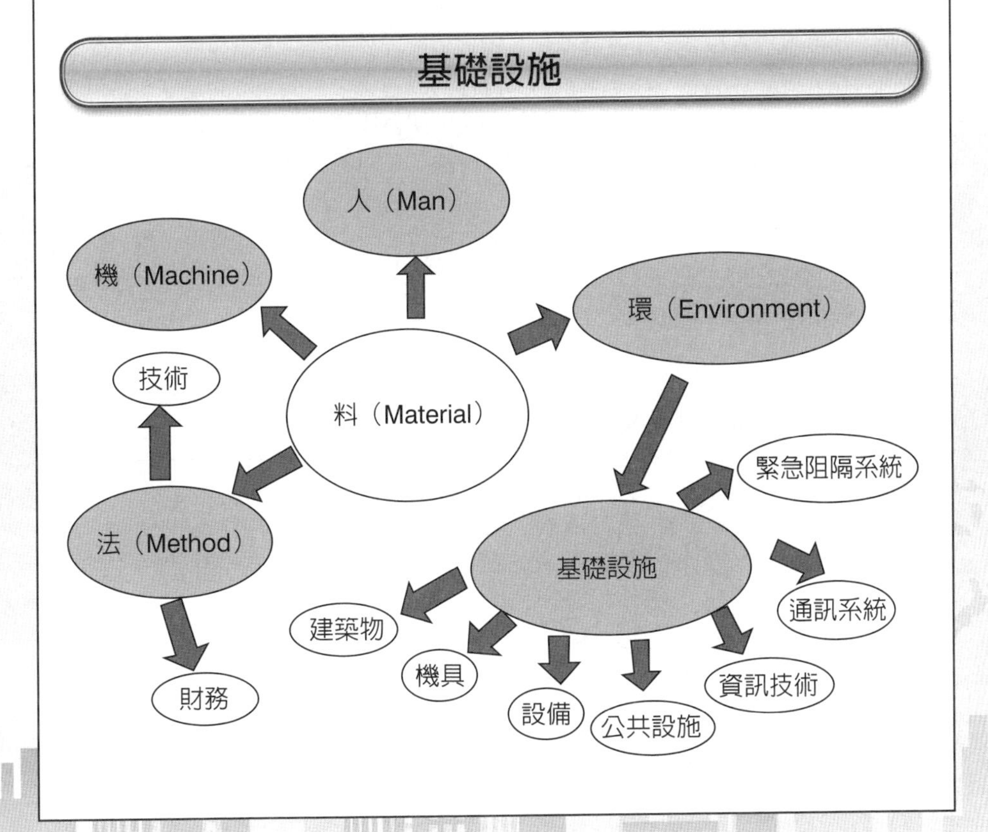

Unit 7-2 適任性

當年國父四大救國綱領，有人盡其才、物盡其用、貨暢其流與地盡其利。

從國家興亡的角度說明，人才要能充分適才適所發揮所長、軍糧物資要能適時適用不浪費、貨物資源要能及時流通支援與土地資源要能充分合宜被使用，國家自然興盛。企業追求永續經營，從徵才、選才、育才、用才、留才，五面向人才管理是必要管理措施。

列舉遠東商銀2017企業社會責任報告書中揭露，對人盡其才貢獻與努力，包括無差別雇用、薪酬與福利、優質培訓計畫與職場環境。人才是企業成長與創新的引擎，爲了在變化迅速的全球化商務環境中保持競爭優勢，遠東商銀從人力募集、在職訓練到組織變革，一直是從目標與行動的角度出發，思考銀行未來的走向，由此建構完整、持續的人才運用與發展方案，提升人力資本效能。由於對人才價值的充分認知，以極具競爭力的薪酬結構，年年獲選「臺灣高薪100指數」及「臺灣就業99指數」成分股；且因長期投入員工教育訓練，連續15年得到政府鼓勵。強調具優質職場環境，鼓勵員工共同成長，成就自己，並擁有安居樂業人生的幸福職場。

遠東商銀人才適任性績效考核與晉升制度，針對所有員工實施績效考核及職涯發展檢視，年度績效考核連結年度目標，目標依平衡計分卡的四大構面擬定，不僅重視財務績效達成與顧客滿意，亦不忽視內部流程的改進與中長期制度的建立，將個人與組織的學習成長也設定目標並列入評量。不論年初目標制定、年底表現評核及職涯發展檢視，主管均與同仁能有充分雙向溝通、討論，並回饋意見。晉升爲同仁職涯發展的重要進程，也是其人生成就感的主要基石之一。每年依員工之績效考核結果與發展潛能，由主管提報晉升名單，經過審查，並由候選人藉由簡報自我表現，讓每位同仁均能在一透明且公開公正的機制中得到應得的肯定，爲自己爭取更寬廣的舞台。2017年晉升人數比率爲21%，給予績優者及潛力人才實質之肯定與鼓勵，營造職場環境與優質企業文化。

ISO 45001：2018_7.2條文要求

組織應：

(a) 決定會影響或可能影響其職安衛績效之工作者所必要的能力。

(b) 以適當的教育、訓練或經驗爲基礎，確保工作者是能勝任的（包括鑑別危害的能力）。

(c) 適用時，採取行動獲得並維持必要的能力，並評估所採取行動的有效性。

(d) 保留適當的文件化資訊作爲能力的證據。

備註：適用的行動可能包括，提供訓練、專人指導或重新指派在職人員工作或聘用、委外有能力的人員。

適任性（Competence）

・員工績效怎麼做好？ ・應確保員工了解他們必須做的事情 ・應確保員工了解他們必須表現得如何 ・應確保員工了解他們的表現如何 ・應為員工提供所需的培訓和發展 ・應為員工提供表現認可	
教育訓練之分類	職能調查
1. 新進人員教育訓練 2. 專業技術教育訓練 3. 管理人員教育訓練 4. 經營管理人員教育訓練 5. 綜合教導教育訓練	1. 一般職能 2. 核心職能 3. 專業職能 4. 管理職能
工作規範	工作說明書
1. 教育程度 2. 體能與技術能力 3. 訓練與經驗 4. 心智能力 5. 主要職責 6. 判斷力與決策力 7. 其他工作條件	1. 工作的職稱與職位 2. 組織關係 3. 工作摘要 4. 職責與任務 5. 工作關係 6. 績效考核標準 7. 機器設備、物料及工具 8. 工作條件與環境 9. 工作狀態及可能風險

列舉船員岸上晉升訓練及適任性評估作業規定

一、為利執行交通部航港局（以下簡稱本局）接續自九十三年起委託國內經認證合格之國內船員訓練機構辦理船員岸上晉升訓練及適任性評估業務，特訂定本作業規定。

二、受委託辦理船員適任性評估業務之專業機構（以下簡稱評估機構）應邀請國內海事校院代表三人、航運團體代表二人、評估機構代表二人、中華民國船長公會一人及本局代表一人，成立九人之審議小組，執行參訓人員報名資格審查、電腦題庫抽題審題、監督試題印刷、裝封、彌封及適任性評估成績總審查等相關業務。

三、評估機構除辦理適任性評估試務作業外，應配合辦理參訓人員之報名、資格審查等相關事項，並應於每年度開辦晉升訓練前，辦理下列事項：

（一）協調受委託辦理晉升訓練機構（以下簡稱岸訓機構）訂定年度訓練計畫與期程、參訓須知。

（二）訂定相關試務作業要點。

（三）第一、二款年度訓練計畫與期程、參訓須知及相關試務作業要點應報本局備查。

前項第一款參訓須知應載明參訓期程、報名書表、報名方式、退補件流程、參訓證、參訓人員注意事項、試題疑義、成績複查程序及其他有關事項。

四、岸訓機構應配合評估機構，提供辦理適任性評估所需之相關軟硬體設備及工作人員。

岸訓機構不得辦理與所承包訓練同一類別之適任性評估。

Unit 7-3 認知

從日常工作中，促進增強性說明公司永續發展願景，宣導公司職安衛政策與公司職安衛目標，鼓勵員工落實品質管理從每日做起，一步一腳印踏實穩健維持職安衛管理系統，增強員工對公司安全工作環境的改善力與認同感，強化所屬職責工作認知。

列舉遠東商銀2017企業社會責任報告書中揭露，打造樂活職場中，鏈結落實公司政策與目標，透過E化內部平台，可交流工作心得與優惠商品資訊等實用生活訊息。每年除了總部舉辦的春酒活動外，各部門亦經常性舉辦郊遊踏青或聯歡活動。職工福利委員會更訂定社團活動管理辦法，並補助社團經費，以鼓勵同仁在工作之餘組織休閒性或學習性社團，強健體魄、豐富生活並適度抒解壓力。2017年更透過修訂社團辦法，增進社團補助金的運用彈性，並簡化社團營運的相關作業，協助社團發展。2017年日常運作的社團計有8個，分別為有氧舞蹈社、臺北羽球社、臺中羽球社、自行車社、瑜珈社、棒壘社、時尚運動社及品酒社。潛移默化公司職安衛文化，增強對公司安全工作環境改善力與認同感，強化工作認知。

個案研究：中國文化大學環境與職安衛手冊公開揭露，應確定在其管制下之工作人員能有認知，包括：

1. 環安衛政策及環安衛目標。
2. 與其工作相關的重大環境考量面及有關的實質或潛在環境衝擊。
3. 對管理系統有效性的貢獻，包括環安衛績效改善的效益。
4. 不符合管理系統要求的意涵及可能的後果。
5. 和工作者有關的事件及其調查結果。
6. 和工作者有關的危害、環安衛風險及所決定的行動。
7. 工作者具有遠離他們認為會造成生命和健康立即和嚴重危險之作業狀況的能力，這些配置措施也保護工作者這種做為不會受到不適當的後果。

對上述之議題，依「教育訓練程序書（QP-05）」實施之。

ISO 45001：2018_7.3條文要求

7.3 認知（Awareness）
工作者應有的認知：
(a) 職安衛政策及職安衛目標。
(b) 有關對職安衛管理系統有效性之貢獻，包括改進職安衛績效的益處。
(c) 不符合職安衛管理系統的影響和潛在後果。
(d) 與他們相關的事件及其調查結果。
(e) 與他們相關的危害、職安衛風險及行動。
(f) 有能力遠離認為對他們的生命或健康造成急迫和嚴重危險的工作情況，並保護他們免受不當的後果之安排。

檢視條文7.3要求

認知（Awareness）

組織面：

組織應採取適當行動，以提高組織未直接僱用的人員（例如服務提供者）對職安衛管理系統要求的認識。「意識」是組織必須確保員工了解其活動的重要性以及不符合要求的後果，並了解員工如何為實現職安衛目標做出貢獻

員工面：

為了滿足職安衛管理系統的要求，員工必須了解職安衛政策和相關職安衛目標以及未能符合職安衛管理體系要求的影響

稽核面：

在員工訪談期間包括的方面：員工如何獲知OH&S？
品質管理體系如何影響員工的活動性以及自OH&S成立以來發生了哪些變化？
員工在多大程度上了解OH&S政策和OH&S目標？
如果人們不遵守規則並且不符合要求會發生什麼？
員工的活動需要哪些資訊以及組織如何處理獲取此資訊？
如有必要，可以使用哪些方式聯繫合作夥伴？

證據面：

有關OH&S政策訓練的文件化資訊，有關職安衛目標訓練的文件化資訊
有關OH&S培訓的文件化資訊，品質圈、研討會、員工績效考核

認知職安衛政策

政策
1.發展企業競爭力
2.維持員工的工作能力
3.職業安全健康培訓與教育
4.資訊及訊息的溝通
5.職業安全衛生研究與發展

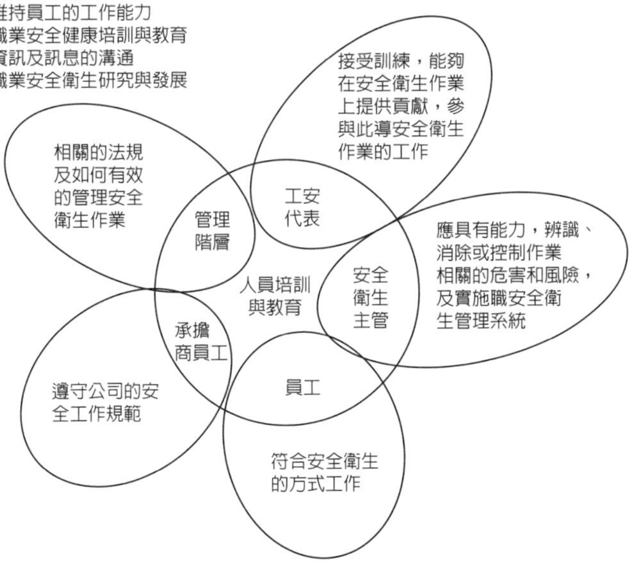

Unit 7-4 溝通（1）

列舉遠東商銀2017企業社會責任報告書中揭露，提供多元溝通管道，各項人事規章均遵循勞動法規制訂，並尊重國際人權公約的精神，保障員工結社自由，未因是否具備勞方代表身分給予差別待遇，同仁申訴、檢舉處理辦法明訂對提出者保護之條款，如有侵害人權之情事，同仁可透過各項申訴及溝通管道反應，不會遭受不利之對待。禁止各單位實施強制勞動，依出勤管理相關辦法，加班之實施得由同仁自由提出申請，從無抵債脅迫、扣押證件等強迫勞動情事。每三個月定期召開勞資會議，有效建立行方與員工之溝通對話平臺；勞資會議之勞方代表由各事業群或單位全體同仁分別選舉產生，會議決議之勞工權益或相關事項適用每一位同仁。自2017年起發行「人資季刊」，內容包括行方政策、新種業務、焦點活動、獲獎資訊、人資訊息、健康保健訊息、同仁活動等主題，傳遞行方的訊息。設有同仁建議、申訴、檢舉機制，即時處理同仁意見並適當回饋。同仁除可向各級主管提出意見，亦可藉由總經理室所設之總經理信箱、人力資源處所設之員工建議及申訴信箱，針對各類議題溝通、檢舉、反應問題或提出改革想法。2017年內外部申訴共計7案，外部申訴有2案，其中1案涉及懷孕歧視，經完成內部調查，確認係屬溝通及認知誤解，已委託專業人員調解處理；內部申訴有5案，皆屬管理議題，已由內部溝通程序順利解決爭端。以上申訴案件並無涉及性騷擾、原住民權利或人權問題等性質之申訴。

有關工程承攬類溝通供應商於施工前，須參與本行所召開之廠商安全衛生協調會，選任現場安全衛生負責人，負責工程現場相關工作之監督、協調及危害防止。該負責人須詳知本行「承攬商工作場所環境危害告知聲明」及「承攬商職業安全衛生及環境管理承諾書」等規定，確實了解本行工作環境及作業的潛在危險，傳達給所派任的工作人員，且須保證他們具備勞工保險、健康檢查及必要的工作知識、經驗及相關證照或資格，並提供他們必要的教育訓練及安全護具，所有相關訓練及檢查記錄均須存檔備查。

ISO 45001：2018_7.4.1條文要求

7.4.1 一般

組織應建立、實施及維持與職安衛管理系統直接相關的內部及外部溝通事項，包括下列事項：

(a) 其所溝通的事項。

(b) 溝通的時機。

(c) 溝通的對象：

(1) 組織內部不同階層與功能間。

(2) 工作場所的承攬商與其他訪客。

(3) 其他利害相關者。

(d) 溝通的方式：

組織在考慮其溝通的需求時，應考量不同的層面（如性別、語言、文化、識字能力及身心障礙狀況）。

組織應保證在建立溝通流程中有考慮外部利害相關者的意見。

當建立溝通流程時，組織應：

- 考量到其法令要求和其他要求。
- 確保被溝通的職安衛資訊與職安衛管理系統中所產成的資訊是一致且是可靠的。

組織應回覆與其職安衛管理系統相關的溝通訊息。

組織應適當地保留文件化資訊作爲其溝通的證據。

職業安全衛生訊息的溝通

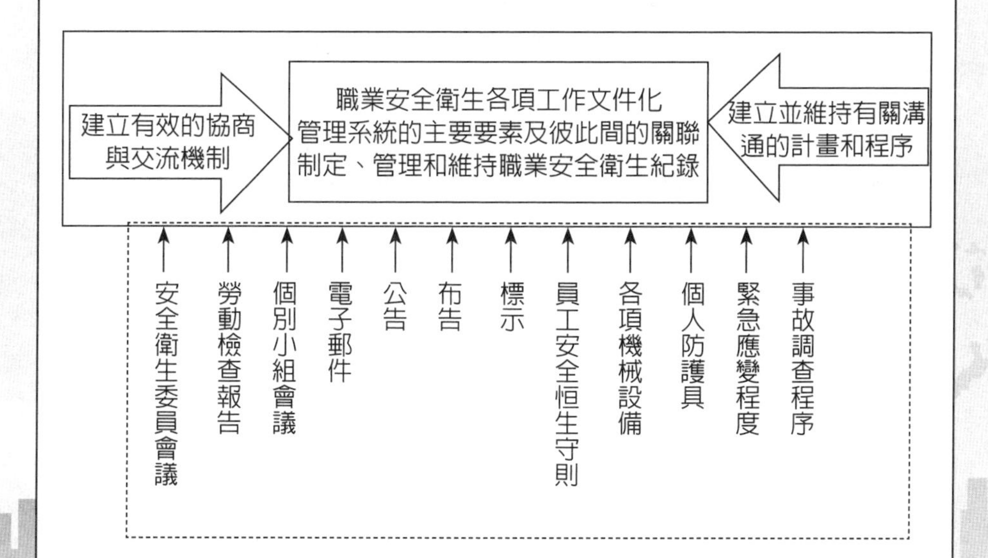

Unit 7-5 溝通（2）：內部溝通

個案研究：台肥公司公開揭露，利害關係人互動與經營中，2019年底，依據AA1000 SES利害關係人議合標準的五大原則，執行利害關係人執行程序及重要性評分，依序鑑別出員工、政府（主管機關）、股東、肥料客戶、化工客戶、農民、供應商及不動產客戶等與台肥營運息息相關的八大利害關係人。

利害關係人——員工，台肥最重視員工的建議與反饋，即時回應其所關心的議題，善盡照顧員工之責任。溝通管道及頻率，透過：勞資關係座談會／每年；勞資會議／每季；工會及職福會議／每季；台肥季刊／每季；內部網站／即時；員工申訴信箱或申訴電話／即時；內部提案改善制度／即時等多層面雙向即時溝通方式，良性互動正向循環。

利害關係人——政府（主管機關），行政院農業委員會爲台肥最大股東，直接影響台肥農業及環境永續政策之執行與落實。

利害關係人——股東，股東是台肥所有者，其權益與公司的經營績效緊密相關，因此股東對台肥在各面向表現有高度期待。

利害關係人——肥料客戶，肥料事業是台肥的根基，透過了解客戶想法與需求，共同強化肥料銷售通路。其中關注主題行銷標示，台肥公司遵循「商標法」及「肥料管理法」規範，在包裝上揭露產品及使用完整資訊，配合政府機關進行定期或不定期查核，雖有發生3件違反肥料管理法案件，但隨即提出改善計畫，並持續加強追蹤。2019年未發生違反行銷法規事件。

利害關係人——農民，農民爲本公司產品的終端使用者，唯有聽取他們的建議與需求，才能成爲台肥持續進步與成長的動力。

利害關係人——化工客戶，化工與肥料事業同爲台肥的根基，了解客戶的需求與建議，是台肥持續改進的動力。

利害關係人——供應商，供應商所提供產品及服務之品質，直接影響台肥營運及生產之表現。

利害關係人——不動產客戶，不動產事業爲台肥多角化事業之一，傾聽不動產客戶意見，讓我們更貼近客戶的需求。

ISO 45001：2018_7.4.2條文要求

7.4.2 內部溝通 組織應： (a) 在組織各階層與部門間，適當地進行職安衛管理系統的內部溝通，包括職安衛管理系統的變動。 (b) 確保其溝通流程能使工作者有助於持續改善。

台灣肥料股份有限公司建立與利害關係人對話

利害關係人	內容說明	關注主題
員工	台肥最重視員工的建議與反饋，即時回應其所關心的議題，善盡照顧員工之責任	社會經濟法規遵循 職業安全衛生
政府（主管機關）	行政院農業委員會為台肥最大股東，直接影響台肥農業及環境永續政策之執行與落實	永續糧食 有關環境保護的法規遵循
股東	股東是台肥所有者，其權益與公司的經營績效緊密相關，因此股東對台肥在各面向表現有高度期待	經濟績效
肥料客戶	肥料事業是台肥的根基，透過了解客戶想法與需求，共同強化肥料銷售通路	行銷標示
化工客戶	化工與肥料事業同為台肥的根基，了解客戶的需求與建議，是台肥持續改進的動力	廢汙水及廢棄物
農民	農民為本公司產品的終端使用者，唯有聽取他們的建議與需求，才能成為台肥持續進步與成長的動力	顧客的健康與安全
供應商	供應商所提供產品及服務之品質，直接影響台肥營運及生產之表現	供應商環境評估
不動產客戶	不動產事業為台肥多角化事業之一，傾聽不動產客戶意見，讓我們更貼近客戶的需求	經濟績效

（資料來源：https://www.taifer.com.tw/CSR/Persistencemanagement/Stakeholder/IAC.htm）

第一金融控股股份有限公司之利害關係人溝通管道與成效

利害關係人	內容說明	關注主題
員工	員工為公司珍貴的資產，也是提升企業競爭力之關鍵，員工的支持是企業永續經營的基礎，也是落實企業社會責任最重要之一環	• 人才培育 • 職業安全與健康 • 人才吸引與留任 • 營業單位晨、夕會／不定期 • 誠信經營 • 經營績效 • 人權
股東／投資人	為保障股東權益及公平對待所有股東，建立確保股東對公司重大事項享有充分知悉、參與及決定等權利之公司治理制度	• 經營績效 • 公司治理 • 風險管理 • 誠信經營 • 永續金融 • 氣候變遷 • 人權
客戶	第一金控秉持「顧客至上、服務第一」的經營理念，持續提供客戶創新商品及優質服務，確保商品及服務資訊之透明度及安全性，戮力提升客戶滿意度	• 客戶服務與隱私權 • 資訊安全 • 永續金融 • 氣候變遷 • 數位金融創新
供應商	透過供應商管理機制篩選出符合企業永續發展之合格廠商為長期合作夥伴，攜手供應商共同追求綠色永續未來	• 低碳營運與循環經濟 • 社會參與 • 誠信經營
政府／主管機關	政府政策影響企業營運方向，第一金控積極配合政府政策，遵循主管機關相關法令規範，打造健全經營環境	• 誠信經營 • 公司治理 • 防制洗錢、金融詐騙及打擊資恐 • 風險管理 • 低碳營運與循環經濟 • 永續金融 • 氣候變遷 • 資訊安全 • 職業安全與健康
媒體／金融同業	不定期透過媒體揭露E.S.G相關資訊，故媒體為第一金控與其他利害關係人重要的溝通管道之一	• 經營績效 • 誠信經營 • 資訊安全 • 公司治理 • 數位金融創新 • 人才吸引與留任 • 社會參與
社區／非營利組織／非政府組織／學者專家	社區為我們業務發展之根基，於營運同時亦積極投入當地社區活動，關注公司營運對當地社區之影響，以增進社區認同	• 社會參與 • 永續金融 • 氣候變遷 • 低碳營運與循環經濟

（資料來源：https://csr.firstholding.com.tw/tc/perseverance3.html）

Unit 7-6 溝通（3）：外部溝通

個案研究：伸興公司，外部溝通中公開階露，利害關係人的鑑別與溝通，是企業社會責任的基礎。爲了解利害關係人對於公司之經濟、公司治理、人權、勞動實務、社會衝擊、產品責任、與環境面等關注事項，透過問卷調查、客服網路信箱、股東大會、職工福利委員會等方式，收集來自內部與外部不同管道之意見，做爲日後研擬公司管理方針之參考。

2019年台灣總部發放之有效問卷爲188份。在經過問卷統計分析後，歸納彙整利害關係人之關注議題共計有16項重大性議題。爲了達到永續企業發展的目標，伸興透過多元的管道與利害關係人溝通，進而了解各利害關係人之需求。組織外部之上游供應商可透過供應商大會了解產品之相關法令規章、下游之客戶透過客服網路信箱／電話等了解公司及產品狀況、其他的利害關係人如投資人／銀行／政府機關等則可透過公司之官方網站、電視採訪、雜誌報導等追蹤伸興最新資訊。

透過兩年一度的中國國際縫製設備展覽會（CISMA）是全球最大的專業縫製設備展覽會，2019年於上海新國際博覽中心盛大開展，此展覽是連接縫製供應鏈上下游產業的橋樑，同時也是展示新品的窗口。展場上除了展示伸興最新機種及技術，同時也希望能直接面對客戶，了解目前市場趨勢，將資訊回饋給研發端，開發出符合消費者使用的機種。

伸興在每年的企業永續性報告書編制中導入重大性分析，希望透過系統化的分析模式，鑑別利害關係人所關注／興趣的永續議題，作爲報告書資訊揭露的參考基礎，以利於向不同的利害關係人進行有效溝通。伸興的重大性分析模式，主要區分爲五大步驟：

步驟1：鑑別利害關係人。

步驟2：蒐集關注議題。

議題的收集主要有外部與內部兩個來源，外部來源包含全球報告書協會（Global Reporting Initiative, GRI）所出版的永續報告書GRI STANDRAD，首先以GRI STANDRAD指標的33大類考量面爲基礎，再納入國際關注議題與標準，彙整成關切考量面清單。每年發放營運衝擊度及利害關係人關注度問卷給不同的利害關係人填寫。

步驟3：重大考量面重大性分析與排序。

步驟4：決定重大考量面議題邊界。

步驟5：決定及執行回應機制。

ISO 45001：2018_7.4.3條文要求

7.4.3 外部溝通

組織應依據其所建立的溝通流程及考量其法令要求，對外溝通職安衛管理系統相關的資訊。

伸興工業股份有限公司之利害關係者鑑別與溝通

利害關係人鑑別與重大考量面分析

步驟	內容說明	摘要
步驟1	鑑別利害關係人	客戶、投資人／銀行、員工、社區居民／鄰廠、政府機關、供應商、保險公司。
步驟2	蒐集關注議題	蒐集主要有外部與內部兩個來源，外部來源包含全球永續性報告協會（GRI）。
步驟3	重大考量面重大性分析與排序	將其重大性且需要被管理的考量面列為重大考量面，並針對考量面訂定管理方針。
步驟4	決定重大考量面議題邊界	完成重大考量面排序後，經內部討論方式鑑別各考量面組織內與組織外的對象與邊界。
步驟5	決定及執行回應機制	將重大考量面納入日常工作及年度計畫，做為利害關係人溝通，永續發展策略依據。

<table>
<tr><td colspan="5">組織內部——員工</td></tr>
<tr><th>內容</th><th>公告</th><th>溝通管道</th><th>辦法</th><th>委員會</th></tr>
<tr><td>員工相關薪資福利
環境安全衛生
公司政策</td><td>透過各處、部、課會議或全廠週會公開佈達</td><td>設有職工福利委員會及企業工會，替員工爭取福利</td><td>訂定員工意見申訴管理辦法</td><td>勞資和諧小組</td></tr>
<tr><td colspan="5">組織外部——供應商</td></tr>
<tr><td colspan="2">上游供應商可透過供應商大會了解產品之相關法令規章</td><td colspan="2">下游之客戶透過客服網路信箱／電話等了解公司及產品狀況</td><td>其他的利害關係人如投資人／銀行／政府機關等則可透過公司之官方網站、電視採訪、雜誌報導等追蹤最新資訊</td></tr>
</table>

（資料來源：https://www.zenghsing.com.tw/csr/stakeholder/?lang=zh-hant）

Unit 7-7 文件化資訊（1）

企業組織可依其規模，視其職安衛法令要求活動、過程、產品及服務的型態，進行制訂相關職安衛管理文件化程序文件。一般多採用四階層文化方式進行融合ISO 9001品質管理系統建置，文件化資訊程度，視組織內外過程及過程間交互作用之複雜性、組織人員的適任性。

建置文件程序為使組織所有文件與資料，能迅速且正確的使用及管制，以確保各項文件與資料之適切性與有效性，以避免不適用文件與過時資料被誤用。確保文件與資料之制訂、審查、核准、編號、發行、登錄、分發、修訂、廢止、保管及維護等作業之正確與適當，防止文件與資料被誤用或遺失、毀損，進行有效管理措施。

有關組織文件，用於指導、敘述、索引各類國際標準管理系統，如品質業務或活動，在其過程中被執行、運作者，如品質手冊、程序書、標準書、表單等。

有關組織資料，凡與品質系統有關之公文、簽呈及承攬、合約書、會議記錄等，均為資料。與職業安全衛生有關外來資料如：國家主管機關法令基準、ISO國際標準規範、VSCC或檢測機關所提供之資料及供應商或客戶所提供之圖面，亦屬資料。

有關組織管制文件與資料，須隨時保持最新版之資料，具有制訂、修訂與分發之紀錄，修訂後須重新分發過時與廢止之資料須由文件管制中心依規定註記或經回收並銷毀。例舉已製造醫療器材與測試之過期文件，至少在使用壽命內能被取得，自出貨日起至少保存3年。

有關組織非管制文件與資料，凡不屬前述管制文件與資料者皆為非管制文件與資料。

維持（maintain）文件化資訊：如表單文件、書面程序書、品質手冊、品質計畫。

保存（retain）文件化資訊：紀錄、符合要求事項證據所需要之文件、保存的文件化資訊項目、保存期限及其用以保存之方法。

ISO 45001：2018_7.5.1條文要求

7.5.1 一般要求

組織的職安衛管理系統應有以下文件化資訊：

(a)本標準要求之文件化資訊。

(b)組織為職安衛管理系統有效性所決定必要的文件化資訊。

備註：各組織職安衛管理系統文件化資訊的程度，可因下列因素而不同。

- 組織規模及其活動、過程、產品及服務的型態。
- 需要證明其遵守法令要求和其他要求。
- 過程及過程間交互作用之複雜性。
- 人員的適任性。

文件化流程

權責單位	作業流程	應用表單
各單位部門	文件制定	文件封面 文件履歷
各單位部門	↓ 審核／核定	文件目錄一覽表
各單位部門	↓ 文件編號	
各單位部門	↓ 文件發行	
各單位部門	↓ 文件紀錄保存／歸檔	文件目錄一覽表
稽核小組	↓ 稽核與審查	稽核查檢表
各單位部門	↓ 文件修訂	文件履歷 文件目錄一覽表
各單位部門	↓ 文件廢止	文件履歷 文件目錄一覽表
各單位部門	↓ 文件更新歸檔	

Unit 7-8 文件化資訊（2）

中小企業文件化資訊之建立與更新，必要建立版本編訂相關管理辦法，可經由文管中心發行之ISO 9001：2015品質手冊融合ISO 45001：2018、程序書、標準書及互相關連之表單，應適切顯示版次編號，原則上除表單外，版本由首頁顯示版次，配合ISO標準條文要求，品質手冊（通稱一階文件）、程序書（通稱二階文件）統一由A版起。

建立二階程序書架構，大致要點說明包括目的、範圍、參考文件、權責、定義、作業流程或作業內容、相關程序作業文件、附件表單，章節建立由一、二……依序編排。建立三階作業標準書架構，大致要點說明，標準書之編寫架構由各制訂部門視實際需要自行制定，以能表現該標準書之精神爲主，並易於索引閱讀與了解。

組織負責人應指派適任之文件管制人員成立文件管理中心負責文件管制作業，以管理系統文件之制訂、核准權責與適當儲存保管。

個案研究中國文化大學環境與職安衛手冊公開揭露，建立與更新當建置和更新文件化資訊時，依「文件與資料管制程序書（QP-07）」的要求，確保適當的維持下列資訊：

1. 識別和描述（例如名稱、時間、撰寫人或文件編號）。
2. 格式（例如語言、軟體版本、圖件）及儲存媒介（例如紙本、電子檔）。
3. 適宜性和充分性審查與核准。

並依據「文件與資料管制程序書（QP-07）」及「環安衛紀錄管制程序書（QP-20」的要求建立必要的文件化資訊，此類的文件化資訊也應被管制，以確保：

1. 當需要時，文件化資訊已備妥且是適合使用。
2. 有充分的保護（例如洩漏機密、不當使用或喪失完整性）。

對文件化資訊的管制，規範處理下列作業：

-分發、獲取、取回及使用。
-儲存和保護，包括可讀性的保護。
-變更管制（例如版本管制）。
-保留和處置。

適當時，所決定之管理系統規劃與運作之必要的外部文件化資訊，應予以適當地鑑別和管制。

ISO 45001：2018_7.5.2條文要求

7.5.2 建立與更新
組織在建立及更新文件化資訊時，應確保下列之適當事項：
(a) 識別及敘述（例：標題、日期、作者或索引編號）。
(b) 格式（例：語言、軟體版本、圖示）及媒體（例：紙本、電子資料）。
(c) 適合性與充分性之審查及核准。

專案人員績效考核表

一、基本資料

成員姓名		職別	
差勤狀況		獎懲狀況	

二、自我表現描述

自我表現描述			
項次	各人預期目標	實際成果描述	績效表現描述
專案1			
專案2			
專案3			

三、工作績效、專案計畫執行成效

工作績效、專案計畫執行成效（專案主管）		
1	個人專業技能	
2	日常事務	
3	規劃能力／策略技巧	
4	領導能力／指導別人	
5	激勵與獎賞他人能力	
6	團隊合作／個人特質	
7	決心與積極度	
8	反應速度與敏感度	
9	主動與創新性／外語能力	
10	合作度／溝通能力	

四、適性發展

1	□考績優越，可升調從事高職等工作
2	□適任現職，將來可望發展方向
3	□適任現職，但需要加強何種知識
4	□不適任現職，須遷調何種工作或建議如何安排
綜評	

Unit 7-9 文件化資訊之管制

組織日常文件管制，其中文件修訂作業，文件若要修訂，一般應提出「文件修訂申請表」，提案要求研擬修改，並附上原始文件，請審核人員審查、核定，送文管中心逕行作業。文管中心應將修訂內容記載於「文件修訂記錄表」。文件修訂後，其版次更新遞增。分發修訂時，須將「文件修訂記錄表」及新修訂文件加蓋管制章後，即時一併分發於原受領單位。按分發程序辦理分發，必要時，同時收回舊版文件，並於相關表單中備註說明，以示完備負責。

組織文件廢止、回收作業，文件之廢止，得由相關部門提出文件廢止申請，經研議後，呈原審核單位核定後，由文件管制中心，註記於相關表單上。因修訂、作廢而回收之文件，文管中心應予銷毀並記錄於「文件資料分發、回收簽領記錄表」之備註欄內說明。

組織外部單位需要有關程序文件時，文管中心應於「文件資料分發、回收簽領記錄表」登錄，並於發出文件上加蓋「僅供參考」，以確實做好相關管制措施。如因屬參考性質需要留存的舊版、無效的文件（資料），應於適當位置加蓋「僅供參考」章，以免被誤用。一般蓋有「僅供參考」章或未加蓋管制文件章或未註記保存期限之文件、紀錄僅能作爲參考性閱讀，不得據以執行內外部品質活動。

組織有關外部文件管制作業，凡與品質相關之法規資料如ISO國際標準、CNS國家標準規範等，均由文管中心管制並登錄於「文件管理彙總表」，並即時主動向有關單位查詢最新版的資料，適時更新後勤支援相關作業。

ISO 45001：2018_7.5.3條文要求

7.5.3

職安衛管理系統與本標準所要求的文件化資訊應予以管制，以確保下列事項：

(a) 在所需地點及需要時機，文件化資訊已備妥且適用。

(b) 充分地予以保護（例：防止洩露其保密性、不當使用或喪失其完整性）。

對文件化資訊之管制，適用時，應處理下列作業：

- 分發、取得、索引及使用。
- 儲存及保管，包含維持其可讀性。
- 變更之管制（例：版本管制）。
- 保存及放置。

已被組織決定爲職安衛管理系統規劃與營運所必須的外來原始文件化資訊，應予以適當地鑑別及管制。

備註1：取得管道隱含僅可觀看文件化資訊，或允許觀看並有權變更文件化資訊的決定。

備註2：取得相關文件化資訊的權限包括工作者及工作者代表（如果有）。

文件化資訊之管制列舉要點：

1. 在文件發行前核准其適切性。
2. 必要時，審查與更新重新核准文件。
3. 確保文件變更與最新改訂狀況已予以鑑別。
4. 確保在使用場所備妥適用文件之相關版本。
5. 確保文件易於閱讀並容易識別。
6. 確保組織爲品質管理系統規劃與運作所決定必須得外來原始文件予以鑑別，並對其發行予以管制。
7. 防止失效文件被誤用，且若此等文件爲任何目的而保留時，應予以適當鑑別。

文件管制查檢列舉要點：

1. 版次問題。
2. 程序內章節安排。
3. 善用文件編號。
4. 紀錄表單也應有文件編號。
5. 外來文件仍應管制。
6. 文件管制分類一般分爲三階或四階文件。
7. 跨部門單位之Input/Output流程。
8. 文件管制與紀錄管制。

知識分享管制程序（參考例）

工　業　有　限　公　司

文件修訂紀錄表

文件名稱：知識分享管制程序　　　　　　文件編號：QP-xx

修訂日期	版本	原始內容	修訂後內容	提案者	制訂者
110.01.01	A		制訂		

工 業 有 限 公 司

文件類別	程　序　書		頁次	1 / 2
文件名稱	知識分享管制程序	文件編號	QP-xx	

一、目的：

配合公司中長期業務發展，激勵員工藉由知識分享管理進行軟性內部外部溝通，透過知識文件管理、知識分享環境塑造、知識地圖、社群經營、組織學習、資料檢索、文件管理、入口網站等文化變革面、資訊技術面或流程運作面之相關專案導入與推動工作，跨專長提供問題分析、因應對策或其他策略規劃建議，內化溝通型企業文化，營造知識創造與創新思維。

二、範圍：

本公司員工與外部供應商之溝通、日常管理知識、潛能激發均屬之。

三、參考文件：

（一）品質手冊
（二）ISO 9001 7.4（2015年版）
（三）ISO 45001 7.4（2018年版）

四、權責：

總經理室負責全公司顯性知識與隱性知識之鼓勵激發各項活動措施。

五、定義：

（一）顯性知識：內外部組織文件化程序顯而易見，流程中透過書面文字、圖表和數學公式加以表述的知識。
（二）隱性知識：指未被表述的知識，如執行某專案事務的行動中所擁有的經驗與知識。其因無法通過正規的形式（例如，學校教育、大眾媒體等形式）進行傳遞，比如可透過「師徒制學習」的方式進行。或「團隊激盪學習」方式展開，透過激發對周圍專案事件的不同感受程度，將親身體驗、高度主觀和個人的洞察力、直覺、預感及靈感均屬之，激發提案改善創意種子。
（三）知識分享：人與人之間的互動（如：討論、辯論、共同解決問題），藉由這些活動，一個單位（如：小組、部門）會受到其他單位在內隱及外顯知識的影響。
（四）知識創造與創新：持續地自我超越的流程，跨越舊思維進入新視野，獲得新的脈胳、對產品與服務的新看法以及新知識。創新「新想法、新流程、新產品或服務的產生、認同並落實」或「相關單位採納新的想法、實務手法或解決方法」。

六、作業流程：略。

工 業 有 限 公 司

文件類別	程 序 書		頁次	2/2
文件名稱	知識分享管制程序	文件編號	QP-xx	

七、作業內容：

（一）掌握重點管理方式進行，授權與激發組織內部同仁潛能，共同達成3S，單純化（Simplification）：目標單純、階段明確、焦點集中；標準化（Standardization）：建立作業程序、導入工具標準；專門化（Specialization）：團隊人員專業分工、精實協同合作。

（二）確定知識分享主題或解決個案對策原因。

（三）準備便利貼：一便利貼只能書寫一對策或原因。

（四）Work-out五步驟：

步驟	目標	展開	工具或方法
1	腦力激盪	逐一針對「分享」主題發散思考；將每項創新寫入便利貼	便利貼
2	分類彙整	彙集團隊成員的所有便利貼	釘書機
3	層別	分類與收斂歸納所有便利貼	魚骨圖
4	重點排序	矩陣式思考所有收斂後的便利貼	矩陣圖
5	方案形成與修正	形成對策方案或原因方案；團隊成員共識討論，依重要程度排定優先順序進行改善方案與策略修正	SWOT分析表或策略形成表

（五）精進知識分享策略形成表。

八、相關程序作業文件

管理審查程序

提案改善管制程序

九、附件表單：

1. 魚骨圖　QP-xx-01
2. 矩陣圖　QP-xx-02
3. SWOT分析表　QP-xx-03
4. 策略形成表　QP-xx-04

工 業 有 限 公 司

魚骨圖（範例）

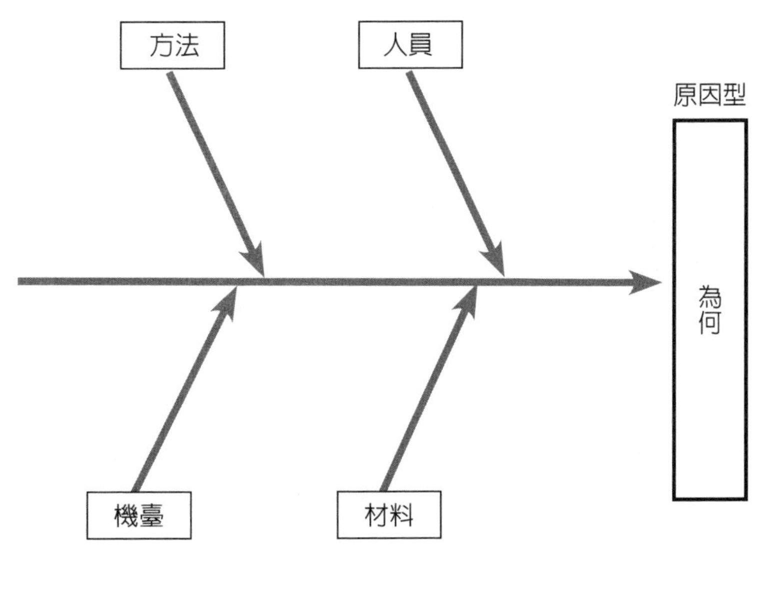

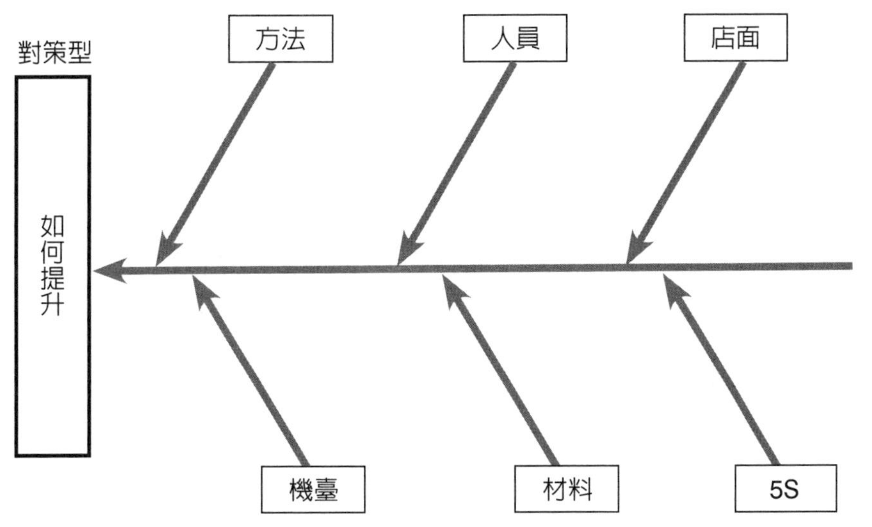

工　業　有　限　公　司

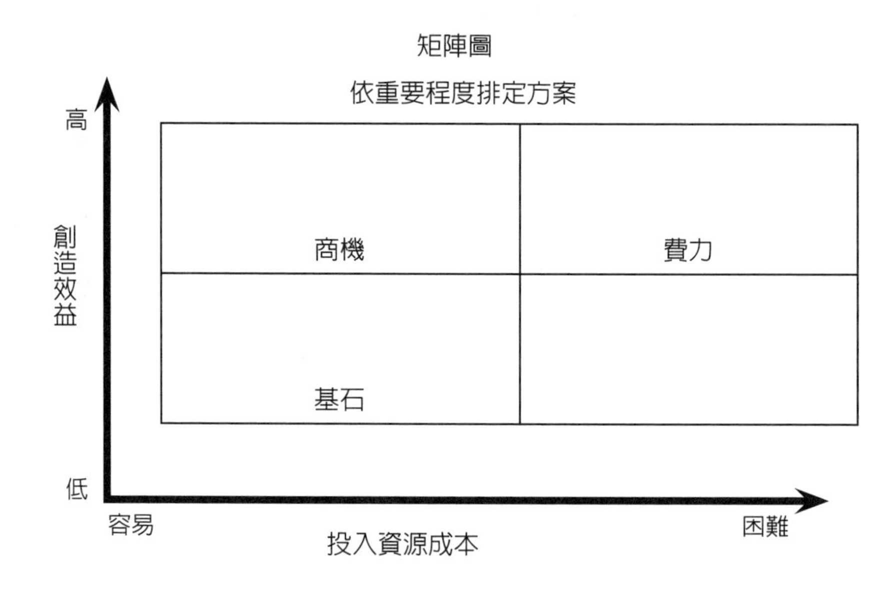

工　業　有　限　公　司

SWOT分析表

優勢（S：Strength）	劣勢（W：Weakness）
列出企業內部優勢：	列出企業內部劣勢：
機會（O：Opportunity）	威脅（T：Threats）
列出企業外部機會：	列出企業外部威脅：

工　業　有　限　公　司

策略形成表

◎ 強度　　　　○ 中度

策略形成 ╲ 內部分析 / 外部分析			內部強弱分析	
			強勢（S）	弱勢（W）
外部環境分析	機會（O）			
	威脅（T）			

文件管制程序（參考例）

工 業 有 限 公 司

文件修訂紀錄表

文件名稱：文件管制程序　　　　文件編號：QP-xx

修訂日期	版本	原始內容	修訂後內容	提案者	制訂者
110.01.01	A		制訂		

A版　　　　QP-xx-02

工　業　有　限　公　司

文件類別	程　序　書		頁次	1 / 3
文件名稱	文件管制程序	文件編號	QP-xx	

一、目的：

為使公司所有文件與資料，能迅速且正確的使用及管制，以確保各項文件與資料之適切性與有效性，以避免不適用文件與過時資料被誤用。確保文件與資料之制訂、審查、核准、編號、發行、登錄、分發、修訂、廢止、保管及維護等作業之正確與適當，防止文件與資料被誤用或遺失、毀損，進行有效管理措施。

二、範圍：

凡屬本公司有關國際標準管理系統文件及程序文件與資料皆適用之。

三、參考文件：

（一）品質手冊
（二）ISO 9001：2015_7.5
（三）ISO 13485：2016_4.2與7.5
（四）ISO 45001：2018_7.4與7.5

四、權責：

（一）專案負責人應指派適任之文件管制人員成立文件管理中心負責文件管制作業，以管理系統文件之制訂、核准權責與適當儲存保管。
（二）

類　別	制　訂	審　查	核　准	發　行
品質手冊	文管	經理	總經理（管理代表）	文管中心
程序書（標準書）	各部門主辦人	部門主管	總經理	文管中心
表單	各部門主辦人	部門主管	總經理	文管中心

五、定義：

（一）文件：
用於指導、敘述、索引各類國際標準管理系統，如品質業務或活動，在其過程中被執行、運作者，如品質手冊、程序書、標準書、表單等。

（二）資料：
1.凡與品質系統有關之公文、簽呈及承攬、合約書、會議紀錄等等，均為資料。
2.外來資料如：國家主管機關、ISO國際標準規範、VSCC或檢測機關所提供之資料及供應商或客戶所提供之圖面，亦屬資料。

（三）管制文件與資料：
須隨時保持最新版之資料，具有制訂、修訂與分發之紀錄，修訂後須重新分發過時與廢止之資料須由文件管制中心依規定註記或經回收並銷毀。已製造醫療器材與測試之過期文件，至少在使用壽命內能被取得，自出貨日起至少保存3年。

（四）非管制文件與資料
凡不屬前述管制文件與資料者皆為非管制文件與資料。

（五）品質手冊：

工 業 有 限 公 司

文件類別	程 序 書		頁次	2 / 3
文件名稱	文件管制程序	文件編號	QP-xx	

乃本公司國際標準管理系統，如品質管理系統與品質一致性之政策說明，實施品質制度與落實政策，如品質政策與環境政策，最基本的指導文件。

（六）程序書：
品質手冊中，管理重點所引用之下一階文件的內容說明，為品質系統要項所含之各項程序的管理運作指導。各單位作業過程中，為確保操作品質與高效率的作業標準所依據的詳細指導文件，如作業標準書等。

（七）表單：品質系統中各項程序書、標準書所衍生之各種表單。

六、作業內容：

（一）品質系統文件編號原則：
1.品質手冊編號---QM-01
2.程序書編號-----QP-ΔΔ
QP：代表程序書代碼
ΔΔ：代表流水號
3.表單編號----QP-ΔΔ-□
QP-ΔΔ：代表該對應之程序書代碼
□：代表表單流水號01～99
◇：於表單左下角位置標識版次（A版、B版……），以利識別
4.外來資料編號---**-◎◎◎
**：代表收錄年度（中華民國年曆）
◎◎◎：代表收錄流水

（二）版本編訂辦法：
經由文管中心發行之品質手冊、程序書、標準書及相衍生之表單，應適切顯示版次編號，原則上除表單外，版本由首頁顯示版次，配合2015版標準條文要求，手冊、程序書統一由A版起。

（三）內部文件系統架構說明：
1.品質手冊各章架構，依ISO 9001：2015版條款對應
2.程序書架構說明：目的、範圍、參考文件、權責、定義、作業流程或作業內容、相關程序作業文件、附件表單，由一、二……依序編排。作業標準書架構說明：標準書之編寫架構由各制訂部門視實際需要自行制定，以能表現該標準書之精神為主，並易於閱讀與了解。

（四）文件編訂：
1.依國際品質標準要求，責成有關部門制訂各種程序書、標準書。
2.製定之文件由權責人員審查、核定。
3.經核定後之文件，由總經理室文管中心編號。

（五）文件修訂
1.文件若要修訂，應提出「文件修訂申請表」，要求研擬修改，並附上原始文件，請審核人員審查、核定，送文管中心作業。
2.文管中心應將修訂內容載於「文件修訂紀錄表」。
3.文件修訂後，其版次遞增。
4.分發修訂時，須將「文件修訂紀錄表」及新修訂文件加蓋管制章後，一併分發於原受領單位。
5.按分發程序辦理分發，必要時，同時收回舊版文件，並於相關表單簽註。

文件類別	程 序 書		頁次	3 / 3
文件名稱	文件管制程序	文件編號	QP-xx	

（六）文件之分發（指品質手冊、程序書、標準書）即發文文件，於首頁加蓋「文件管制」章，並請受領單位於文管中心之「文件資料分發、回收簽領紀錄表」上簽收。發行之文件、資料需每張蓋發行章，發行章格式參考如下：紅色發行章

發 行

（七）文件廢止、回收作業：

1.文件之廢止，得由相關部門提出文件廢止申請，呈原審核單位核定後，由文件管制中心，註記於相關表單上。

2.因修訂、作廢而回收之文件，文管中心應予銷毀並記錄於「文件資料分發、回收簽領紀錄表」之備註欄內。

3.若版次更新時將舊版文件或蓋作廢章識別。

作 廢

（八）如有外部單位需要有關文件時，文管中心應於「文件資料分發，回收簽領記錄表」登錄，並於發出文件上加蓋「僅供參考」，以確實做好相關管制。

1.因參考性質需要留存的舊版，無效的文件，資料，應於適當位置加蓋「僅供參考」章，以免誤用。

2.蓋有「僅供參考」章或未加蓋管制文件章或未註記保存期限之文件、紀錄僅能作為參考性閱讀，不得據以執行品質活動。

（九）文件遺失、毀損處理：

1.填「文件資料申請表」，註記原因後，各部門主管核准後，向文管中心提出申請補發。

2.損毀之文件；應將剩餘頁數繳回文管中心銷毀。

3.遺失之文件尋獲時，應即繳回文管中心銷毀。

（十）外部文件管制：

凡與品質相關之法規資料如國家標準規範等，均由文管中心管制並登錄於「文件管理彙總表」，並隨時主動向有關單位查詢最新版的資料。

（十一）有關DHF（Design history file）醫療輔具器材已開發完成之設計歷史完整記錄、DMR（Device master record）醫療輔具器材主紀錄、DHR（Device history record）醫療輔具器材歷史生產紀錄，依「鑑別與追溯管制程序」記錄存查。

七、相關程序作業文件

QP-16鑑別與追溯管制程序

八、附件表

（一）文件修訂申請表　QP-07-01
（二）文件修訂記錄表　QP-07-02
（三）文件資料分發、回收簽領記錄表　QP-07-03
（四）文件資料申請表　QP-07-04
（五）文件管理彙總表　QP-07-05

工 業 有 限 公 司

文件修訂申請表　　　　日期：

提出人		提出單位	
文件名稱		文件編號	
提出修訂內容			
備註說明			

核准		審查		申請人	

A版　　　　QP-xx-01

工 業 有 限 公 司

文件修訂紀錄表

文件名稱：　　　　　　　　　　　　　　　　文件編號：

修訂日期	版本	原始內容	修訂後內容	提案者	制訂者

A版　　　　　　　　　　　　　　　　　　　QP-xx-02

工 業 有 限 公 司

文件資料申請表

申請日期：

<table>
<tr><td>申請單位名稱</td><td colspan="5"></td></tr>
<tr><td>申請文件名稱</td><td></td><td>文件編號</td><td></td><td>申請份數</td><td></td></tr>
<tr><td colspan="6">申請原因：

審核意見：

</td></tr>
<tr><td colspan="2">文件管制狀況</td><td colspan="4">□管制文件　□非管制文件</td></tr>
<tr><td>核　　准</td><td></td><td>審　　核</td><td></td><td>申　請　人</td><td></td></tr>
</table>

A版　　QP-xx-04

章節作業

年　　月　　日　　　　內部稽核查檢表

ISO 45001：2018 ISO 9001：2015 條文要求	
相關單位	
相關文件	

項次	要求內容	查檢之 相關表單	是	否	證據 （現況符合性 與不一致性描述）	設計變更或 異動單編號
1						
2						
3						
4						
5						
6						
7						
8						
9						
10						

管理代表：　　　　　　　　　　　　　　　　　稽核員：

第 8 章

營運

章節體系架構▼

Unit 8-1 營運之規劃及管制（1）

中小型企業營運規劃及管制，一般依客戶合約與業務銷售之狀況，訂定適當之生產計畫與資源規劃，在有限資源下，能發揮充分之人力效能以達成準時交付或交貨，並增進生產效率。內外部管制爲確保製程中產品品質合乎品質需求與客戶要求，將製造流程條件、方法等，予以標準化規定，並透過製程查驗及管制，即時注意異常變化，預防問題再發生，穩定減少不良品之產生，提高精實生產效率，使產品與服物能在市場上更具競爭優勢。

舉凡內部規劃擬定生產計畫，一般由生產主管依業務部提供之訂購單與製令單，並依期約交貨日期決定生產順序後，將其登錄ERP企業資源規劃系統與生產計畫表，透過生產排程看板與走動式管理，提供管理者即時掌握廠內整體狀況，如庫存缺料、不良品停線、供料不穩定、工作環境危害風險評估等。

2017年企業社會責任報告書中揭露，台橡TSRC透過推動五年發展計畫的具體行動，經營團隊達成許多重要的進展，其中包括增加高値化產品（SEBS）的銷售，高級鞋材獲得國際品牌合作夥伴認證並開始供貨，改造並升級高雄的技術中心和研發設施，完成高雄廠乳聚苯乙烯-丁二烯橡膠（E-SBR）和聚丁二烯橡膠（BR）的分散式控制系統轉換，並在溶聚苯乙烯-丁二烯橡膠（S-SBR）技術發展面取得重大突破，這些關鍵行動計畫是奠定台橡公司未來數年利潤增長的重要基石與整體營運規劃發展。

TSRC安全衛生政策的核心價値是「以人爲本」，並且透過以下的原則運作，追求零災害、零傷害目標：技術、安全衛生文化、責任、溝通。台橡各生產廠區除了取得ISO 9001，更分別獲得ISO 14001/ISO 45001/QC 080000/ISO 50001/ISO 10012（MSA測量管理系統）國際認證，2018年高雄廠區已取得IATF 16949認證，南通廠區也預計於完成IATF 16949管理系統推展。採多品牌策略其業務主要內容爲各種合成橡膠之製造及銷售，包括合成橡膠類（乳聚苯乙烯-丁二烯橡膠（E-SBR）、溶聚苯乙烯-丁二烯橡膠（S-SBR）、聚丁二烯橡膠（BR）、熱可塑性彈性體（TPE）。橡膠的應用客戶多爲汽車產業，應用於輪胎、汽車引擎油管、安全氣囊蓋、車窗邊條等。

ISO 45001：2018_8.1條文要求

8.1.1 一般要求

組織應規劃、實施、管制及維持必要流程，以符合職業安全衛生管理系統要求事項，並以下列方法實施第6章所決定之措施。

(a) 決定過程的準則。

(b) 依據準則實施過程管制。

(c) 維持並保管必要程度的文件化資訊，以具備過程依規劃執行的信心。

(d) 調整工作者信心。

在多雇主的工作場所，組織應與其他組織協調職安衛管理系統的有關部分。

流程營運控制

工作程序和系統	工作者的能力
預防性或預測性 維護和檢查計畫	商品和服務採購規範

設計與開發變更管制常見流程

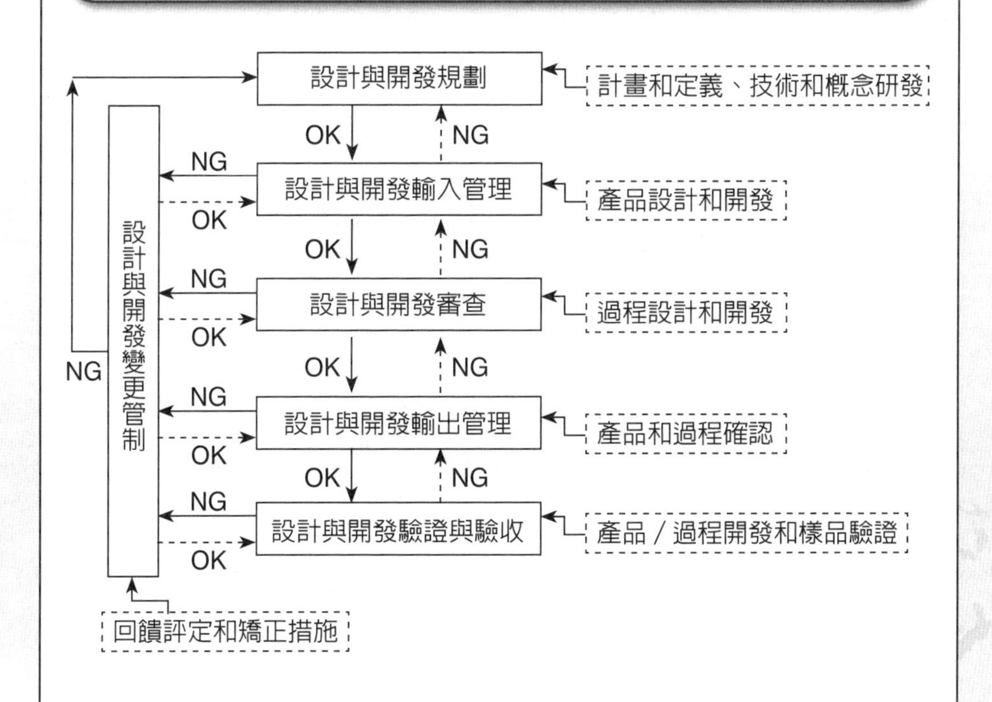

過程相關準則和控制

文件和詳細的工作系統
商品和服務採購規範
確保遵守法規和製造商的說明
檢查並提高工作者的能力
維護和檢查程序
健康監督，工作許可證
使工作職務能適應工作者

常見COP圖（以開發管理流程為例）

開發管理流程：小組成立→開發規劃→樣品試作→量試量產→外觀尺寸檢驗及功性能測試→客戶確認→矯正

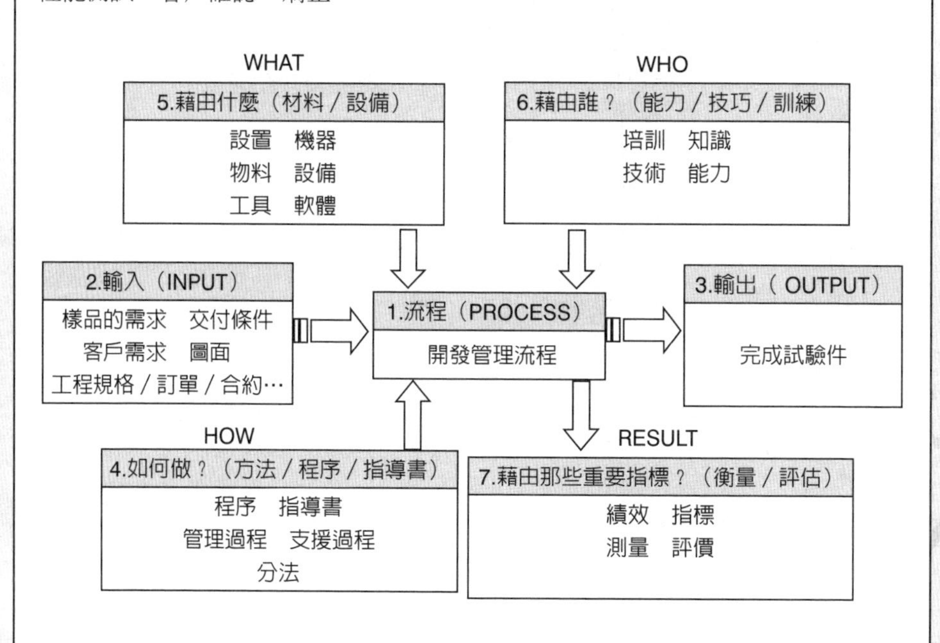

Unit 8-2 營運之規劃及管制（2）

列舉化學產業台橡努力創新、延伸其產品組合、發展高價值產品，透過兩個事業單位行銷至跨國及區域性的輪胎、工業用製品、熱熔膠所應用的個人護理及醫療產品等市場領導者。

橡膠事業單位爲全球合成橡膠領先廠商之一，提供高質量的合成橡膠產品，從廣泛應用於輪胎及橡膠製品的TAIPOL乳聚苯乙烯-丁二烯橡膠（ESBR）、聚丁二烯橡膠（BR）、丁腈橡膠（NBR），到因應歐盟推動環保輪胎標籤所需之綠色輪胎，開發具低滾動阻力特性之TAIPOL溶聚苯乙烯-丁二烯橡膠（SSBR）。持續了解客戶需求及透過不斷提升的品質、服務以及品質管理，致力提供客戶發展所需的優質產品。

先進材料事業單位爲全球苯乙烯嵌段聚合物及其下游摻配料領先製造商，提供多樣化產品組合，其具有耐久性及功能性等特性，包括TAIPOL及VECTOR以丁二烯爲配合單體的SBS產品、異戊二烯爲配合單體的SIS產品，SBS經過氫化後之SEBS產品及活粒T-BLEND以SEBS爲主的摻配應用材料。我們持續拓展在亞洲、歐洲及美洲銷售網絡，爲客戶提供一致及可靠的解決方案，及時迅速客戶及技術服務。

有鑑於高雄市81氣爆事件，台橡制定了「地下管線管理作業辦法」，並與中油及大社鄰廠合作，建置丁二烯管線收料監控、巡檢及維護系統，積極配合高雄市政府2015年公告之「高雄市既有工業管線管理自治條例」，藉由管束聯防應變計畫及管束聯防演練，提升各級人員對緊急事故的處理能力，積極落實區域聯防應變機制及毒性化學物質聯防運作管理，職安衛績效顯著，榮獲經濟部工業局特頒獎狀表揚。

高雄廠配合「仁大工業區鄰近區域居民健康風險評估計畫」，經由危害確認、劑量效應評估、暴露量評估、風險特徵描述等步驟，整合分析結果提出風險管理措施與環境改善建議，以維護工業區附近居民健康，消弭民眾疑慮。

ISO 45001：2018_8.1條文要求

8.1.2 消除危害並降低職安衛風險

組織應建立、實施和維持消除危害並降低職安衛風險的流程，使用以下優先順序層級控制：

(a) 消除危害。

(b) 以危害性較小的流程、操作、材料或設備取代之。

(c) 使用工程控制和工作重組。

(d) 使用管理控制，包括訓練。

(e) 使用足夠的個人防護具。

備註1：在許多國家，法令要求和其他要求包括要求提供免費個人防護具（Personal Protective Equipment）。

圖解五個層級控制

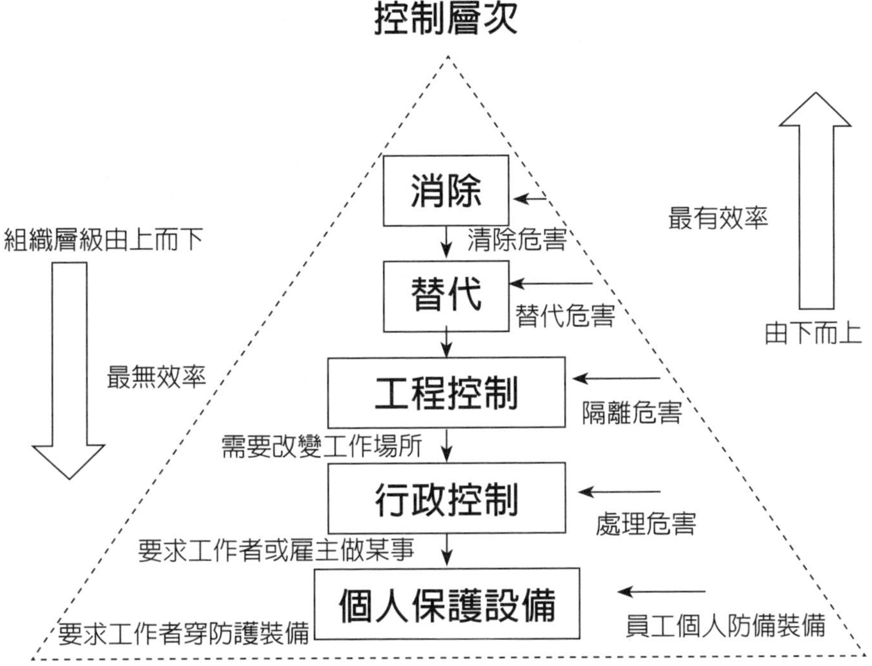

備註：此措施用以消除或減少職業健康與安全風險至最低水準。

如何做好顧客溝通

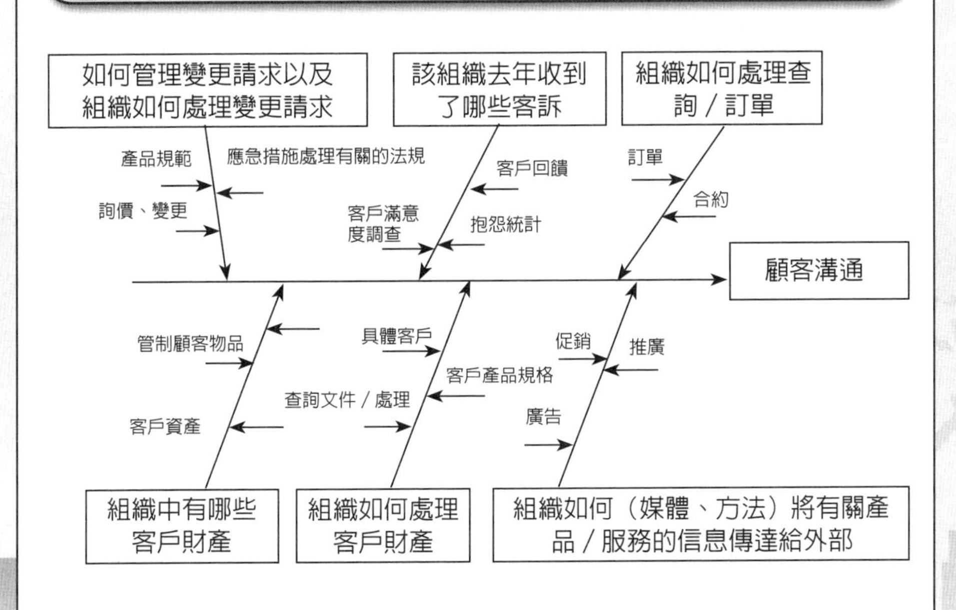

與利害關係人溝通方式

利害關係人	溝通內容	溝通方式
投資人	企業社會責任報告書、經營績效、重大訊息、資訊揭露、公司產品介紹等	公司網站、股東會、發言人、E-mail或電話聯繫等
客戶	企業社會責任報告書、產品品質／交期／報價、維修／技術服務、客訴、共同參與公益活動等	公司網站、拜訪客戶、E-mail或電話聯繫、現場服務、響應公益活動等
員工	企業社會責任報告書、安全衛生、福利措施、薪資制度、訓練、員工建議等	公司網站、定期／不定期訓練、部門會議、秘書茶會、訪談、內部公告等
供應商	企業社會責任報告書、供應商評鑑、供應商考核、工安訓練、工安環保、詢價、採購、發包等	公司網站、ISO 9001/14001、OHSAS 18001、SA 8000制度、傳真、E-mail或電話聯繫、巡檢等
政府	企業社會責任報告書、法規諮詢等	公司網站、法規鑑別、法規宣導等
社區／地方團體	企業社會責任報告書、公益活動參與等	公司網站、參與社團、贊助公益活動等

Unit 8-3 營運之規劃及管制（3）

設計及開發變更，為使設計變更時有關文件資料、圖面與檔案，能迅速且正確傳達至各相關單位，使工廠生產圖面、文件資料均被維持在最新、最正確的版次，並能符合最新規範、法規及客戶之需求，制訂辦法。一般設計變更時機，客戶使用時發現之問題、抱怨、客戶所要求與建議；國際規範、法規標準變更時；增加新來源之設計資料；發現更好的改良方案。所有設計變更程序須經由有關單位提出填寫「設計變更通知單」並經審查後，送至研發技術單位。技術人員對其通知單內容評估分析其可行性，若屬可行則可決定試作或直接變更圖面。

有關醫材產品，如有設計更改需求時，須重新審查「基本安全查核表」及「危險性風險評估」以符合其變更要求。技術人員依法規、工程資料、經驗、可行性分析將圖面予以更新並進行輸出。技術主管應就產品性能、安全、規範、法規……等相關資料予以審查查證。變更之圖面由技術主管加以審查並文件化保存。

醫療器材上市後，因醫療器材引起的嚴重不良事件（包含不良品及不良反應）發生時，應在辦法規定期限內進行通報。為確保醫療器材使用的安全，根據「藥事法」、「嚴重藥物不良反應通報辦法」及「藥物安全監視管理辦法」等法規，將醫療器材的不良事件通報納入藥品及醫療器材安全監視管理範疇。若發生使用醫療器材出現嚴重不良事件時，依照醫療器材不良事件通報作業流程進行通報主管機關。

預防負面衝擊所採取的措施，小從5S管理、特性要因圖、QC品管圈活動、TPS精實生產、QFD品質機能展開、危害風險管理、IE工業工程技術、TQM全面品質管理、文件化資訊管理、同步工程、敏捷式專案管理，擴及至外包管理、變更管理、風險機會管理、ISO國際標準、企業文化、高階領導與CSR企業社會責任等日常應變管理措施，潛移默化深耕永續。

ISO 45001：2018_8.1條文要求

8.1.3 變更管理

組織應建立流程，用於實施和控制會影響職安衛績效的計畫性臨時和永久性變更，包括：

(a) 新產品、服務與流程，或改變現有的產品、服務與流程，包括：
- 工作場所位置和環境
- 工作組織
- 工作條件
- 設備
- 勞動力

(b) 法令要求和其他要求的改變。
(c) 危害及職安衛風險的知識及資訊之改變。
(d) 知識與技術之開發。

組織應審查非預期的變更之後果，如有必要採取行動以減輕任何不良影響。
備註：變更可能會導致風險與機會。

變更管理之目標

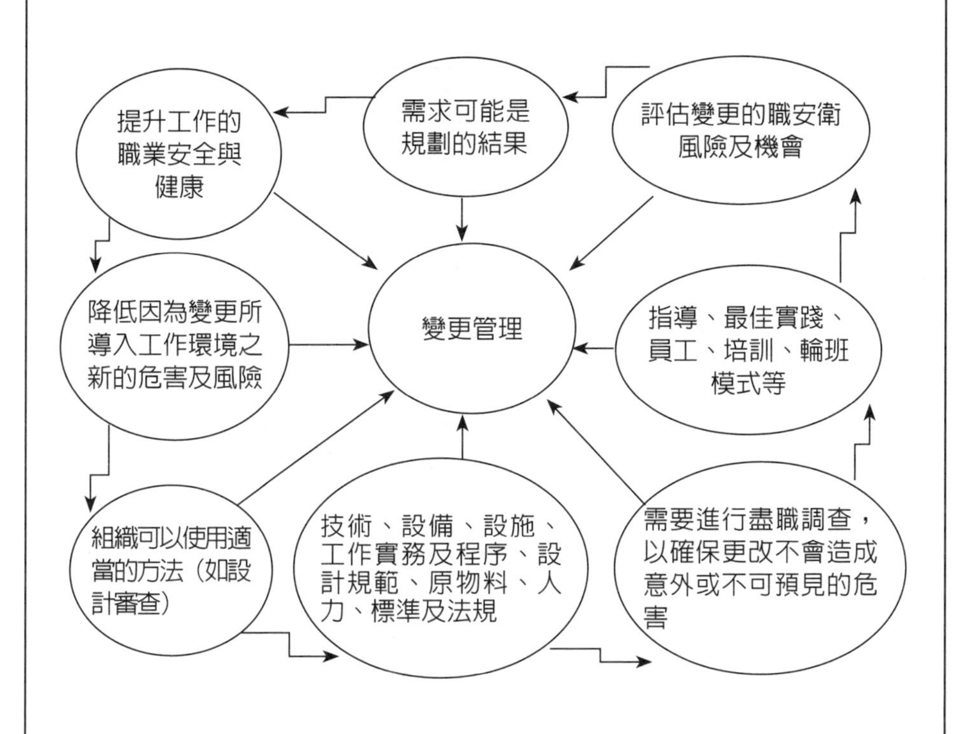

設計及開發變更程序

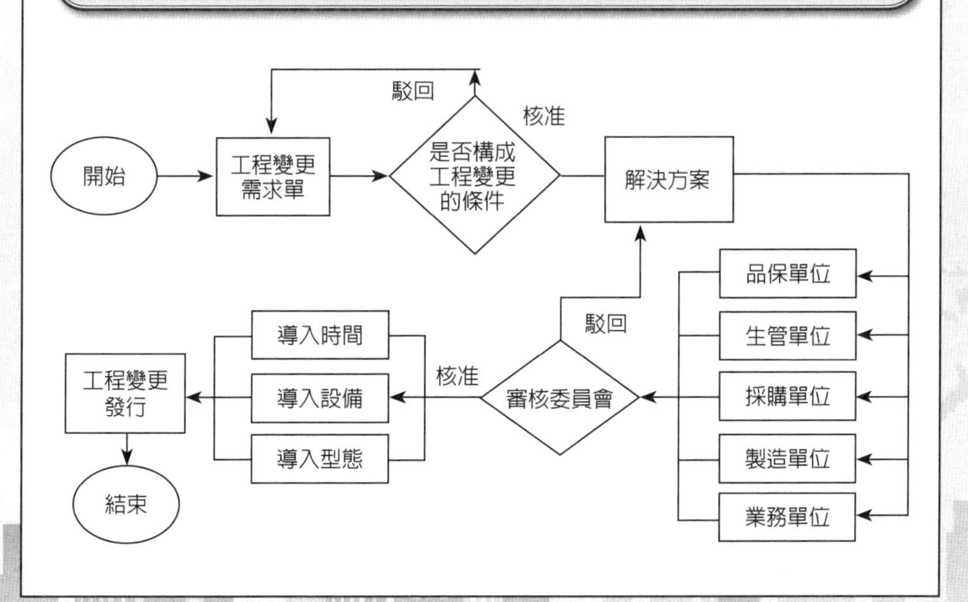

建構變更管理流程

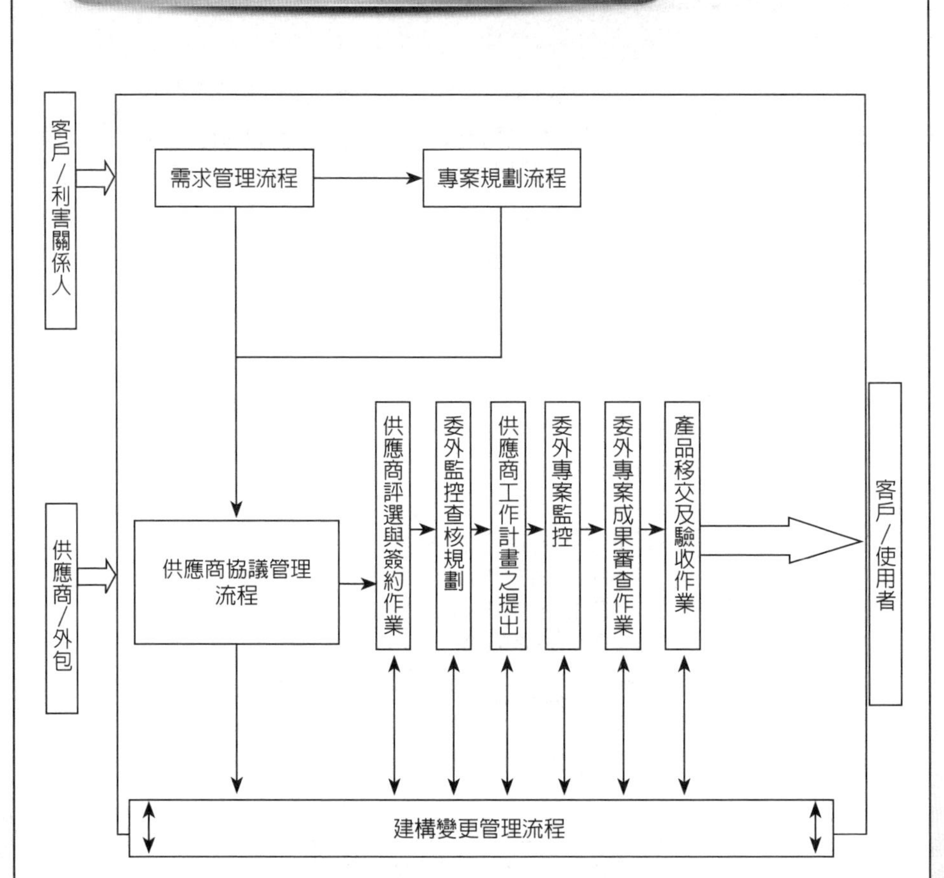
客戶/利害關係人
需求管理流程
專案規劃流程
供應商/外包
供應商協議管理流程
供應商評選與簽約作業
委外監控查核規劃
供應商工作計畫之提出
委外專案監控
委外專案成果審查作業
產品移交及驗收作業
客戶/使用者
建構變更管理流程

Unit 8-4 採購（1）

不符合產出之管制，企業產品與服務過程中，對發現不良品及對疑似不良品交付時，能確實回報並迅速地加以管制處置，以確保杜絕不合格品流入下一工程中，不合格品必要採取隔離或經矯正加工與品質驗證，具體達符合性使用至出貨。一般所有不合格品及未經確認之產品，包含客戶所提供物料、製程中發現不良之半成品或成品皆屬管制範圍。

一般不良品管制分級處置，大致分三類：特採品，其原因不致影響產品品質時，且投產、出貨時間急迫所採取的適當因應措施。重工處置，將不良品重新加工而能使其符合規格要求的允收標準。判定不合格品，即在標準範圍外，不符合規格之產品。如發現不良品，除標貼不合格標籤外，並將不良品搬移至「不良品區」加以區隔隔離措施，以免混淆。並填寫「不合格報告單」，依情況做重工、報廢或退貨處理。如因生產急需，且不良原因不影響產品性能時，可由相關單位提出「特採報告單」經主管核准後特別採用，但必須特別註明。重工品由相關部門主管審核後送回生產重新加工。判定爲報廢品，則由相關部門填寫「報廢申請單」送往報廢區。退貨品則由採購人員塡寫「退料單」退回供應商要求改善更換新品或複案另尋評鑑其他合格供應商進行採購作業。

列舉2017年台糖公司永續發展報告書中揭露，衝擊與風險評估中，原料採購發生原料品質不良、不符使用需求或違反食品法規，影響產品品質與商品信譽，分別評估因產品品質瑕疵或顧客服務不佳等因素，是否影響公司之形象及商譽、食品中存在有害物質如食品添加劑、農藥殘留、重金屬等，將對人體健康產生負面的影響程度，經評估2016年並無相關風險事件發生，故維持現有防護措施。

個案研究：嘉義大學校園安全衛生管理系統中採購管理程序公開揭露，其目的使所採購之工程、財物與勞務符合法規要求外，在使用前亦可達成各項安全衛生要求，確保在源頭先做好安全衛生管制，以降低後續使用上發生危害之可能性。其範圍適用安全衛生管理系統之單位對於機械、設備、原物料、勞務或工程等採購均適用之。其權責(1)環境保護及安全衛生委員會及環境保護及安全管理中心：提供安全衛生法規及需求之諮詢、採購安全管理之稽核等。(2)請購單位：提出請購案件所需之安全衛生規格、使用前之安全檢查、請購案相關安全衛生紀錄與文件之保存等。(3)採購單位：採購管理程序之制／修訂；依採購管理程序進行請購案之詢價、比價、議價、訂購、收貨、執行契約管理、與供應商溝通、異常狀況處理等相關作業。包括國立嘉義大學辦理採購安全衛生管理要點（445-ES-MI3-1-27）與承攬商安全衛生評核表（445-ES-MT4-4-24）。

ISO 45001：2018_8.1條文要求

8.1.4.1 一般要求

組織應建立、實施和維持流程來控制產品和服務的採購，以確保其符合職安衛管理系統。

商品或服務的採購符合已實施的OH&S驗收程序

制定技術工程驗收程序

工程驗收程序所包含項目		
工程介紹	安全設備	職業安全計畫
工程目的	安全的工作系統	維護要求
人員安全	工程風險評估	工程認證
員工培訓／能力	技術／工程驗收 （工廠、設計、安全、 維護、特許權等）	工程保修

購管制程序作業內容

不符合產出之管制

計畫

組織如何處理不合格的產品／服務？
組織如何在內部分析不合格的產品／服務以及由此帶來哪些改進？
組織為各種類型的不合格定義了哪些類別／等級，以及如何解決這些類別／等級？
組織如何考慮在測試計畫中進行重加工？

處理

重加工以符合規定要求。
不論修理或不修理，以特採方式允收。
重新分級另作其他用途。
拒收或報廢。

證據

控制不合格的證據。
隔離存儲區域用於防止部件、標籤。
故障報告，不合格品。
對客戶特別發布。
與客戶協調。
不合格產出／產品的程序／過程描述控制。
重工計畫。
標籤說明。

Unit 8-5 採購（2）

台橡嚴格要求承攬商必須為政府立案之運輸公司，具備完善緊急應變能力與計畫，而且每年需有實施緊急應變訓練及演練。運輸作業、運輸槽體定期檢查並且須具有勞檢機構的檢驗合格證。

對於地下管線維護高度重視，嚴格要求承攬商與廠務人員持續執行管線巡查、緊急應變演練及管線風險評估、除了建置線上即時洩漏偵測系統，並完成管內檢測、緊密電位檢測、管線試壓工作，以保障鄰近市民之公共安全及從業勞工作業安全。

個案研究中橡公司供應商管理程序，其中供應商評選機制中供應商合作是中橡永續經營的重要關鍵，透過供應商評選機制，選用優質之供應商。評選前，會先要求供應商完成自評報告，報告項目包含公司簡介、經濟部公司營業登記資訊、公司廠區環境照片、設備清單、研發技術品保環境、業績證明（採購單、進項發票）和實體財務狀況（資產負債表、損益表）等，之後再針對自評報告中優選之廠商進行實地調查拜訪，考核財務健全性及對社會環境有無不良紀錄等，經檢核通過後始可列為合格供應商。2019年林園廠與馬鞍山廠合計共84家新進供應商，100%通過環境與社會評選標準。

中橡公司**承攬商管理規範中，「承攬商職業安全衛生管理辦法」**為保障承攬商或供應商的工作安全，在工程發包合約中，明定各項職安守則，遵守政府勞工安全衛生之各項規定。馬鞍山廠依據大陸現行法規針對承攬商到廠施工訂有「施工及作業安全衛生及環保管理作業程序」，目的為加強施工安全與環保作業管理，減少施工或作業過程中的人員傷亡。施工過程，廠區稽核人員會不定期抽查作業內容，若發現違反工安規範之情事可直接要求承攬商停工，待相關情事改善後再繼續執行施工任務。

個案研究：廣達電腦與供應商間，透過有系統性進行溝通，包含簽署環保承諾書、提供產品須通過認可第三方實驗室檢驗、進料檢驗抽樣送廣達GP實驗室監測、廣達環保網站（green.quantacn.com）、廣達輔材環保網站、綠色供應鏈研討大會、供應商及承攬商之年度稽核等。

ISO 45001：2018_8.1.4條文要求

8.1.4.2 承攬商

組織應與其承攬商協調其採購流程，以鑑別危害並評鑑和控制由下列原因所引起的職安衛風險：

(a) 承攬商對組織有影響的活動與作業。

(b) 組織對承攬商工作者有影響的活動與作業。

(c) 承攬商對在工作場所的其他利害相關者有影響的活動與作業。

組織應確保承攬商與其工作者符合組織職安衛管理系統的要求。組織的採購流程應界定和應用職安衛準則選擇承攬商。

備註：在合約文件中列入選擇承攬商的職安衛準則是有幫助的。

組織制定承攬商和供應商的採購程序

現場查證
現場感應
溝通
安全的工作系統
風險評估
事故報告
事故管理

承攬商能力要求

承攬商		
行政	會計	方法
技能	手段	專業知識
符合訓練	適當的資源	合約授與機制
職安衛績效紀錄	組織交付之活動	經驗及適任性準則
設備及工作準備	直接合約要求事項	組織查證承攬商能力
其他職能之顧問及專家	安全衛生績效資格預算準則	承攬商工作者之資格
安全訓練或安全衛生能力	組織明確涉及責任的合約	組織使工具確保工作場所承攬商之職安衛績效

組織制定承攬商和供應商的採購程序

順序	現場查證
1	現場感應
2	溝通
3	安全的工作系統
4	風險評估
5	事故報告
6	事故管理

組織應確定顧客的需求

(1)顧客明定的產品／服務要求：包括可用性、交貨期及支援服務等。
(2)顧客沒有明定的產品／服務要求（例如慣例）：組織須溝通了解後，並進行轉化，使組織成員都能充分了解這些要求。
(3)適用於產品相關法令與法規要求。
(4)組織所需要之要求。

(1)您有哪些流程可以確定向潛在客戶提供的產品和服務的要求？您如何建立、實施和維護這一過程？
(2)是否有權在啟動產品開發或生產之前確定客戶要求？
(3)由於產品的性質是否有其他標準，如BS、EN或ISO，客戶未說明但該產品應遵守哪些標準？
(4)由於您的產品的性質，是否有法定和法規要求確定用戶的健康和安全以及環境保護？

交貨後活動包括：保固條款的活動、合約之義務如維修服務，及增補服務如資源回收或產品最終處置。

1. 檢查工作描述。
2. 在相關紀錄上簽署該權限。

國際環保相關指令

RoHS	電子及電器設備禁用物質指令（2002/95/EC, the restriction of the use of oertain hazardous substancesin electical and electronic equipment） 重金屬：汞（Hg）、鉛（Pb）、鎘（Cd）、六價鉻（Cr_6^+） 溴系耐燃劑：多溴聯苯（PBBs）、多溴聯苯醚（PBDEs）
WEE	電子及電器設備廢棄物處理指令（2002/96/EC, waste electrical and electronic equipment），包括直流電小於1500V、交流電小於1000V之電子電器產品及所有零部件與耗材。
EuP	使用能源產品之環境化設計指令（Eco-Design Requireements for Energy using products） 針對使用能源之產品（運輸工具除外） 建立環境特性說明書（Eoo-Profile） 與歐盟國家達成相互承認之標章產品可不需查核
REACH	化學品登記、評估及核准制度 約3000項化學品將列管
Public Green Procurement	綠色公共採購指令 允許會員國於公共採購招標文件中納入環境考量
ELV	廢車回收指令（2000/53/EC）

Unit 8-6 採購（3）

個案研究：國立嘉義大學科學技術研究發展採購作業要點公開揭露，其適用範圍：辦理科研採購之作業，悉依本要點規定辦理；本要點未規定事宜，得依政府採購法相關法令及本校採購作業要點辦理。前款採購是否屬於科研採購以該補助或委託契約爲準；如有疑義，由補助或委託機關認定之，無法認定時應適用政府採購法辦理。執行補助機關、委託機關或主管機關核定之科學技術發展計畫，其辦理採購之經費來源爲科學技術研究發展預算搭配產學合作計畫之企業配合款者，準用本要點。其中科研採購辦理原則，科研採購應以促進科技研究發展、研究成果創新運用及維護公共利益及公平合理爲原則。相關單位權責：

1. 請購單位：辦理採購金額未達新臺幣一百萬元採購案之訪價、審查、訂約、履約、驗收、核銷，及採購金額新臺幣一百萬元以上採購案之請購、標案規格審查及履約管理。工程相關請購、採購與履約管理工作由總務處營繕組負責。
2. 採購單位：總務處辦理新臺幣一百萬元以上採購案件之公告、開標、比價、議價、決標、訂約、協助驗收及爭議處理等事項；未達新臺幣一百萬元採購之請購單位爲採購單位。
3. 研發單位：審查採購標的係本校接受政府補助或委託辦理之科學技術研究發展之研究計畫案並符合補助目的。
4. 監辦單位（主計室）：審查計畫科目是否符合，採購預算額度是否足夠，並辦理監辦新臺幣一百萬元以上科研採購案件之開標、比價、議價、決標、驗收等事項。

其公告審查內容，(1)辦理新臺幣一百萬元以上之科研採購案，除採限制性招標僅邀請一家廠商議價者外，應將招標公告資訊公開於本校網站或其他公開網站，公告期間須有五個工作天（含）以上，並得視需要增加公告天數；公告內容修正時，亦同。(2)採購單位就廠商資格條件進行審查。(3)請購單位應視採購案件之特性及實際需要，必要時得成立審查小組，審查廠商之技術、管理、商業條款、過去履約績效、工程、財物或勞務之品質、功能及價格等項目。但爲鼓勵新創公司參與，得調整前述審查項目，增加新創公司公平競爭機會。(4)前款審查小組應由本校教師、編制內職員、聘任人員或校外專家學者五人（含）以上組成。(5)前款之校外專家學者，指於公私立大專院校或研究機構擔任教學研究工作之人員。(6)審查應作成書面記錄，並附卷備供查詢。(7)前述規定，未達新臺幣一百萬元之採購得準用之。

ISO 45001：2018_8.1條文要求

8.1.4.3 外包

組織應確保其外包的功能和過程被管制。組織應確保其外包安排符合法令要求和其他要求，並達成職安衛管理系統的預期成果。職安衛管理系統應界定應用於這些功能和流程的控制類型及程度。

組織外包要符合需求項目

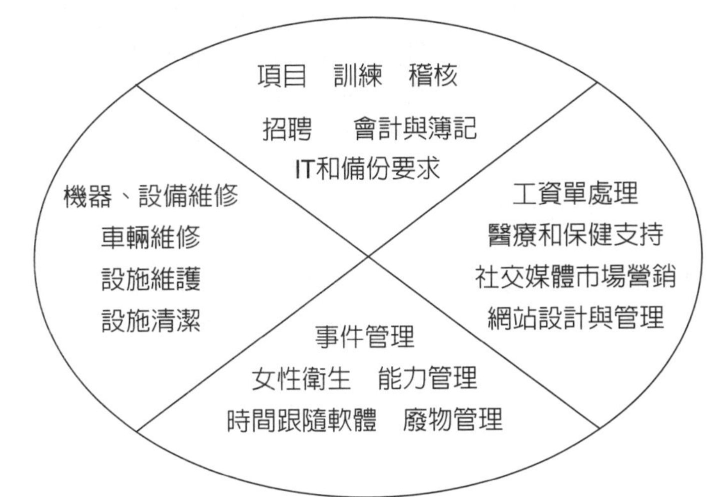

組織外包的原因

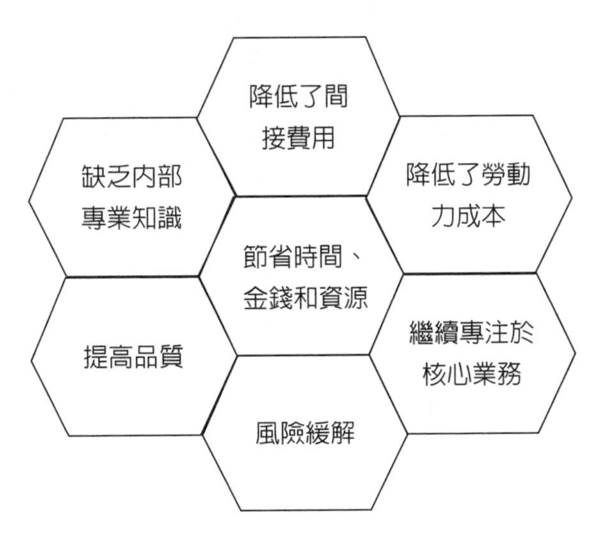

採購作業程序（參考例）

（一）由請購單位提出申請單經單位主管審查後，會簽相關單位並經校長或其授權人員核准後辦理。但非屬行政院科技部委託或補助計畫，需先送交研發單位確認後，始得依本要點採購方式辦理，直接洽外國廠商採購者亦同。

（二）採購金額達新臺幣一百萬元以上者，應採公開招標公告審查方式辦理，惟符合下列情形之一者，得採限制性招標方式辦理：

1. 以公開方式辦理結果，無廠商投標或無合格標，且以原定招標內容及條件未經重大改變者為限。
2. 屬專屬權利、獨家製造或供應、祕密諮詢，無其他合適之替代標的者。
3. 遇有不可預見之緊急事故，致無法以公開招標程序適時辦理，且確有必要者。
4. 原有採購之後續維修、零配件供應、更換或擴充，因相容或互通性之需要，必須向原供應廠商採購者。
5. 屬原型或首次製造、供應之標的，以研究發展、實驗或開發性質辦理者。
6. 在原招標目的範圍內，因未能預見之情形，必須追加契約以外之工程，如另行招標，確有產生重大不便及技術或經濟上困難之虞，非洽原訂約廠商辦理，不能達契約之目的，且未逾原主契約金額百分之五十者。
7. 原有採購之後續擴充，且已於原招標公告及招標文件敘明擴充之期間、金額或數量者。
8. 在集中交易或公開競價市場採購財物者。
9. 委託專業服務、技術服務或資訊服務，經客觀評選為優勝者。
10. 以公告程序辦理設計競賽，經公開客觀評選為優勝者。
11. 補助或委託機關指定洽特定廠商辦理之採購或本校投標文件已敘明分包對象並經補助或委託機關納入契約者。
12. 配合研究計畫之需求特性、特殊功能，或其他專業性之財物及勞務項目，經機關首長或其授權人員核定者。
13. 其他報請機關首長或其授權人員核定者。

（三）採購金額未達新臺幣一百萬元者，得不經公告程序，由請購單位取得至少一家以上之書面報價或企劃書，逕洽廠商採購。

（四）國外採購須辦理開信用狀、申請免稅令者，得於請購案經核定後，將全案及相關資料文件送請總務處協助辦理。

Unit 8-7 緊急事件準備與應變

台橡的產品上清楚說明，在各過程中考慮到永續性，藉由結合內部各權責單位，提升客戶滿意度，提供客戶更便利的服務，並關注隱私及交易安全等相關保護，隨時對客戶執行品質（含HSF）、交期、配合度等滿意度調查作業。客戶若有HSF調查需求，依台橡所建構化學物質（產品安全評估）資料庫進行比對；並依據「無有害物質管理作業程序」回應客戶需求。

個案研究：台橡公司2018年企業社會責任報告書公開揭露，針對風險管理，台橡公司與關係企業之人員、資產及財務之管理目標與權責具有明確之區分及建立資安防火牆機制。稽核單位執行內稽內控之相關措施，以確保風險之控管及法令之遵循。另外，針對火災、化學品洩漏、資訊服務中斷、供應鏈中斷、環保事件或外部水電供應中斷等重要危機事件，皆已有相對應標準作業程序（例如危機處理作業管理辦法／緊急應變作業管理辦法）來進行危機管理。其中危害事件考量、地震等天然災害、火災或化學品洩漏、能資源供應中斷、資安風險。

一般緊急應變計畫之要素，至少應具備下列諸要件：明確的界定出緊急應變計畫之標的場所、清楚辨識出危害物質及其數量、清楚辨識對可能能產生意外事件特定場所之危害性質及發生時機、明確的應變組織結構以及組織內成員之職掌、對緊急應變計畫規劃建立以及定期審查之授權、對教育訓練、演練以及其有效性評估之要求等緊急應變計畫要件均應含在書面文件之中。文件包括：計畫書本文、地區位置平面圖、廠區平面圖、緊急應變作業流程圖、物質安全資料表。

緊急應變計畫之規劃步驟一般可分爲：(1)成立規劃小組。(2)辨識出事業單位本身可能造成意外事件的危害及評估風險。(3)應變能力及資源評估。(4)現有緊急應變計畫書之審查。(5)緊急應變計畫書之編擬建立。

ISO 45001：2018_8.2條文要求

8.2緊急事件準備與應變

組織應建立、實施和維持所需的過程，以準備和應變6.1.2.1所鑑別的潛在緊急情況，包括下列事項：

(a) 建立針對緊急情況的應變計畫，包括提供初期急救。

(b) 爲應變計畫提供訓練。

(c) 定期測試與演練應變計畫的能力。

(d) 評估應變計畫的績效，必要時修訂應變計畫，包括測試後，特別是在緊急情況發生後。

(e) 向所有工作者溝通和提供有關他們義務和責任資訊。

(f) 與承攬商、訪客、緊急應變服務、政府部門以及適當時與當地社區進行相關資訊的溝通。

(g) 考量到所有利害相關者的需求和能力，並確保適當地參與發展應變計畫。

組織應對潛在緊急狀況的應變過程與計畫，維持與保留文件化資訊。

制定應急計畫時考慮幾個關鍵因素

關鍵1	關鍵2	關鍵3	關鍵4	關鍵5	關鍵6
任命一名合格的主管人員與緊急情況服務部門聯絡	輪班模式以及工作者人數和非工作者人數的變化	緊急情況下的工廠關閉和隔離閥計畫或圖表	先前緊急演習和撤離的結果	組織應急響應人員的培訓和能力	非工作者編號／工作者編號
關鍵7	**關鍵8**	**關鍵9**	**關鍵10**	**關鍵11**	**關鍵12**
對鄰里和社區的影響	緊急服務尋求和提供的指導	疏散如何受到斷電的影響	到安全避難所的位置和距離	到緊急服務的距離和響應時間	緊急服務將如何進入現場
關鍵13	**關鍵14**	**關鍵15**	**關鍵16**	**關鍵17**	**關鍵18**
站點位置和站點布局	在安全的避難所管理工作者	使工作者遵守緊急計畫指示	電氣隔離器的平面圖或圖	危險材料的位置和數量	安全避難所的照明條件
關鍵19	**關鍵20**	**關鍵21**	**關鍵22**	**關鍵23**	**關鍵24**
現有的應急設備	緊急出口點的數量	替代安全避難所	替代出口路線	對環境的影響	弱勢群體

個案討論（一）：普悠瑪號重大公安事故

2018年10月21日16時50分，在臺鐵宜蘭線新馬車站附近發生的普悠瑪號列車脫軌重大事故。

臺鐵6432次普悠瑪於新馬站出軌事故，本次出軌事故造成全車共有18人死亡，215人輕重傷，133人未受傷，自2013年投入營運以來第一起造成乘客死亡的事故，也是臺灣鐵路自1991年以來最嚴重的鐵路事故。

從本章營運面向，探討：

1. 對應條文8.1.2　如何消除危害並降低職安衛風險？
2. 對應條文8.1.3　如何進行變更管理？
3. 對應條文8.1.4.2　如何精進管理承攬商？
4. 分組討論如何提升產品與服務品質？

個案討論（二）：太魯閣號重大公安事故

連休四天假期，2021年4月2日（由樹林AM07:11開往臺東），臺灣東部幹線臺鐵太魯閣號408車次於花蓮縣清水隧道（位於秀林鄉）出軌，造成車輛高速擦撞隧道壁，此重大交通事故發生重大出軌意外，造成50人死亡，200餘人受傷。國家運輸安全調查委員會（運安會）同年4月6日下午召開記者會，還原事故時間軸。運安會調查後發現，工程車滑入軌道，與太魯閣號相撞僅一分多鐘。司機在應變上已盡最大努力。

從本章營運規劃及管制、採購、緊急事件準備與應變層面，探討：

1. 分組選定不同利害關係人？
2. 如何避免此重大交通事故？
3. 列舉緊急應變措施，如何應變？
4. 如何強化臺鐵企業社會責任？
5. 如何轉型臺鐵企業文化？

章節作業

稽核查檢表

年　　月　　日　　　內部稽核查檢表

ISO 9001：2015 條文要求	
相關單位	
相關文件	

項次	要求內容	查檢之 相關表單	是	否	證據 （現況符合性 與不一致性描述）	設計變更或 異動單編號
1						
2						
3						
4						
5						
6						
7						
8						
9						
10						

管理代表：　　　　　　　　　　　　　　稽核員：

第9章

績效評估

章節體系架構 

Unit 9-1 監督、量測、分析及績效評估

企業爲檢視品質政策與職安衛政策、目標、服務標的及可行之管理方案、法令規範及日常管理要求之執行情形，應建立與維持其監督量測分析紀錄，以做爲追蹤審查之依據及評估品質管理系統之實施成效，作爲績效評估（Performance evaluation）之依據，追求永續經營與持續改善之目標。依其產業特性之不同，各業態可自行評估制定適用之自主管理模式及有效之監督量測分析計畫，確保製造業者在生產、製造、儲存、銷售與運輸各項環節均能善盡品質管理之責，符合顧客與相關法規之要求。

國內食品製造業爲例，條列相關法令規範如下參考：(1)食品安全衛生管理法；(2)食品安全衛生管理法施行細則；(3)應訂定食品安全監測計畫與應辦理檢驗之食品業者、最低檢驗週期及其他相關事項；(4)食品良好衛生規範準則；(5)食品安全管制系統準則；(6)食品業者登錄辦法；(7)食品及其相關產品追溯追蹤系統管理辦法；(8)食品工廠建築及設備設廠標準；(9)食品製造工廠衛生管理人員設置辦法；(10)食品業者專門職業或技術證照人員設置及管理辦法；(11)食品及其相關產品回收銷毀處理辦法；(12)中央衛生主管機關公告各類衛生標準及限量標準。

上述相關法規、命令或公告事項，可查詢食品藥物管理署（下稱食藥署）網站（http://www.fda.gov.tw/TC/index.aspx）公告。

ISO 45001：2018_9.1條文要求

9.1監督、量測、分析及績效評估
9.1.1一般要求
組織應建立、實施並維持監督、量測、分析及績效評估的過程。
組織應決定下列事項：
(a) 有需要監督及量測的對象，包含：
  (1) 履行法令要求和其他要求的程度。
  (2) 鑑別危害、風險與機會的相關活動與作業。
  (3) 組織的職安衛目標達成進度。
  (4) 運作及其他控制的有效性。
(b) 爲確保得到正確結果，所需要的監督、量測、分析及評估方法。
(c) 組織用以評估其職安衛績效之準則。
(d) 實施監督及量測的時機。
(e) 監督及量測結果所應加以分析及評估的時機。
組織應評估職安衛管理系統績效及決定其有效性。
組織應確保監督與量測設備在適用時校正與驗證，且適當的使用與維護。
備註：關於監督和量測設備的校正或驗證，可能會有法令要求或其他要求（如國家或國際標準）。
組織應保存適當的文件化資訊：
- 作爲監督、量測、分析及績效評估的證據。
- 量測設備的維護、校正或驗證。

監督、量測、分析及評估流程

3W/M/R/E	說明	要求
WHAT	需要監督與量測，包含風險過程與管制。	文件化資訊證據。
When	監督與量測應何時執行。	文件化資訊證據。
Who	由誰監督與量測。	文件化資訊證據。
Method	分析與績效評估的方法，以確保有效的結果。	文件化資訊證據。
Result	結果應何時分析與評估。	文件化資訊證據。
Evaluation	誰分析與績效評估這些結果。	文件化資訊證據。

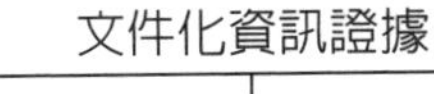

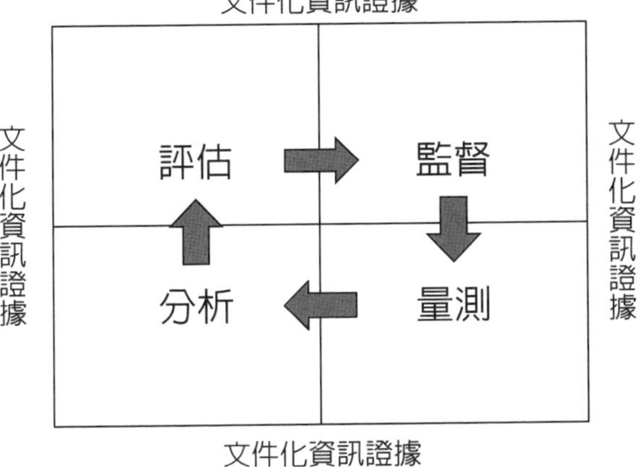

最終檢驗系統流程Final V/M Inspection Management

以成品檢驗作業流程爲例，考量包含輸入、輸出、依循哪些方法程序指導輸，如何做、藉由哪些材料設備去完成、藉由哪些專業人員能力技巧去完成、衡量評估完成哪些重要指標。

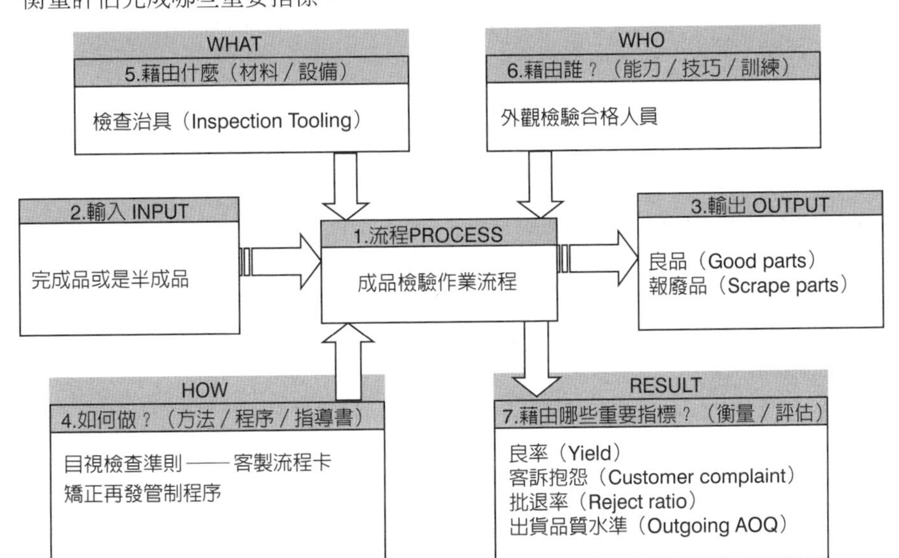

Unit 9-2 監督、量測、分析及績效評估：守規性評估

個案研究：聖暉採用組織現有的部門來進行風險管理，由公司董事會擔任風險管理之最高治理單位，跨部門成立「風險管理單位」，透過守規性評估共同鑑別出可能對經營目標產生影響的各項風險，並經評估後決定適當的應變措施，以有效降低公司營運風險。

以工程科技公司爲例，胡台珍董事曾表示，聖暉致力成爲一個優質空間的塑造者，在工程服務的品質上正是最重要的關鍵環節。國際標準驗證方面，公司通過ISO 9001品質管理系統、ISO 14001環境管理系統、ISO 45001/OHSAS 18001職業安全衛生管理系統，公司團隊本於科技服務初衷，致力落實相關管理系統，追求卓越。

永續工程服務之研發創新分析評估，系統整合工程的技術與研發與一般產業研發實體產出不同，是將工法及材料設備重組後提高其運用效能，且依據業主產業特性個別需求，量身訂做，整合建築、機電、空調、消防、儀控、配管線及工程管理等各類不同領域之專業知識，建造符合客戶生產需求之作業系統與環境。聖暉不斷的創新研發新技術來追求永續發展，透過長期培育技術精湛及經驗豐富的工程團隊，滿足客戶製程的需求與降低成本，在技術研發過程中，整合供應鏈廠商積極創新技術，共同支持經濟發展和增進人類福祉。此外，聖暉與產學研究機構（臺北科技大學、勤益科技大學等）投入技術之研發合作，以期更加了解工程產業專業技術。

聖暉團隊對品質的堅持，以提供客戶最高品質的工程技術整合服務爲宗旨，唯有品質保證與安全百分百才能建構符合客戶需求之優質空間，協助客戶取得市場先機，強化競爭力。聖暉於國際標準驗證，2017年通過ISO 9001：2015，透過訂定明確的品質政策與目標及制定相關的作業指導文件與管理手冊，秉持作業流程標準化、制度化的精神，接受全面性的檢視與整合。藉由多年的工程專案經驗累積，持續改善品質管理作業的相關要求，使之符合最新之品質、安全衛生及環境相關法規要求。

（資料來源：http://www.acter.com.tw/index.php/zh-tw/environmental-protection/2018-07-09-02-53-57）

ISO 45001：2018_9.1條文要求

9.1.2 守規性評估

組織應建立、實施與維持一過程，對法令要求和其他要求（見條文6.1.3）進行守規性評估。

組織應：

(a) 決定守規性評估的頻率與方法。

(b) 進行守規性評估並依需要採取行動（見條文10.2）。

(c) 維持對法令要求與其他要求守規性狀態的知識與了解。

(d) 保留守規性評估結果的文件化資訊。

客戶滿意度取得資料來源

客戶最關心的就是效果（Effectiveness）與有效率（Efficiency），效率是將投入轉化為產出並交付客戶之流程中所使用的資源數量，效果是目標達成的程度，而衡量效果與效率之最重要的三個項目就是成本、時間與品質。

1	調查對象	重要客戶關鍵品質
2	調查頻率	每季、半年、一年
3	調查方式	語音、網路、問卷、LINE@
4	滿意度的展現	圖、表、數值

＋

1	客戶滿意度調查取得資料來源
2	交運產品品質之客戶回饋資料來源
3	使用者意見調查取得資料來源
4	業務流失分析取得資料來源
5	客戶讚美取得資料來源
6	保固要求取得資料來源
7	經銷商報告取得資料來源
8	產業的研究報告
9	各式媒體上的報告
10	來自消費者組織或團體的報告
11	與顧客直接溝通或顧客主動提出討論
12	顧客抱怨

＝

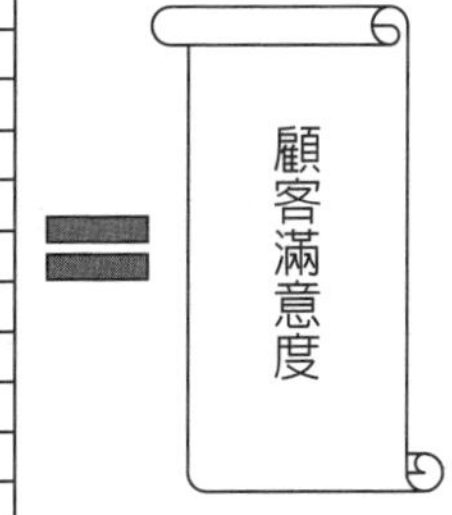

品質機能展開（Quality Function Deployment）

1.產品規劃
客戶的意願轉移到產品上
評估競爭對手的產品
識別重要的屬性

工程特性
客戶的需求
品質屋

2.產品設計
選擇最佳設計來實現目標
識別關鍵零件和組件
如果需要進一步研發

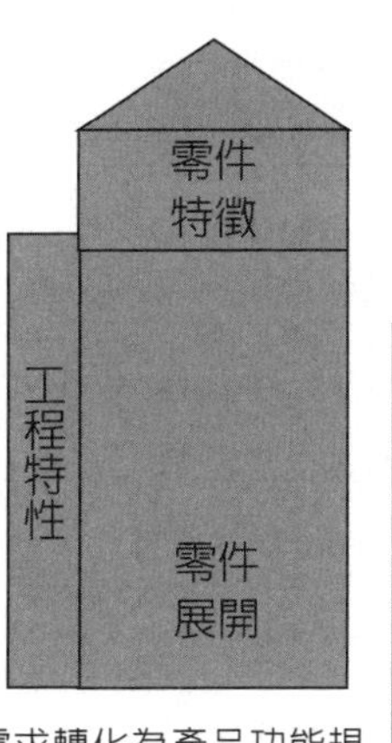

3.流程設計
確定了關鍵參數
過程控制／改進方法集

關鍵流程操作
零件特徵
流程規劃

4.生產設計
設計生產說明
定義要使用的測量頻率和工具

生產要求
關鍵流程操作
計畫生產

系統化的方式將客戶需求轉化為產品功能規格、製程參數的一種方法，過程包含品質屋、關係矩陣、競爭產品評比、量化設計目標、目標排序等。

VOC（Voice Of Customer）先傾聽顧客聲音（如意見表），再增強顧客滿意度。
VOE（Voice of engineering）如何將工程及設計部門提供相關技術特性，滿足顧客需求。

企業文化

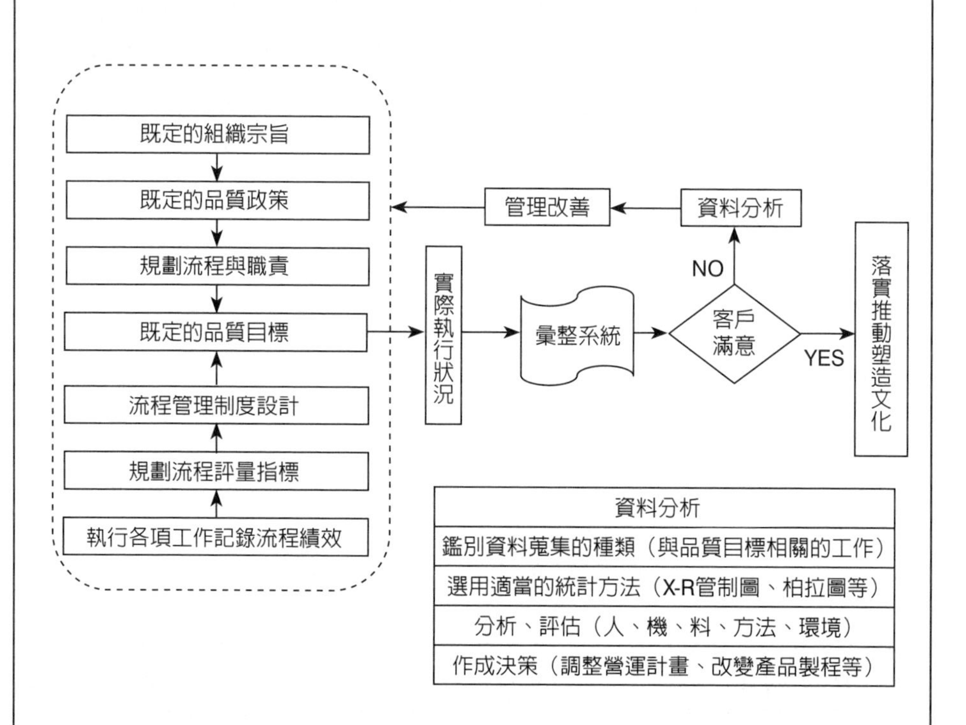

資料分析
鑑別資料蒐集的種類（與品質目標相關的工作）
選用適當的統計方法（X-R管制圖、柏拉圖等）
分析、評估（人、機、料、方法、環境）
作成決策（調整營運計畫、改變產品製程等）

統計技術

需求之鑑定		程序	
為建立、管制及查證製程能力與產品特性，供應者應鑑定所需之統計技術，可用之統計技術有：		供應者應建立並維持書面程序，以執行與管制所鑑定出之統計技術的應用。其應用場合包括：	
1.	管制圖表	1.	生產後的階段
2.	要因分析	2.	市場分析
3.	變異數分析	3.	產品設計
4.	迴歸分析	4.	可靠度規格、壽命及耐用性預測
5.	風險分析	5.	製程管制與能力研究
6.	顯著性檢驗	6.	品質水準及檢驗計畫之決定
		7.	數據分析、性能評鑑與缺點分析

Unit 9-3 內部稽核

如何落實標準化，即企業文化中，全體上下員工能充分內化落實日常說寫做一致的有效性與符合性，追求全員品質管理TQM。公司內部稽核作業，大致可分爲充分性稽核與符合性稽核。大多公司爲落實國際標準管理系統之運作，宣達各部門能確實而有效率之執行，以達成ISO管理系統之要求，並能於營運過程執行中發現品質異常，能即時督導矯正以落實管理系統適切運作。內部稽核（Internal audit）作業，可分三大步驟，說明如下：

步驟一、稽核計畫之擬定：

由管理代表每年十二月前提出「年度稽核計畫表」，每年定期舉行內部品質稽核，由總經理核定後實施。稽核人員資格需由合格之稽核人員擔任之，以實施對全公司各部門實施ISO管理系統稽核。不定期稽核得視需要由管理代表隨時提出，如發生品質異常，視情節可臨時提出後實施。

步驟二、稽核執行：

稽核人員於稽核前依ISO 45001/ISO 9001標準、品質手冊、程序書與作業辦法等進行要求事項稽核，並將稽核塡於「稽核查檢表」中，受稽單位主管將稽核不符合原因及矯正措施塡寫於「稽核缺失報告表」中。稽核範圍不得稽核自己所承辦之相關業務，參照「受稽核單位與稽核程序書對照表」執行。

步驟三、稽核後之追蹤複查，部門流程文件化連結強弱程度，精實營運流程改進的機會。

ISO 45001：2018_9.2條文要求

9.2.1一般要求

組織應在規劃的期間執行內部稽核，以提供職安衛管理系統達成下列事項之資訊。

(a) 符合下列事項：
  (1) 組織對其職安衛管理系統的要求事項，包括職安衛政策與職安衛目標。
  (2) 本標準要求事項。

(b) 有效地實施及維持。

9.2.2內部稽核計畫

組織應進行下列事項：

(a) 規劃、建立、實施及維持稽核方案，其中包括頻率、方法、責任、諮商、規劃要求事項及報告，此稽核方案應將有關過程之重要性及先前稽核之結果納入考量。

(b) 界定每一稽核之稽核準則（audit criteria）及範圍。

(c) 遴選稽核員並執行稽核，以確保稽核過程之客觀性及公正性。

(d) 確保稽核結果已通報給直接相關管理階層；確保相關的稽核結果有報告給工作者、工作者代表（如果有）及其他相關利害相關者。

(e) 對不符合採取行動，並持續改善職安衛管理系統績效（見條文第10章）。

(f) 保存文件化資訊以作爲實施稽核方案及稽核結果之證據。

備註：更多的稽核與稽核員能力的資訊請參照ISO 19011指引。

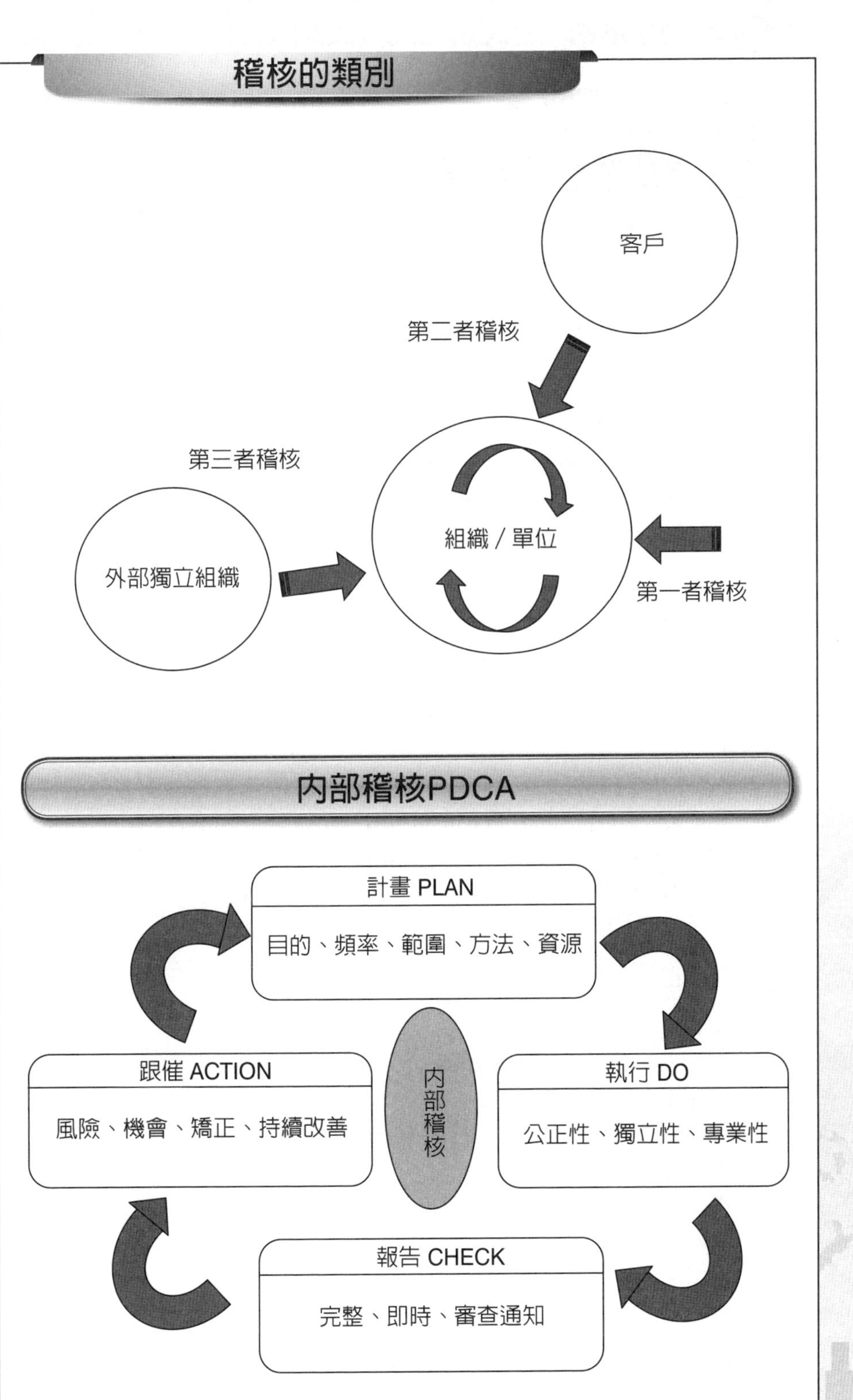
稽核的類別
客戶
第二者稽核
第三者稽核
組織／單位
外部獨立組織
第一者稽核
內部稽核PDCA
計畫 PLAN
目的、頻率、範圍、方法、資源
跟催 ACTION
風險、機會、矯正、持續改善
內部稽核
執行 DO
公正性、獨立性、專業性
報告 CHECK
完整、即時、審查通知

Unit 9-4 管理階層審查（1）

管理審查程序爲維持公司的ISO管理系統制度，以審查組織內外部品質管理系統活動，以確保持續的適切性、充裕性與有效性，即時因應風險與掌握機會，達到品質改善之目的並與組織策略方向一致。

管理審查程序與執行權責，一般建議由總經理室進行統籌與分工，由總經理主持管理審查會議，並擬定職安衛目標／品質目標與職安衛政策／品質政策。由管理代表召集管理審查會議報告檢討有關的ISO管理系統活動及成效，並執行了解有關組織背景、規劃品質目標與風險機會因應、有效系統性監督量測分析評估專案報告。

適當的管理代表由總經理室專案經理擔任，符合法規適任性要求及確保推動品質管理系統，能確實依ISO 45001/ISO 9001國際標準要求建立、實施，並維持正常之運作。

ISO 45001：2018_9.3條文要求

9.3 管理階層審查

最高管理階層應在所規劃之期間審查組織的職安衛管理系統，以確保其持續的適合性、充分性、有效性。

管理階層審查之投入：

(a) 先前管理階層審查後，所採取的各項措施之現況。

(b) 與職安衛管理系統直接相關的外部及內部議題之改變，包含：

(1)利害相關者的需求和期望。

(2)法令要求和其他要求。

(3)風險與機會。

(c) 職安衛政策與職安衛目標的達成程度。

(d) 職安衛管理系統績效及有效性的資訊，包括下列趨勢：

(1)事件、不符合、矯正措施及持續改善。

(2)監督及量測結果。

(3)法令要求和其他要求的守規性評估結果。

(4)稽核結果。

(5)工作者諮商及參與。

(6)風險與機會。

(e) 維持職安衛管理系統有限資源之充裕性。

(f) 與利害關係者有關的溝通。

(g) 持續改進之機會。

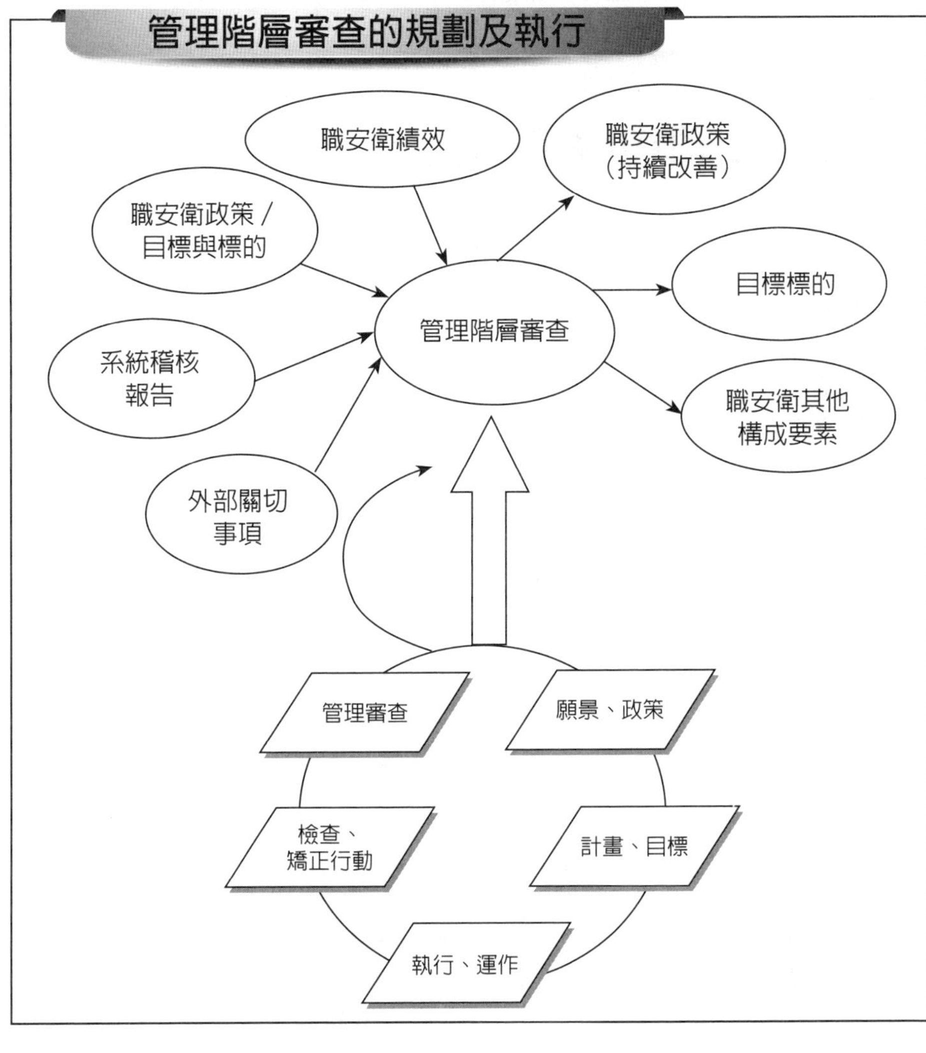

個案研究：聖暉工程管理審查，經董事會通過訂定「風險管理作業規範」，設定董事會爲風險管理之最高治理單位，跨部門成立風險管理單位，共同鑑別出可能對經營目標產生影響的各項風險，並經評估後決定適當的應變措施，以有效降低公司營運風險。此外，個案108年正式成立「企業社會責任委員會」，由董事長擔任主席，總管理處擔任執行秘書，負責推動企業社會責任。委員會依據重大性原則進行與公司營運相關之環境、社會及公司治理議題之風險評估。環境方面，評估「氣候變遷」議題，並擬定如持續研發綠色節能工程技術之策略；社會方面，評估「職業健康與安全管理」議題，經由成立職業安全委員會，共同研議、協調及規劃安全衛生有關規定事項，有效防止職業災害發生及保障員工健康與安全；公司治理方面，評估「公司治理與法規遵循」議題，藉由強化董事會運作、落實誠信經營，確保公司所有人員遵守相關法令之規範，塑造健全的公司治理文化。更詳盡的重大性議題評估及管理目標等資訊請參閱個案公司企業社會責任報告書「永續管理」章節。

（資料來源：http://www.acter.com.tw/csr-report）

Unit 9-5 管理階層審查（2）

管理審查程序中，管理代表首要任務是傾聽與溝通。有關建立良性內部溝通機制是非常重要，公司爲確保建立適當溝通過程，原則上不定期視需要召開事件風險危害評估、工作者諮商、員工會議做好溝通，員工平時如有意見則可隨時透過相關管道反映或建言，做好內部溝通傳達職安衛政策與目標、危害鑑別結果、內部稽核與管理審查，必要時可借重智能科技工具來輔助。

管理審查作業，經由管理審查會議，進行定期檢討品質系統績效的適切性與有效性。一般性管理審查會議，原則上每年定期至少召開一次，管理代表得視需要，召開臨時不定期審查會議。會議審查內容列舉如下參考：

(1) 顧客滿意度與直接利害相關者需求期望之回饋。
(2) 職安衛目標／品質目標符合程度並審視上次審查會議決議案執行結果。
(3) 組織過程績效與產品服務的符合性。
(4) 客戶抱怨、不符合事項及相關矯正再發措施。
(5) 服務過程、產品之監督及量測結果（如法規、車輛審驗）。
(6) 內外部職安衛／品質稽核結果，影響職安衛管理系統／品質管理系統的變更。
(7) 外部提供者之績效，如客供品、向監管機構的報告。
(8) 處理風險及機會所採取措施之有效性。
(9) 持續改進之機會，新法規要求。
(10) 其他議題（工作者諮商、知識分享、提案改善）。

管理審查會議，一般參加會議必要人員，總經理爲管理審查會議之當然主席。管理代表爲會議之召集人。各部門主管，幹部及指派職務代理人員爲出席會議之成員。產品與服務過程中，遇有重大職安衛議題／品質議題，必要時可邀請關鍵利害關係人（如工作者代表）、客戶或承攬商（供應商）與會研議。

ISO 45001：2018_9.3條文要求

9.3 管理階層審查之產出
管理階層審查之產出應包括如下之決定及措施。
- 職安衛管理系統在達成預期成果方面的持續適用性、充裕性和有效性。
- 持續改進機會。
- 任何職安衛管理系統變更的需求。
- 所需資源。
- 所需行動。
- 改善職安衛管理系統與其他營運流程整合的機會。
- 任何對組織策略方向的可能影響。

最高管理階層應向工作者及工作者代表（如果有）溝通管理審查的輸出（參閱條文7.4）。
組織應保存文件化資訊，作爲管理階層審查結果之證據。

(1) PEST分析是利用環境掃描分析總體環境中的政治（Political）、經濟（Economic）、社會（Social）與科技（Technological）等四種因素的一種模型。市場研究時，外部分析的一部分，給予公司一個針對總體環境中不同因素的概述。運用此策略工具也能有效的了解市場的成長或衰退、企業所處的情況、潛力與營運方向。
(2) 五力分析是定義出一個市場吸引力高低程度。客觀評估來自買方的議價能力、來自供應商的議價能力、來自潛在進入者的威脅和來自替代品的威脅，共同組合而創造出影響公司的爭力。
(3) SWOT強弱危機分析是一種企業競爭態勢分析方法，是市場行銷的基礎分析方法，通過評價企業的優勢（Strengths）、劣勢（Weaknesses）、競爭市場上的機會（Opportunities）和威脅（Threats），用以在制定企業的發展戰略前，對企業進行深入全面的分析以及競爭優勢的定位。
(4) 風險管理（Risk management）是一個管理過程，包括對風險的定義、鑑別評估和發展因應風險的策略。目的是將可避免的風險、成本及損失極小化。風險管理精進，經鑑別排定優先次序，依序優先處理引發最大損失及發生機率最高的事件，其次再處理風險相對較低的事件。

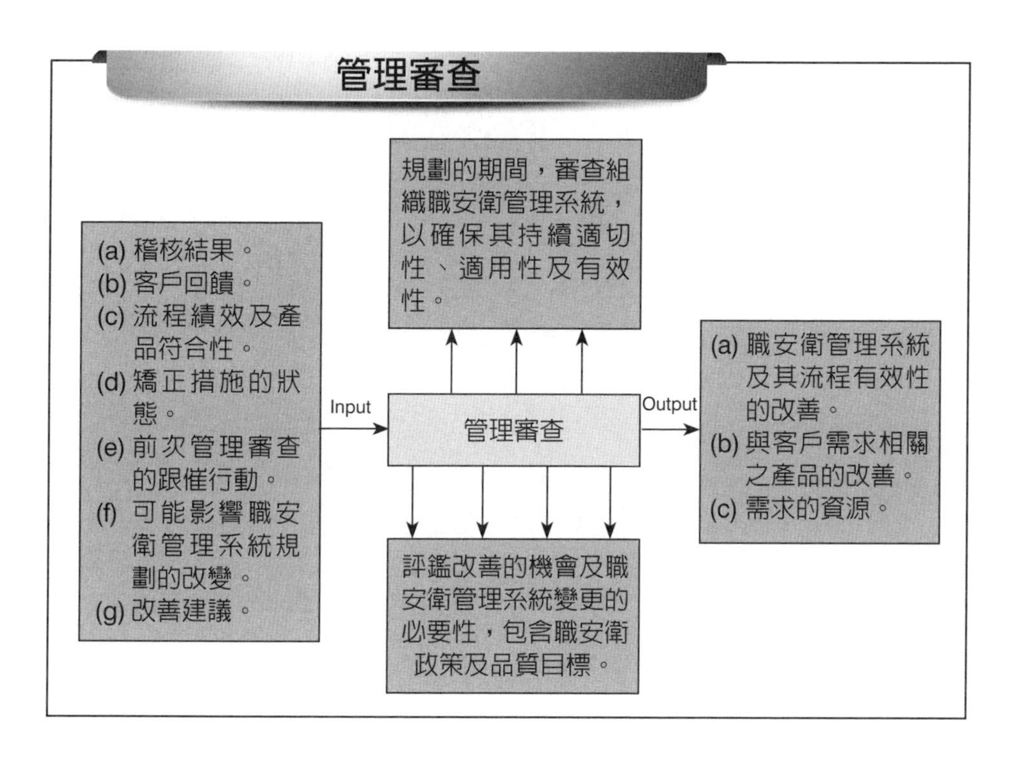

個案討論

一般管理審查程序書，其目的是爲維持公司的職安衛管理系統／品質管理系統制度，以審查組織內外部工作環境安全衛生／品質管理系統活動，以確保持續改善活動的適切性、充裕性與有效性，即時因應風險與掌握機會，達到職安衛／品質改善之目的並與組織策略方向一致。

選定一個案，請檢視個案之管理審查程序或流程之優缺點說明。

章節作業

稽核查檢表

年　　月　　日　　　　　　　　　　　　內部稽核查檢表

ISO 9001：2018 條文要求	
相關單位	
相關文件	

項次	要求內容	查檢之 相關表單	是	否	證據 （現況符合性 與不一致性描述）	設計變更或 異動單編號
1						
2						
3						
4						
5						
6						
7						
8						

管理代表：　　　　　　　　　　　　　　稽核員：

延伸學習

職業安全衛生相關網址

政府單位

勞動部：http://www.mol.gov.tw/
勞動部勞動及職業安全衛生研究所：http://www.ilosh.gov.tw/
勞動部勞動力發展署技能檢定中心：http://www.wdasec.gov.tw
勞動部勞工保險局：http://www.bli.gov.tw/
勞動部職業安全衛生署北區職業安全衛生中心：http://www.nlio.gov.tw/
勞動部職業安全衛生署中區職業安全衛生中心：http://www.crlio.gov.tw/
勞動部職業安全衛生署南區職業安全衛生中心：http://www.slio.gov.tw/
高雄市政府勞工局勞動檢查處：http://www.klsio.gov.tw/
臺北市政府勞工局勞動檢查處：http://www.doli.taipei.gov.tw/
勞動部勞動力發展署：http://www.wda.gov.tw/
勞動部職業安全衛生署：http://www.osha.gov.tw/
勞動部——勞動法令查詢系統：http://laws.mol.gov.tw/index.aspx
經濟部標準檢驗局：https://www.bsmi.gov.tw

國外機構

美國工業衛生學會（AIH）：Ahttp://www.aiha.org
美國中央標準局（ANSI）：http://www.ansi.org/
美國國家安全委員會（NSC民間組織，有災害統計）：http://www.nsc.org/
美國安全機械協會（American Society of Safety Engineers）：http://www.asse.org/
美國勞工統計局（Bureau of Labor Statistics）：http://www.bls.gov/
加拿大職業衛生中心（Canadian Centre for Occupational Health & Safety）：http://www.ccohs.ca/
美國國家職業安全衛生研究所（NIOSH）：http://www.cdc.gov/niosh/homepage.html
美國職業安全衛生署（OSHA）：http://www.osha.gov/
國際勞工組織安全衛生中心（Safety & Health center of ILO）：http://www.ilo.org/global/lang--en/index.htm
日本中央勞動災害防止協會（日文）：http://www.jisha.or.jp/
新加坡安全衛生站：http://www.gov.sg/mol
世界衛生組織（WHO）：http://www.who.ch/
芬蘭職業衛生站（FIOH）：http://www.ttl.fi/en/Pages/default.aspx
英國安全衛生站：http://www.iosh.co.uk/
英國HSE：http://www.open.gov.uk/hse/hsehome.htm
香港職業衛生站：http://www.hkosha.org.hk/

第10章

改進

章節體系架構

Unit 10-1 一般要求

選擇流程改進機會並實施必要措施，激勵內化員工對流程管理與品質提升等問題，提出自己創造性的方法去改善。經由公司提案流程及審查基準加以評定。並對被採用者予以表揚的制度。透過提案改善活動過程，尋求創造機會與積極消除危機事件發生，維持適合、充分及有效持續改進提案活動。

符合顧客要求事項並增進顧客滿意度，爲使全體員工具有品質提升與意識、問題解決意識及改善意識，以減少不良品並提高品質水準，持續改善確保產品品質，降低成本、達到客戶全面滿意與公司永續經營之目標。

將改進活動潛移默化至企業文化之基石，改善精進措施可學習豐田式生產管理，運用團隊成員本質學能於生產製造中消除浪費與有限資源最佳化的精神，發揚至內部流程管理的所有作業活動。團結圈活動，由工作性質相同或有相關連的人員，共同組成一個圈，本著自動自發的精神，運用各種改善手法，啟發個人潛能，透過團隊力量，結合群體智慧，群策群力，持續性從事各種問題的改善活動，而能使每一成員有參與感、滿足感、成就感，並體認到工作的意義與目的。

一般創新提案改善流程，提案發想階段，可自組跨部門團隊，激發創新提案構想，有利工作效能提升，可包括新產品的開發、向他部門的提案建議、有關工作場所之作業、安全、環境及品質提升、治工具專利等。提案作業階段，每季檢附創新提案表向總經理室提出申請，收件完成後安排初審作業，複審作業則視提案件數每半年審查一次。審查階段，審查分爲初審與複審方式評選。初審委員由部門主管擔任，提案評分表，複審由總經理室，依提案改善之量化效益評估可行性進行審查。初審與複審作業，至少安排提案人員口述或簡報方式依提案內容向審查委員進行提案構想說明。核定作業階段，可採發放獎金或記功獎賞方式，改善提案所需經費由公司全力支援，經提案推動提案成果視效益金額，發放獎勵金於季獎金或年終獎金進行激勵。

ISO 45001：2018職安衛管理系統以持續改善爲目標，其基本內容包括安全衛生政策、規劃、管理制度的實施與運作、績效評估、稽核及定期檢查等構面，並以PDCA（Plan-Do-Check-Act）管理循環爲運作模式。大多事業單位在建立安全衛生管理體系時，對安全衛生績效之展現，因受國內法令之影響，如職業災害統計、失能傷害頻率、失能傷害嚴重率、健康檢查之規定，常見缺失列舉有被動式績效指標爲主，而忽略主動式績效指標，或僅以符合法規爲主動式績效指標，甚至在實施職業安全衛生管理系統幾年後，常發現無法訂出績效指標之窘境，影響安全衛生管理之整體績效展現，必須特別注意日常管理。

ISO 45001：2018_10.1條文要求

10.1 一般要求

組織應決定改進（參閱條文第9章）之機會並實施必要的行動，以達成職安衛管理系統的預期成果。

不符合事項管制行動

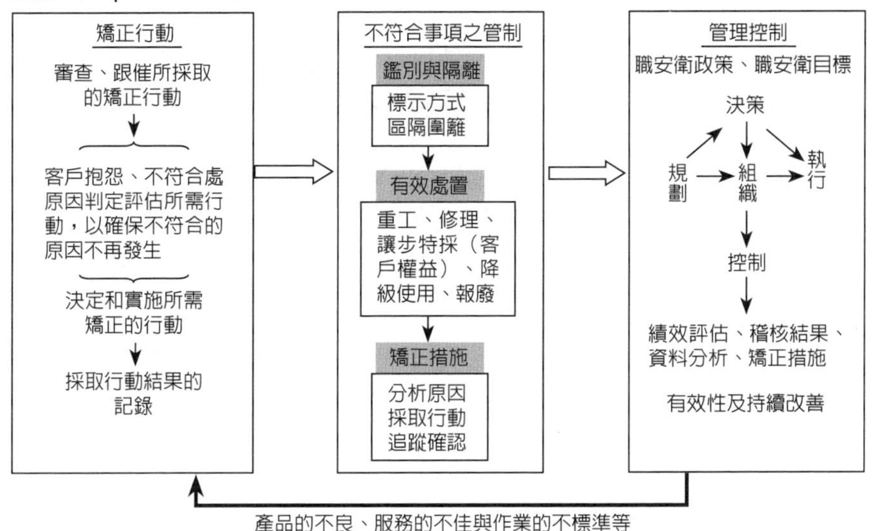

OH&S持續改進

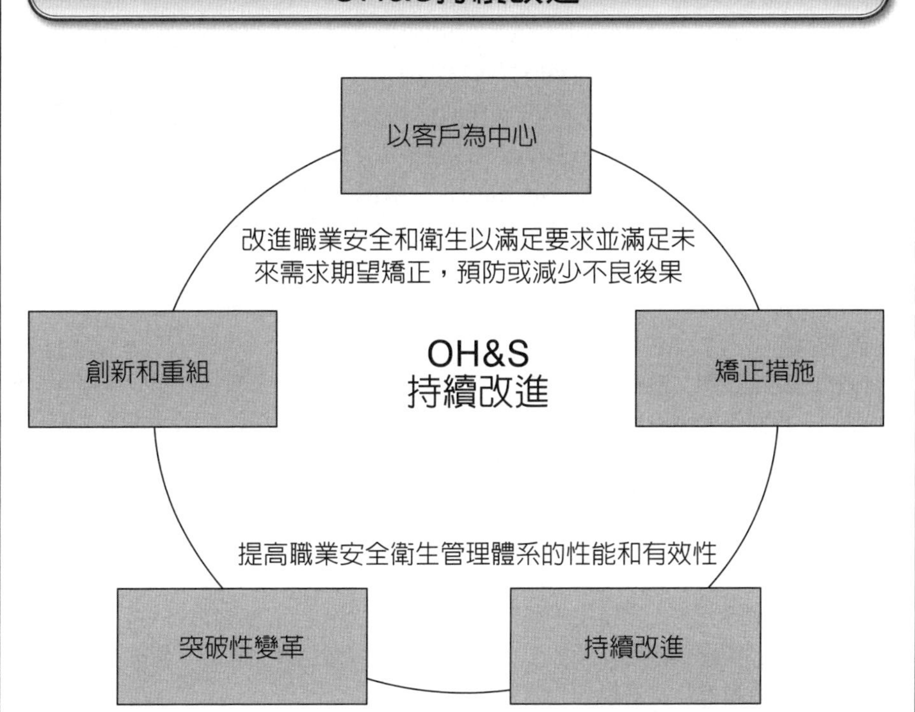

提案改善管制程序（參考例）

一、目的：

激勵內化員工對預防職業傷害、安全衛生流程管理與品質提升等問題，提出自己創造性的方法去改善。經由公司提案流程及審查基準加以評定。並對被採用者予以表揚的制度。

透過提案改善活動過程，尋求創造機會與積極消除危機事件發生與工作環境危害，維持適合、充分及有效持續改進提案活動。

為使全體員工具有安全衛生、品質提升與意識、問題解決意識及改善意識，以減少不良品並提高工安與品質水準，持續改善確保安全管理、產品品質、降低成本，達到客戶全面滿意與公司永續經營之目標。

二、範圍：

本公司員工與外部供應商之智動化精實生產、團結圈活動持續改善均屬之。

三、參考文件：

（一）品質手冊

（二）ISO 9001 10.3（2015年版）

（三）ISO 45001 10.3（2018年版）

四、權責：

總經理專案室充分規劃與溝通，負責激勵全公司持續改善各項活動措施。

五、定義：

精實生產：運用本質學能於生產製造中消除浪費與有限資源最佳化的精神，發揚至內部流程管理的所有作業活動。

團結圈活動：由工作性質相同或有相關連的人員，共同組成一個圈，本著自動自發的精神，運用各種改善手法，啟發個人潛能，透過團隊力量，結合群體智慧，群策群力，持續性從事各種問題的改善活動，而能使每一成員有參與感、滿足感、成就感，並體認到工作的意義與目的。

六、作業流程：略。

七、作業內容：

（一）提案發想：自組跨部門團隊，激發創新提案構想，有利工作效能提升，可包括新產品的開發、向他部門的提案建議、有關工作場所之作業、安全、環境及品質提升、治工具專利等。自己的工作職責項目不包括在內。

（二）提案作業：每季檢附創新提案表向總經理室提出申請，收件完成後安排初審作業，複審作業則視提案件數每半年審查一次。

（三）審查作業：審查分為初審與複審方式評選。初審委員由部門主管擔任，提案評分表，複審由總經理室，依提案改善之量化效益評估可行性進行審查。初審與複審作業，至少安排提案人員口述或簡報方式依提案內容向審查委員進行提案構想說明。

（四）核定作業：可行提案採二階段發放獎金，改善提案所需經費由公司全力支援，經初審複審之可行提案團隊優先發放獎勵金1,000元，經提案推動提案成果視效益金額，發放3%~5%之獎勵金於年終進行激勵。

八、相關程序作業文件：

1. 管理審查程序
2. 知識分享管制程序
3. 矯正再發管制程序

九、附件表單：

1. 創新提案表QP-XX-01
2. 提案評分表QP-XX-02

腦力激盪發想提案參考例：

一、降低成本之改善	二、作業合理之改善
1-1工作流程之簡化	2-1自動化之導入
1-2工作流程之改善與合併	2.2現有設備之改善
1-3包裝合理化	2-3作業方法之改善
1-4過剩品質之消除	2-4流程之改善或變更
1-5呆料的防止及利用	2-5治具之建議與使用
1-6材料、物料之節省	2-6管理方法之改善
三、提升品質之改善	四、增加安全性之改善
3-1不良率之降低	4-1作業員安全性增進
3-2防止不良再發生	4-2產品之安全性改進
3-3產品壽命之延長	4-3設備之安全性及壽命改進
3-4有關品質向上之改善	4-4有關安全性向上之改善
五、環境之改善	六、能源效率之改善
5-1產品之生產環境品質之改善	6-1有效利用能源或節約能源
5-2增進作業員身心健康之環境改善	6-2能源之再利用
5-3作業環境空氣流通性或照明之改善	6-3能源供應形式之改變
5-4公害之防止	6-4其他有關能源效率提高之改善
七、創新之構想	八、專利
7-1新技術開發的構想	8-1組裝治工具
7-2多元化產品的開發	8-2運搬省力裝置
7-3技術、知識、管理方法之資訊化的建議	8-3工作便利性

工　業　有　限　公　司

創新提案表

單位		姓名		站別		設備NO.	
項目	□安全衛生 □工作簡化 □製程改善 □設備改善 □效率提升 □良率提升						
主題							
期間	年 月 日 ～ 年 月 日						
費用	元	效果	金額				

A版　　QP-XX-01

工 業 有 限 公 司

提案評分表　　　案號：

項目	分項	分數	初評	複評	總評
問題說明（20%）	具體完善，對實施對策作詳細分析	16～20			
	清楚描述，並附佐證資料	11～15			
	原則性而較無內容	6～10			
	交代不清楚	0～5			
改善與創意（30%）	團隊創新並具優異性	26～30			
	創意來自腦力激盪	16～25			
	擴散應用他人改善	6～15			
	一般程度，舉手之勞可完成	0～5			
可行性評估（20%）	難度雖高，極為可行，屬中長期計畫	16～20			
	難度中等，可行，可即時規劃改善	11～15			
	可行但須經過修改	6～10			
	可行性低	0～5			
預期成本效益（30%）	顯著，效益改善50萬以上	26～30			
	不錯，效益改善30～49.9萬	16～25			
	尚可，效益改善10～29.9萬	6～15			
	一般，效益改善10萬以下	0～5			
合計					

	評語	主審	日期
初審			
複審			
總經理	獎勵方式		

□推薦通過提案　　□未推薦，列入嘉獎鼓勵

提案成員：　　　　日期：

（提供附件文件：　　　　）

A版　　　　QP-XX-02

Unit 10-2 事件、不符合及矯正措施

公司營運相關之業務、作業或活動過程中，發生異常安全管理及監督量測、作業管制、內部稽核與內部控制所發生的事件、不符合程序及法令規定所產生的衝擊，因應適當、迅速處理對策，以防止再發生及確保ISO職安衛／品質管理系統處於穩定狀態。

不符合事項，即營運過程中，任一與作業標準、實務操作、程序規定、法令規章、管理系統績效等產生的偏離事件，該偏離可能直接或間接導致人員不安全、產品品質不良、服務不到位、業務或財產損失、環境損壞、預期風險之虞等皆屬之。矯正措施，係針對所發現不符合事項之現象或直接原因所採取防患未然之改善措施。

執行矯正措施，可採行PDCA循環又稱「戴明循環」。Plan（計畫），確定專案方針和目標，確定活動計畫。Do（執行），落實現地去執行，實現計畫中的內容。Check（檢查），查核執行計畫的結果，了解效果為何以及找出問題點。Action（行動），根據檢查的問題點進行改善，將成功的經驗加以水平展開適當擴散、標準化；將產生的問題點加以解決，以免重複發生，尚未解決的問題可再進行下一個PDCA循環，繼續進行改善。

ISO 45001：2018_10.2條文要求

10.2 事件、不符合及矯正措施

組織應建立、實施與維持一過程，包含報告、調查及採取行動，以決定及管理事件及不符合事項。

當一事件或發現不符合時，組織應：

(a) 對事件或不符合作出反應，以及適用時：
  (1)採取措施以管制並改正之。
  (2)處理其後果。
(b) 在工作者的參與（參閱 5.4）及其他相關的利害相關者的介入下，評估矯正措施的需求，以消除事件或不符合的根本原因，以期不再發生或發生於其他地方，藉由：
  (1)調查事件或審查不符合。
  (2)決定事件或不符合之原因。
  (3)決定是否發生類似的事件、是否存在不符合事項或有可能發生者。
(c) 適當時，審查現有的職安衛風險與其他風險的評鑑（參閱條文6.1）。
(d) 依據優先順序層級控制（參閱 8.1.2）及變更管理（參閱條文8.1.3），決定與實施所需要行動，包括矯正措施。
(e) 在採取行動之前，評鑑與新的或改變後的危害有關的職安衛風險。
(f) 審查所有任何行動的有效性，包括矯正措施。
(g) 如需要，對職安衛管理系統進行變更。

矯正措施應對所遇到的事件或不符合事項之影響或潛在影響，是適當的。組織應保存文件化資訊，以作爲下列事項之證據。

(a) 事件或不符合事項之性質及後續所採取的任何行動。

(b) 任何行動及矯正措施之結果，包括有效性。

組織應向有關的工作者、工作者代表（如果有）及其他相關的利害相關者溝通此文件化資訊。

備註：對事件進行及時的報告和調查，能夠消除危害，並儘快將職安衛風險降至最低。

不符合事項矯正措施有效性評估

不符合事項

國家安全衛生法規及其他要求事項
職安衛管理系統之相關標準
公司就安全衛生管理現況規定及其安全作業的標準程序

評估是否需要採取行動消除不符合工作的原因，以便不再發生或發生在其他地方例如：文件記錄查核結果、訪談結果、測試結果、觀察發現

如有必要，更新計畫期間確定的風險和機會必要時，對職安衛管理體系進行更改

實施所需的任何具體行動

組織確定了哪些改進機會？
組織如何制訂並實施所需的措施？
職業安全衛生管制體系如何根據既定標準，顯著提高績效和有效性？

審查所採取的任何矯正措施的有效性

過程改進
職業安全和衛生的改進
職字衛管制體系的改進
措施清單
風險和評估、危害識別專案

組織發生事件問題

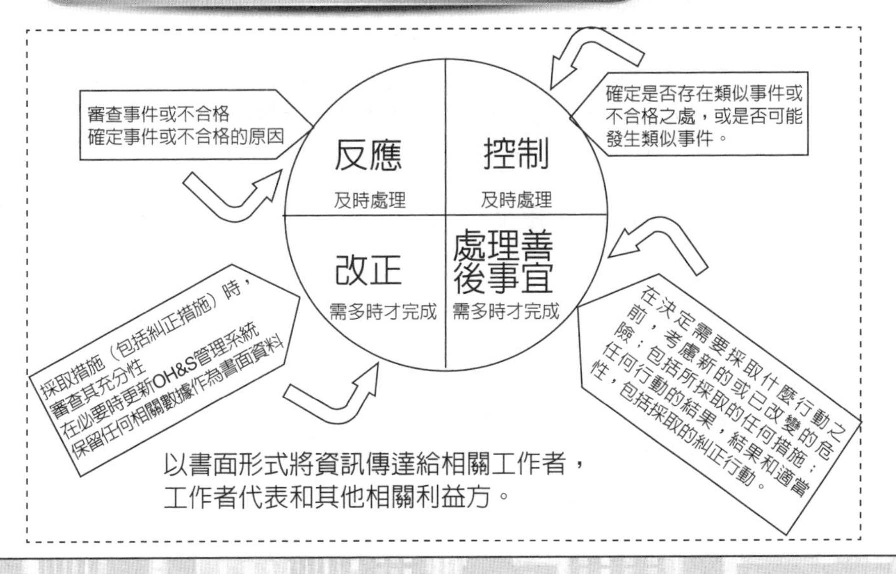

Unit 10-3 持續改進

持續改善防止再發，爲防止營運作業過程異常狀況重複發生，須做好預防工作安全管理，提升服務與生產優質產品，對不符合安全管理事件、不良品之原因提出矯正並具體有效的管制措施，以預防事件再發生，即時因應內部職安衛／品質目標達成的機會與可能面臨風險的降低。

矯正，對影響工作環境安全衛生／品質管理系統之缺失所提出的改善方案。再發，避免可能發生之風險與異常狀況之事前防備。異常、重大不合格、需做矯正或核計損失金額（如超過1萬元以上），即屬異常，日常管理由部門主管認定不符合情況需特別矯正處理時，視爲異常。

一般矯正再發程序作業，經各單位於發現異常狀況時，應填寫「矯正與預防措施處理紀錄表」說明異常狀況及分析異常原因，一般不合格之處置依「不合格管制程序」辦理。問題異常原因及責任明確者，應立即提出矯正措施方案，並記錄於「矯正再發紀錄表」上，並將此方案書面記錄或會議告知各相關部門更正，各部門主管應對其處理經過與成效做評估追蹤，並記錄於「矯正再發紀錄表」上，如改善效果未達要求時，則應重新提出新的方案，必要時進行改善機會評估與風險管理評估，以防止異常狀況再發生。針對相關文件化資訊發現有潛在異常可能發生時，應填寫「矯正再發紀錄表」以預先做好再發措施處理。「矯正再發紀錄表」應在日常管理會議中提出並討論其成效，必要時將重大議案於管理審查會議中進行討論。

從過程管理面向出發，完成製程中主要作業流程，包括承攬商管理、委外加工流程。廠內工作場所的性質，如固定設備或裝置、臨時性場所等；製程特性，如自動化或半自動化製程、製程變動性、需求導向作業等；作業特性，如重覆性作業、偶發性作業等。

在可接受的風險水準下，積極從事各項業務，設施風險評估提升產品之質量與人員安全。加強風險控管之廣度與深度，力行制度化、電腦化及紀律化。業務部門應就各業務所涉及系統及事件風險、市場風險、信用風險、流動性風險、法令風險、作業風險和制度風險作系統性有效控管，總經理室應就營運活動持續監控及即時回應，年度稽核作業應進行確實查核，以利風險即時回應與適時進行危機處置。

ISO 45001：2018_10.3條文要求

10.3 持續改進
組織應持續改進其職安衛管理系統之適合性、充裕性及有效性，透過：
(a) 提升職安衛績效。
(b) 促進支持職安衛管理系統的文化。
(c) 促進工作者參與實施職安衛管理系統持續改進的行動。
(d) 向工作者及工作者代表（如果有）溝通持續改進的相關結果。
(e) 維持及保存文件化資訊作爲持續改進的證據。

職安衛管理系統持續改進

持續改進是循序漸進過程

1.工作人員建議方案
2.客戶建議方案
3.從事故、事件和未遂事件中學習課程
4.從事故、事件和未遂事件中分享經驗教訓
5.焦點小組
6.改進內部溝通渠道
7.改進外部溝通渠道
8.提高工人的培訓和能力
9.提高輸出效率
10.創新和改進

- 材料
- 設備
- 機械
- 技術
- 工作指導書和程序
- 安全的工作系統
- 產品與服務

OH&S持續改進

改進	提高績效的活動
目標	要實現的結果
不符合	不符合要求
矯正	消除檢測到的不合格的行動
矯正措施	消除不合格原因並防止再次發生的措施
預防措施	消除潛在不合格或其他不良情況的原因的行動
驗證	確認已滿足指定要求 確認已滿足指定預期用途或應用的要求
OH&S必須不斷改進	必須確定不合格並作出反應 必須考慮矯正措施 持續改進仍然是QMS的核心重點

個案討論：矯正再發管制程序

一、目的：

為防止營運作業過程異常狀況重複發生，須做好預防，提升服務與生產優質產品，對工作環境不安全與不良品之原因提出矯正並具體有效的管制措施，以預防事件再發生，即時因應內部職安衛目標／品質目標達成的機會與可能面臨風險的降低。

二、範圍：

凡本公司各部門，為達成部門營運目標與政策，可能遭遇到各項不安全事件與品質異常狀況均皆屬之。各單位所發現工作環境不符合安全衛生、加工組裝製程之品質異常現象之不符合事件及品質制度之缺失。

三、參考文件：

（一）品質手冊

（二）ISO 9001 10.2（2015年版）

（三）ISO 45001 10.2（2018 年版）

四、權責：

由各部門主管、職安衛人員及品保檢驗人員判定不合格或不良情況是否執行異常矯正預防再發措施。

五、定義：

（一）矯正：對影響職安衛／品質管理系統之缺失所提出的改善方案。

（二）再發：避免可能發生之風險與異常狀況之事前防備。

（三）異常：工作環境不安全或重大不合格，需做矯正或核計損失金額超過1萬元以上，即屬異常，日常管理由部門主管認定不符合情況需特別矯正處理時，視為異常。

六、作業流程：略

七、作業內容：

（一）各單位於發現異常狀況時，應填寫「矯正與預防措施處理紀錄表」說明異常狀況及分析異常原因，一般不合格之處置依「不合格管制程序」辦理。

（二）問題異常原因及責任明確者，應立即提出矯正措施方案，並記錄於「矯正再發紀錄表」上，並將此方案書面或會議告知各相關部門更正，各部門主管應對其處理經過與成效做評估追蹤，並記錄於「矯正再發紀錄表」上，如改善效果未達要求時，則應重新提出新的方案，必要時進行改善機會評估與風險管理評估，以防止異常狀況再發生。

（三）針對相關文件化資訊發現有潛在異常可能發生時，應填寫「矯正再發紀錄表」以預先做好再發措施處理。

（四）「矯正再發紀錄表」應在日常管理會議中提出並討論其成效，必要時將重大議案於管理審查會議中進行討論。

八、相關程序作業文件

1. 不合格管制程序

2. 內部稽核程序

3. 管理審查程序

4. 車輛審驗管制程序

九、附件表單：

矯正再發記錄表QP-XX-01

矯正再發紀錄表

<table>
<tr><td>主題</td><td colspan="3"></td><td>日期</td><td></td></tr>
<tr><td colspan="6">不良狀況：</td></tr>
<tr><td>單位主管</td><td colspan="2"></td><td>填表人</td><td colspan="2"></td></tr>
<tr><td colspan="6">原因分析：</td></tr>
<tr><td>單位主管</td><td colspan="2"></td><td>填表人</td><td colspan="2"></td></tr>
<tr><td colspan="6">對策及防止再發生：</td></tr>
<tr><td>單位主管</td><td colspan="2"></td><td>填表人</td><td colspan="2"></td></tr>
<tr><td colspan="6">對策後效果確認：</td></tr>
<tr><td>核准</td><td></td><td>審查</td><td></td><td>主辦</td><td></td></tr>
</table>

A版 QP-XX-01

章節作業

年　　月　　日　　　　內部稽核查檢表

ISO 45001：2018 ISO 9001：2015 條文要求	
相關單位	
相關文件	

項次	要求內容	查檢之相關表單	是	否	證據（現況符合性與不一致性描述）	設計變更或異動單編號
1						
2						
3						
4						
5						
6						
7						
8						

管理代表：　　　　　　　　　　　　　　　　　稽核員：

附錄 1

ISO 9001：2015 與其他國際標準

章節體系架構 

附錄 1-1　融合ISO 13485：2016跨系統對照表

附錄 1-2　融合ISO 14001：2015跨系統對照表

附錄 1-3　融合ISO 45001：2018跨系統對照表

附錄 1-4　融合ISO 50001：2018跨系統對照表

附錄 1-5　ISO 9001：2015程序文件清單範例

附錄 1-6　ISO 45001：2018程序文件清單範例

附錄 1-1 融合ISO 13485：2016跨系統對照表

ISO 9001：2015品質管理系統	ISO 13485：2016醫療器材品質管理系統
0.簡介	0.簡介
1.適用範圍	1.適用範圍
2.引用標準	2.引用標準
3.名詞與定義	3.名詞與定義
4.組織背景	4.品質管理系統
4.1了解組織及其背景	4.1一般要求
4.2了解利害關係者之需求與期望	4.2 文件化要求
4.3決定品質管理系統之範圍	
4.4品質管理系統及其過程	
5.領導力	5.領導力
5.1領導與承諾	5.1領導與承諾
5.1.1 一般要求	
5.1.2顧客為重	5.2顧客為重
5.2品質政策	5.3品質政策
5.2.1制訂品質政策	
5.2.2溝通品質政策	
5.3組織的角色、責任和職權	5.5職責、權限與溝通
6.規劃	5.4規劃
6.1處理風險與機會之措施	
6.2規劃品質目標及其達成	5.4.1品質目標
6.3變更之規劃	5.4.2品質管理系統規劃
7.支援	
7.1資源	6.資源管理
7.1.1一般要求	6.1資源的提供
7.1.2人力	6.2人力資源
7.1.3基礎設施	6.3基礎設施
7.1.4過程營運之環境	6.4工作環境與汙染控制
7.1.5監督與量測資源	7.6監測與量測設備的管制

7.1.6組織的知識	
7.2適任性	
7.3認知	
7.4溝通	5.5.3內部溝通
7.5文件化資訊	4.2文件化資訊
7.5.1一般要求	4.2.1一般要求
7.5.2建立與更新	4.2.2品質手冊
7.5.3文件化資訊之管制	4.2.3醫療器材檔案
	4.2.4文件管制
	4.2.5紀錄管制
8.營運	7.產品實現
8.1營運之規劃與管制	7.1產品實現的規劃
8.2產品與服務要求事項	7.2顧客相關的流程
8.2.1顧客溝通	7.2.3溝通
8.2.2決定有關產品與服務之要求事項	7.2.1決定產品相關的要求
8.2.3審查有關產品與服務之要求事項	7.2.2審查產品相關的要求
8.2.4產品與服務要求事項變更	
8.3產品與服務之設計及開發	7.3設計與開發
8.3.1一般要求	7.3.1一般要求
8.3.2設計及開發規劃	7.3.2設計及開發規劃
8.3.3設計及開發投入	7.3.3設計及開發投入
8.3.4設計及開發管制	7.3.5設計及開發審查（～7.3.8）
8.3.5設計及開發產出	7.3.4設計及開發產出
8.3.6設計及開發變更	7.3.9設計及開發變更管制
	7.3.10設計及開發檔案
8.4外部提供過程、產品與服務的管制	7.4採購
8.4.1一般要求	7.4.1採購流程
8.4.2管制的形式及程度	7.4.3採購產品的查證
8.4.3給予外部提供者的資訊	7.4.2採購資訊
8.5生產與服務供應	7.5生產與服務供應
8.5.1管制生產與服務供應	7.5.1管制生產與服務供應（～7.5.7）
8.5.2鑑別及追溯性	7.5.8鑑別～7.5.9追溯性

8.5.3屬於顧客或外部提供者之所有物	7.5.10顧客財產
8.5.4保存	7.5.11保存
8.5.5交付後活動	8.2.1回饋
8.5.6變更之管制	
8.6產品與服務之放行	
8.7不符合產出之管制	8.3不符合之管制
9.績效評估	
9.1監督、量測、分析及評估	8.量測、分析及改善　8.2監控與量測
9.1.1一般要求	8.1一般要求
9.1.2顧客滿意度	8.2.2抱怨處理
9.1.3分析及評估	8.4資料分析
9.2內部稽核	8.2.4內部稽核
	8.2.3通報主管機關
9.3管理階層審查	5.6管理階層審查
9.3.1一般要求	5.6.1一般要求
9.3.2管理階層審查投入	5.6.2管理階層審查投入
9.3.3管理階層審查產出	5.6.3管理階層審查產出
10.改進	8.5改進
10.1一般要求	8.5.1一般要求
10.2不符合事項及矯正措施	8.5.2矯正措施
10.3持續改進	8.5.3預防措施

附錄 1-2 融合ISO 14001：2015跨系統對照表

ISO 9001：2015品質管理系統	ISO 14001：2015環境管理系統
0.簡介	0.簡介
1.適用範圍	1.適用範圍
2.引用標準	2.引用標準
3.名詞與定義	3.名詞與定義
4.組織背景	4.組織背景
4.1了解組織及其背景	4.1了解組織及其背景
4.2了解利害關係者之需求與期望	4.2了解利害相關人之需求與期望
4.3決定品質管理系統之範圍	4.3決定環境管理系統之範圍
4.4品質管理系統及其過程	4.4環境管理系統及其過程
5.領導力	5.領導力
5.1領導與承諾	5.1領導與承諾
5.1.1 一般要求	
5.1.2顧客導向	
5.2品質政策	5.2環境政策
5.2.1制訂品質政策	
5.2.2溝通品質政策	
5.3組織的角色、責任和職權	5.3組織的角色、責任和職權
6.規劃	6.規劃
6.1處理風險與機會之措施	6.1處理風險與機會之措施
	6.1.1一般要求
	6.1.2環境考量面
	6.1.3守規義務
	6.1.4規劃行動
6.2規劃品質目標及其達成	6.2環境目標與達成規劃
	6.2.1環境目標
	6.2.2規劃達成環境目標的行動
6.3變更之規劃	

7.支援	7.支援
7.1資源	7.1資源
7.1.1一般要求	
7.1.2人力	
7.1.3基礎設施	
7.1.4過程營運之環境	
7.1.5監督與量測資源	
7.1.6組織的知識	
7.2適任性	7.2適任性
7.3認知	7.3認知
7.4溝通	7.4溝通
	7.4.1 一般要求
	7.4.2 內部溝通
	7.4.3 外部溝通
7.5文件化資訊	7.5文件化資訊
7.5.1一般要求	7.5.1一般要求
7.5.2建立與更新	7.5.2建立與更新
7.5.3文件化資訊之管制	7.5.3文件化資訊之管制
8.營運	8.營運
8.1營運之規劃與管制	8.1營運之規劃與管制
8.2產品與服務要求事項	
8.2.1顧客溝通	
8.2.2決定有關產品與服務之要求事項	
8.2.3審查有關產品與服務之要求事項	
8.2.4產品與服務要求事項變更	
8.3產品與服務之設計及開發	
8.3.1一般要求	
8.3.2設計及開發規劃	
8.3.3設計及開發投入	
8.3.4設計及開發管制	
8.3.5設計及開發產出	
8.3.6設計及開發變更	

8.4外部提供過程、產品與服務的管制	
8.4.1一般要求	
8.4.2管制的形式及程度	
8.4.3給予外部提供者的資訊	
8.5生產與服務供應	
8.5.1管制生產與服務供應	
8.5.2鑑別及追溯性	
8.5.3屬於顧客或外部提供者之所有物	
8.5.4保存	
8.5.5交付後活動	
8.5.6變更之管制	
8.6產品與服務之放行	
8.7不符合產出之管制	8.2緊急事件準備與應變
9.績效評估	9.績效評估
9.1監督、量測、分析及評估	9.1監視、量測、分析及評估
9.1.1一般要求	9.1.1一般要求
9.1.2顧客滿意度	
9.1.3分析及評估	9.1.2守規性評估
9.2內部稽核	9.2內部稽核
	9.2.2內部稽核計畫
9.3管理階層審查	9.3管理階層審查
9.3.1一般要求	
9.3.2管理階層審查投入	
9.3.3管理階層審查產出	
10.改進	10改進
10.1一般要求	10.1一般要求
10.2不符合事項及矯正措施	10.2不符合事項與矯正措施
10.3持續改進	10.3持續改進

附錄 1-3 融合ISO 45001：2018跨系統對照表

ISO 9001：2015品質管理系統	ISO 45001：2018職安衛管理系統
0.簡介	0.簡介
1.適用範圍	1.適用範圍
2.引用標準	2.引用標準
3.名詞與定義	3.名詞與定義
4.組織背景	4.組織背景
4.1了解組織及其背景	4.1了解組織及其背景
4.2了解利害關係者之需求與期望	4.2了解工作者及利害相關人之需求與期望
4.3決定品質管理系統之範圍	4.3決定職安衛管理系統之範圍
4.4品質管理系統及其過程	4.4職安衛管理系統及其過程
5.領導力	5.領導力與工作者參與
5.1領導與承諾	5.1領導與承諾
5.1.1 一般要求	
5.1.2顧客導向	
5.2品質政策	5.2職業安全衛生政策
5.2.1制訂品質政策	
5.2.2溝通品質政策	
5.3組織的角色、責任和職權	5.3組織的角色、責任和職權
	5.4 工作者諮商與參與
6.規劃	6.規劃
6.1處理風險與機會之措施	6.1處理風險與機會之措施
	6.1.1一般要求
	6.1.2 危害鑑別及風險與機會的評估
	6.1.3決定法令要求及其他要求
	6.1.4規劃行動
6.2規劃品質目標及其達成	6.2職安衛目標與其達成規劃
	6.2.1職業安全衛生目標
	6.2.2規劃達成職安衛目標
6.3變更之規劃	

7.支援	7.支援
7.1資源	7.1資源
7.1.1一般要求	
7.1.2人力	
7.1.3基礎設施	
7.1.4過程營運之環境	
7.1.5監督與量測資源	
7.1.6組織的知識	
7.2適任性	7.2適任性
7.3認知	7.3認知
7.4溝通	7.4溝通
	7.4.1 一般要求
	7.4.2 內部溝通
	7.4.3 外部溝通
7.5文件化資訊	7.5文件化資訊
7.5.1一般要求	7.5.1一般要求
7.5.2建立與更新	7.5.2建立與更新
7.5.3文件化資訊之管制	7.5.3文件化資訊之管制
8.營運	8.營運
8.1營運之規劃與管制	8.1營運之規劃與管制
	8.1.1一般要求
	8.1.2消除危害及降低職安衛風險
	8.1.3變更管理
	8.1.4採購
8.2產品與服務要求事項	
8.2.1顧客溝通	
8.2.2決定有關產品與服務之要求事項	
8.2.3審查有關產品與服務之要求事項	
8.2.4產品與服務要求事項變更	
8.3產品與服務之設計及開發	
8.3.1一般要求	
8.3.2設計及開發規劃	

8.3.3設計及開發投入	
8.3.4設計及開發管制	
8.3.5設計及開發產出	
8.3.6設計及開發變更	
8.4外部提供過程、產品與服務的管制	
8.4.1一般要求	
8.4.2管制的形式及程度	
8.4.3給予外部提供者的資訊	
8.5生產與服務供應	
8.5.1管制生產與服務供應	
8.5.2鑑別及追溯性	
8.5.3屬於顧客或外部提供者之所有物	
8.5.4保存	
8.5.5交付後活動	
8.5.6變更之管制	
8.6產品與服務之放行	
8.7不符合產出之管制	8.2緊急事件準備與應變
9.績效評估	9.績效評估
9.1監督、量測、分析及評估	9.1監視、量測、分析及評估
9.1.1一般要求	9.1.1一般要求
9.1.2顧客滿意度	
9.1.3分析及評估	9.1.2守規性評估
9.2內部稽核	9.2內部稽核
	9.2.2內部稽核計畫
9.3管理階層審查	9.3管理階層審查
9.3.1一般要求	
9.3.2管理階層審查投入	
9.3.3管理階層審查產出	
10.改進	10.改進
10.1一般要求	10.1一般要求
10.2不符合事項及矯正措施	10.2不符合事項與矯正措施
10.3持續改進	10.3持續改進

附錄1-4 融合ISO 50001：2018跨系統對照表

ISO 9001：2015品質管理系統	ISO 50001：2018能源管理系統
0.簡介	0.簡介
1.適用範圍	1.適用範圍
2.引用標準	2.引用標準
3.名詞與定義	3.名詞與定義
4.組織背景	4.組織背景
4.1了解組織及其背景	4.1了解組織及其背景
4.2了解利害關係者之需求與期望	4.2了解利害關係者之需求與期望
4.3決定品質管理系統之範圍	4.3決定能源管理系統之範圍
4.4品質管理系統及其過程	4.4能源管理系統及其過程
5.領導力	5.領導力
5.1領導與承諾	5.1領導與承諾
5.1.1一般要求	
5.1.2顧客導向	
5.2品質政策	5.2能源政策
5.2.1制訂品質政策	
5.2.2溝通品質政策	
5.3組織的角色、責任和職權	5.3組織的角色、責任和職權
6.規劃	6.規劃
6.1處理風險與機會之措施	6.1處理風險與機會之措施
6.2規劃品質目標及其達成	6.2規劃能源目標及其達成
6.3變更之規劃	6.3能源審查
	6.4能源績效指標
	6.5能源基線
	6.6規劃收集能源數據
7.支援	7.支援
7.1資源	7.1資源
7.1.1一般要求	
7.1.2人力	

7.1.3基礎設施	
7.1.4過程營運之環境	
7.1.5監督與量測資源	
7.1.6組織的知識	
7.2適任性	7.2能力
7.3認知	7.3認知
7.4溝通	7.4溝通
7.5文件化資訊	7.5文件化資訊
7.5.1一般要求	7.5.1一般要求
7.5.2建立與更新	7.5.2建立與更新
7.5.3文件化資訊之管制	7.5.3文件化資訊之管制
8.營運	8.營運
8.1營運之規劃與管制	8.1營運之規劃與管制
8.2產品與服務要求事項	
8.2.1顧客溝通	
8.2.2決定有關產品與服務之要求事項	
8.2.3審查有關產品與服務之要求事項	
8.2.4產品與服務要求事項變更	
8.3產品與服務之設計及開發	8.2設計
8.3.1一般要求	
8.3.2設計及開發規劃	
8.3.3設計及開發投入	
8.3.4設計及開發管制	
8.3.5設計及開發產出	
8.3.6設計及開發變更	
8.4外部提供過程、產品與服務的管制	8.3採購
8.4.1一般要求	
8.4.2管制的形式及程度	
8.4.3給予外部提供者的資訊	
8.5生產與服務供應	
8.5.1管制生產與服務供應	
8.5.2鑑別及追溯性	

8.5.3屬於顧客或外部提供者之所有物	
8.5.4保存	
8.5.5交付後活動	
8.5.6變更之管制	
8.6產品與服務之放行	
8.7不符合產出之管制	
9.績效評估	9.績效評估
9.1監督、量測、分析及評估	9.1監督、量測、分析及評估能源績效
9.1.1一般要求	9.1.1一般要求
9.1.2顧客滿意度	
9.1.3分析及評估	9.1.2法令與其他要求事項之守規性評估
9.2內部稽核	9.2內部稽核
9.3管理階層審查	9.3管理階層審查
9.3.1一般要求	9.3.1一般要求
	9.3.2管理階層審查
9.3.2管理階層審查投入	9.3.3管理階層審查能源績效投入
9.3.3管理階層審查產出	9.3.4管理階層審查產出
10.改進	10.改進
10.1一般要求	10.1一般要求
10.2不符合事項及矯正措施	10.2不符合事項及矯正措施
10.3持續改進	10.3持續改進

附錄 1-5 ISO 9001：2015程序文件清單範例

條款	內容	文件編號	文件化資訊
4.0	組織背景	QM-01	品質手冊
4.1	了解組織背景	QP-01	管理審查程序
4.2	利害關係者需求	QP-01	
4.3	決定系統範圍	QM-01	品質手冊
4.4	品質管理系統	QP-02	品質系統管制程序
5.0	領導力	QM-01	品質手冊
5.1	領導與承諾	QM-01	品質手冊
5.2	品質政策	QM-01	品質手冊
5.3	組織角色職掌	QM-01	品質手冊
6.0	規劃	QM-01	品質手冊
6.1	因應風險與機會	QP-01	管理審查程序
6.2	品質目標與達成	QP-01	管理審查程序
6.3	變更之規劃		
7.0	支援	QM-01	品質手冊
7.1	資源	QP-03	設備保養與治具管制程序
7.1	資源	QP-04	檢驗量測設備管制程序
7.2	人力資源	QP-05	教育訓練管制程序
7.3	認知	QP-05	教育訓練管制程序
7.4	溝通	QP-06	知識分享管制程序
7.5	文件化資訊	QP-07	文件管制程序
8.0	營運	QM-01	品質手冊
8.1	作業規劃與管控	QP-08	合約審查程序
8.1	作業規劃與管控	QP-09	進料檢驗管制程序
8.1	作業規劃與管控	QP-10	製程管制程序
8.1	作業規劃與管控	QP-11	製程檢驗管制程序
8.2	產品與服務要求	QP-12	採購管制程序
8.2	產品與服務要求	QP-13	客戶抱怨管制程序

條款	內容	文件編號	文件化資訊
8.3	產品設計與開發	QP-14	設計開發管制程序
8.4	外部提供過程產品與服務的管制	QP-15	供應商管制程序
8.5	生產與服務供應	QP-16	鑑別和追溯管制程序
8.5	生產與服務供應	QP-17	客供品管制程序
8.5	生產與服務供應	QP-18	倉儲管制程序
8.6	產品與服務之符合	QP-19	成品檢驗管制程序
8.6	產品與服務之符合	QP-20	車輛審驗管制程序
8.7	不符合產出之管制	QP-21	不合格管制程序
9.0	績效評估	QM-01	品質手冊
9.1	監督量測分析評估	QP-22	客戶滿意度管制程序
9.1	監督量測分析評估	QP-23	資料分析管制程序
9.1	監督量測分析評估	QP-01	管理審查程序
9.2	內部稽核	QP-24	內部稽核程序
9.3	管理審查	QP-01	管理審查程序
10.0	改進	QM-01	品質手冊
10.1	一般要求	QM-01	品質手冊
10.2	不符合與矯正措施	QP-25	矯正再發管制程序
10.3	持續改善	QP-26	提案改善管制程序

附錄 1-6 ISO 45001：2018程序文件清單範例

條款	內容	文件編號	文件化資訊
4.0	組織背景	QM-01	職安衛管理手冊
4.1	了解組織及其背景	QP-01	管理審查程序
4.2	了解工作者及利害相關人之需求與期望	QM-01	職安衛管理手冊
4.3	決定職安衛管理系統之範圍	QM-01	職安衛管理手冊
4.4	職安衛管理系統及其過程	QM-01	職安衛管理手冊
5.0	領導力與工作者參與	QM-01	職安衛管理手冊
5.1	領導與承諾	QM-01	職安衛管理手冊
5.2	職業安全衛生政策	QP-02	職安衛管理責任程序
5.3	組織的角色、責任和職權	QP-02	職安衛管理責任程序
5.4	工作者諮商與參與	QP-03	參與職安衛諮詢溝通程序
6.0	規劃	QM-01	職安衛管理手冊
6.1	處理風險與機會之措施	QP-04	職安衛風險評估管制程序
6.2	職安衛目標與其達成規劃	QP-05	目標與管理方案程序
7.0	支援	QM-01	職安衛管理手冊
7.1	資源	QP-01	管理審查程序
7.1	資源	QP-06	危害鑑別及風險評估程序
7.1	資源	QP-07	危險性機械設備自動檢查程序
7.1	資源	QP-08	危害物質管制程序
7.1	資源	QP-09	個人安全衛生防護器具管理程序
7.2	適任性	QP-10	教育訓練管制程序
7.3	認知	QP-10	教育訓練管制程序
7.4	溝通	QP-11	職安衛諮詢參與溝通程序
7.5	文件化資訊	QP-12	環安衛紀錄管制程序
7.5	文件化資訊	QP-13	文件與資料管制程序
8.0	營運	QM-01	職安衛管理手冊
8.1	營運之規劃與管制	QP-14	環安衛規劃與審查控制程序

條款	內容	文件編號	文件化資訊
8.1	營運之規劃與管制	QP-15	作業管制程序
8.1	營運之規劃與管制	QP-16	變更管理程序
8.1	營運之規劃與管制	QP-17	採購作業程序
8.1	營運之規劃與管制	QP-18	承攬商安全衛生管理程序
8.1	營運之規劃與管制	QP-19	廢棄物及資源管理程序
8.2	緊急事件準備與應變	QP-20	緊急應變措施程序
8.2	緊急事件準備與應變	QP-21	環境及安全衛生管制程序
9.0	績效評估	QM-01	職安衛管理手冊
9.1	監視、量測、分析及評估	QP-22	績效量測與監督程序
9.1	監視、量測、分析及評估	QP-23	資料分析管制程序
9.1	監視、量測、分析及評估	QP-24	職安衛相關法規管制程序
9.2	內部稽核	QP-25	內部稽核程序
9.3	管理階層審查	QP-01	管理審查程序
10.0	改進	QM-01	職安衛管理手冊
10.1	一般要求	QM-01	職安衛管理手冊
10.2	不符合事項與矯正措施	QP-26	矯正再發管制程序
10.3	持續改善	QP-27	提案改善管制程序

附錄 2

TAF國際認證論壇公報

章節體系架構

附錄 2-1 對已獲得ISO 9001認證之驗證的預期結果

財團法人全國認證基金會
圖解國際標中準華驗民證國一○六年八月
本文件係依據國際認證論壇（IAF）所發行公報（Communiqué）「Expected Outcomes for Accredited Certification to ISO 9001」而訂定，本文件若有疑義時，請參考並依據IAF發行文件爲原則。IAF發行文件若有修訂時，本文件同時修訂，並依前述方式處理。

公　　報

對已獲得ISO 9001認證之驗證的預期結果

國際認證論壇（IAF）與國際標準組織（ISO）支持以下有關獲得ISO 9001認證之驗證，其預期結果之說明。其旨意是推廣一個共同焦點，透過完整的符合性評鑑供應鏈機制，共同努力達成這些預期結果，並強化獲得ISO 9001認證之驗證，其價值與相關性。

ISO 9001驗證常用於公部門與私部門，以提高對組織提供之產品與服務、商業合作夥伴之間對往來之業務關係、對供應鏈中供應商之選擇以及對採購契約爭取權之信心。

ISO是ISO 9001之發展與發行機構，但其本身不執行稽核與驗證工作。這些服務是由獨立在ISO之外的驗證機構獨立執行。ISO不控制這些機構，而是發展自願性質之國際標準，鼓勵其在全球範圍，實施優良作業規範。例如，ISO/IEC 17021爲提供管理系統之稽核與驗證服務之機構，訂定其所需之要求。

若驗證機構希望強化對其服務之信心，可以向IAF認可之國家級認證機構提出申請並取得認證。IAF是一家國際級組織，其成員包括49個經濟體之國家級認證機構。ISO不控制這些機構，而是發展自願性質之國際標準，例如，ISO/IEC 17011，詳細指明執行認證工作所需之一般要求。

註：獲得認證之驗證只是組織得用以證明符合ISO 9001的方法之一。ISO不對其他符合性評鑑方法，推廣獲得認證之驗證。

對已獲得ISO 9001認證之驗證的預期結果（從組織客戶之角度）

「在界定之驗證範圍內，其已獲得驗證之品質管理系統的組織，能夠持續提供符合客戶與相關法規及法令要求之產品，且以提高客戶之滿意度爲追求目標。」

註：

a.「產品」也包括「服務」。

b. 客戶對產品之要求可爲明訂（例如在契約或約定之規格中）或爲一般暗示引申（例如根據組織之宣傳資料或於該經濟體／產業領域中之共同規範）。

c. 對產品之要求得包括交貨及交貨後之活動。

已獲得ISO 9001認證之驗證，其代表之意義

爲確認「產品」的符合性，獲得認證之驗證的程度必須提供客戶有信心，確信組織具有符合適用之ISO 9001要求之品質管理系統。特別是，組織必須讓人確信：

A. 已建立適合其產品與過程及適用於其驗證範圍之品質管理系統。

B. 能夠分析及了解客戶對於其產品之需求與期待，以及產品之相關法規及法令要求。

C. 能夠確保已訂出產品特性，以符合客戶與法規要求。

D. 已決定並正在管理爲達到預期結果（符合性產品與提高客戶滿意度）所需之過程。

E. 已確保有足夠之資源，支持這些過程之運作與監控。

F. 監督與控制所界定之產品特性。

G. 爲預防不符合事項爲目的，並且已有系統化的改善過程，以：

1. 改正任何確已發生之不符合事項（包括在交貨之後發現之產品不符合事項）
2. 分析不符合事項之原因及採取矯正措施，以避免其再次發生。
3. 處理客戶抱怨。

H. 已實施有效的內部稽核與管理審查程序。

I. 監控、量測及持續改進其品質管理系統之有效性。

已獲得ISO 9001認證之驗證，不表示下述意義

1) 非常重要的一點是必須承認ISO 9001是對組織的品質管理系統，而非對其產品，界定所需之要求。獲得ISO 9001認證之驗證須能讓人確信組織具有「持續提供符合客戶與相關法規及法令要求之產品」的能力。它也不必然確保組織一直都會達到100%的產品符合性，雖然這是所要追求的終極目標。

2) 已獲得ISO 9001認證之驗證，並不表示組織提供的一定是超優產品，或產品本身被驗證一定符合ISO（或任何其他）標準或規格之要求。

財團法人全國認證基金會
地址：新北市淡水區中正東路二段27號23樓
電話：(02)2809-0828
傳眞：(02)2809-0979
E-mail：taf@taftw.org.tw
Web Site：http://www.taftw.org.tw

附錄 2-2 對已獲得ISO 14001認證之驗證的預期結果

財團法人全國認證基金會
圖解國際標中準華驗民證國一〇六年八月
本文件係依據國際認證論壇（IAF）所發行公報（Communiqué）「Expected Outcomes for Accredited Certification to ISO 14001」而訂定，本文件若有疑義時，請參考並依據IAF發行文件爲原則。IAF發行文件若有修訂時，本文件同時修訂，並依前述方式處理。

公　報
對已獲得ISO 14001認證之驗證的預期結果

國際認證論壇（IAF）與國際標準組織（ISO）支持以下有關獲得ISO 14001認證之驗證，其預期結果之說明。其旨意是推廣一個共同焦點，透過完整的符合性評鑑供應鏈機制，共同努力達成這些預期結果，並強化獲得ISO 14001認證之驗證，其價值與相關性。

ISO 14001驗證常用於公部門與私部門，以提高各利害關係者對組織之環境管理系統之信心水平。

ISO是ISO 14001之發展與發行機構，但其本身不執行稽核與驗證工作。這些服務是由獨立在ISO之外的驗證機構獨立執行。ISO不控制這些機構，而是發展自願性質之國際標準，鼓勵其在全球範圍，實施優良作業規範。例如，ISO/IEC 17021爲提供管理系統之稽核與驗證服務之機構，訂定其所需之要求。

若驗證機構希望強化對其服務之信心，可以向IAF認可之國家級認證機構提出申請並取得認證。IAF是一家國際級組織，其成員包括49個經濟體之國家級認證機構。ISO不控制這些機構，而是發展自願性質之國際標準，例如，ISO/IEC 17011，詳細指明執行認證工作所需之一般要求。

註：獲得認證之驗證只是組織得用以證明符合ISO 14001的方法之一。ISO不對其他符合性評鑑方法，推廣獲得認證之驗證。

對已獲得ISO 14001認證之驗證的預期結果（從利害關係者之角度）

「在界定之驗證範圍內，其已獲得驗證之環境管理系統的組織，能夠管理其與環境之間的互動，並能展現以下之承諾：

A. 預防汙染。

B. 符合適用之法律與其他要求。

C. 持續改進其環境管理系統，以達成其整體環境績效之改善。」

已獲得ISO 14001認證之驗證，其代表之意義

獲得認證之驗證之程序必須能夠確保組織具有符合ISO 14001要求且適合於其活動、產品與服務性質之環境管理系統。特別是，必須能夠在界定之範圍內，證明該組織：

A. 已明訂適合其活動、產品與服務之性質、規模與環境衝擊的環境政策。

B. 已確認其活動、產品與服務中，其能控制與／或影響之環境考量面並已決定具有重大之環境衝擊之事項（包括與供應商／包商有關之事項）。

C. 已有相關程序，用以確認適用之環境法律與其他相關要求，以判定如何適用於環境考量面及隨時更新資料。

D. 已實施有效之控制，以履行其遵守適用之法律與其他要求之承諾。

E. 已依據法律要求及重大之環境衝擊，界定可衡量之環境目標與標的，並已準達成目標與標的之執行計畫。

F. 確保爲組織工作的人員或代表組織之人員都已知道其環境管理系統之要求並能勝任執行對潛在重大環境衝擊有關之任務。

G. 已實施內部溝通及回應與溝通（若有必要）外部利害關係者之程序。

H. 確保與重大之環境考量面有關之作業都在規定之條件下執行，及監督與控制可能造成重大環境衝擊運作之關鍵特性。

J. 已建立及（若適用）測試對環境影響事件之緊急應變程序。

K. 定期評估其遵守適用之法律與其他要求之符合性。

L. 爲預防不符合事項爲目的，並且已有相關程序，以：

  1. 改正任何已發生之不符合事項
  2. 分析不符合事項之原因及採取矯正措施，以避免其再次發生

M.已實施有效的內部稽核與管理審查程序。

已獲得ISO 14001認證之驗證，不表示下述意義

1) ISO 14001是界定組織的環境管理系統之要求，但不界定特定之環境績效標準。

2) 獲得ISO 14001認證之驗證能提供確信組織能符合其之環境政策之信心，包括遵守適用法律、預防汙染、及持續改進環境績效之承諾。但它不確保組織正在達成最佳環境績效。

3) 獲得ISO 14001認證之驗證的程序，不包括有關完整法律之符合性稽核，也不能確保絕不發生違法事件，雖然完全遵守法律規定一直都是組織之目標。

4) 獲得ISO 14001認證之驗證不表示組織一定能夠防止環境事故之發生。

財團法人全國認證基金會
地址：新北市淡水區中正東路二段27號23樓
電話：(02)2809-0828
傳真：(02)2809-0979
E-mail：taf@taftw.org.tw
Web Site：http://www.taftw.org.tw

附錄 2-3 從OHSAS 18001：2007轉換ISO 45001：2018要求事項

財團法人全國認證基金會
中華民國一〇七年三月
本文件係依據國際認證論壇（IAF）所發行文件「IAF Mandatory Document Transfer of Accredited Certification of Management Systems（Issue1）（IAF MD 2：2007）」而訂定，本文件若有疑義時，請參考並依據IAF發行文件為原則。IAF發行文件若有修訂時，本文件同時修訂，並依前述方式處理。

國際認證論壇（IAF）藉由運作一套各認證機構（ABs）之間的全球性相互承認協議，促進貿易及支援法規管理者，使IAF認證機構會員認證的符合性評鑑機構（CABs）所簽發之結果在全球被接受。

認證透過確保已認證之符合性評鑑機構（CABs）有能力在其認證範圍內執行其工作，降低企業及其客戶風險。身為IAF會員的認證機構（ABs）及其所認證之符合性評鑑機構，必須遵守適當之國際標準與適用的IAF強制文件，以便一致地應用此等標準。

簽署IAF多邊互相承認協議（MLA）之認證機構，定期由指派的同行評估小組進行評估，以便對其認證方案之運作提供信心。IAF MLA之結構與範圍詳述於IAF PR 4-IAF MLA的結構與認可的規範性文件。

IAF MLA結構有5個層次：第1層規定適用於所有認證機構的強制性準則，ISO/IEC 17011。第2層活動與對應的第3層規範文件之組合，稱為MLA的主範圍（main scope）；第4層（適用時）與第5層相關規範文件之組合，稱為MLA的次範圍（sub-scope）

- MLA的主範圍包括各項活動，例如產品驗證及相關的強制文件，如ISO/IEC 17065。符合性評鑑機構在主範圍層面所做的證明，被視為是同樣可信賴的。
- MLA的次範圍包括符合性評鑑之要求事項，如ISO 9001及方案的特定要求事項，適用時，如ISO/TS 22003。符合性評鑑機構在次範圍層面所做的證明，被視為是等同的。

IAF MLA讓市場有信心接受符合性評鑑結果。由簽署IAF MLA的認證機構所認證之機構，在IAF MLA範圍內發給的證明可以獲得全世界承認，並因而促進國際貿易。

國際認證論壇強制文件簡介

本文件中使用「須」一詞，指以被認可的方法符合標準之要求。符合性評鑑機構（CAB）只要能夠向認證機構（AB）證明，就可以藉由同等方式符合此等要求事項。本文件中使用「應」一詞，指相關標準之條文規定是強制性的。

職業安全衛生管理系統標準（OHSMS）制定之背景

備考：在許多文化中，「職業安全衛生」，或「OH&S」，指的是「職業安全與衛生」或「OSH」。這兩個名詞是同義的。

OHSMS標準之制定始於1990年代初，最後於1996年出版了BS 8800。當年的ISO研討會就是否適宜制定OHSMS國際標準進行了辯論，結論是時機尚未成熟。

OHSAS專案小組成立於1990年代後期，並於1999年出版了OHSAS 18001，以及於2000年出版OHSAS 18002。AS/NZ 4801也在2000年出版，隨後於2001年國際勞工組織出版了OSH指導綱要及2003年出版ANSI Z10。2007年出版OHSAS 18001修訂版，以及2008年出版OHSAS 18002修訂版。ANSI Z10則於2013年修訂。

雖然OHSAS專案小組擁有OHSAS 18001的全部著作權，但與許多國家標準化機構簽訂有免權利金使用授權與著作權協議。此舉促進了OHSAS 18001在國家層級之採納與使用，並有助於組織的實施。進而在全球引領OH&S文化之提升。

2007年ISO進行有關制定OHSMS國際標準之進一步諮商，導致了第二次等待的決議。最近的一次OHSAS標準與證書調查（2011年資料）顯示當時有127國使用OHSMS標準，主要基於採納或改編OHSAS 18001，並指出此一領域確有需要一套國際標準。因此，於2013年3月，向ISO提出一份新的工作項目提案，進而有專案制定ISO 45001職業安全衛生管理系統-附使用指引之要求事項。

應注意的是有些立法機構／主管機關在其當地法律架構中也援引了OHSAS 18001，所以在轉換過程中必須加以考慮。

除此之外，有些國家還有一些類似OHSAS 18001，但不完全與之一致的其他OHSMS標準；不過，本IAF強制文件並未涵蓋這些標準。

ISO之ISO 45001制定專案旨在調和此等標準，並共同享有最佳規範。

目錄

1. 簡介

本文件提供從OHSAS 18001：2007轉換至ISO 45001：2018之要求事項，並由國際認證論壇（IAF）與OHSAS專案小組及ISO合作編訂，提供利害相關者在實施ISO 45001前，有關轉換安排之建議。其鑑別出相關之利害相關者應考慮之活動，並增加了對ISO 45001背景之了解。

轉換要求事項只適用於由同一家驗證機構將OHSAS 18001：2007轉換至ISO 45001：2018。

因本文件獲益之相關利害相關者包括：

i) 獲得驗證與／或使用OHSAS 18001：2007之組織。
ii) 認證機構（AB's）
iii)驗證機構（CB's）
iv)立法機構與主管機關
v) 貿易／承攬／採購委員會
vi)員工
vii) 社會

2. 轉換

2.1通則

OHSAS專案小組已完全地審查並認可ISO 45001：2018替代OHSAS 18001：2007。因此，一旦ISO 45001：2018公布，OHSAS 18001：2007的正式地位即被視爲「終止」，考慮的轉換期爲3年。此將由OHSAS專案小組傳達給使用OHSAS 18001：2007的國家標準機構，以及在當地法律架構中採納它之已知的立法機構／主管機關。

IAF、OHSAS專案小組及ISO均已同意從ISO 45001：2018公布日算起的3年轉換期。

備考：對OHSAS 18001：2007的任何引用，也適用於BS OHSAS 18001：2007與任何國家同等之標準。

依據IAF在2016年11月4日於印度新德里舉行的大會第2016-15號決議事項， ISO 45001：2018的轉換期爲標準公告後3年。

依據規劃，IAF、OHSAS專案小組及ISO將使用所有必要之管道，傳達此項轉換過程。訓練方案、認知活動及網路研討會，是其會員創建與執行的一些範例，以便能適當地通知及鼓勵已獲得OHSAS 18001：2007或任何同等國家標準驗證之現有客戶轉換至新的標準。

2.2已認證的OHSAS 18001：2007驗證之有效性

IAF在ISO 45001：2018轉換期結束後，才會開始推廣接受已認證之ISO 45001：2018證書。

在轉換期間所核發之已獲認證的OHSAS 18001：2007驗證，其有效期應與三年轉換期之結束日期相同。

備考：若當地法律／法規規定要求須獲得認證之OHSMS驗證，但法律／法規規定仍未修訂引用ISO 45001，則可延長獲得認證之BS OHSAS 18001（或國家同等標準）驗證的有效性。

3. 涉及驗證與認證之利害相關者的特定指引

對任何組織而言，其必要的變更程度端視現行管理系統、組織結構及實務之成熟度與有效性而定。因此，強烈建議進行影響分析／差異分析，以鑑別現實資源與時間影響。

3.1 使用OHSAS 18001：2007之組織建議使用OHSAS 18001：2007之組織採行以下措施：

i) 取得一份ISO 45001（或若要未雨綢繆提早規劃及調適，則可先取得一份國際標準之最終草案版）。

ii) 鑑別OHSMS中需要處理之落差，以符合任何新的要求事項。

iii) 制定一份實施計畫。

iv) 確保符合任何新的能力需求，並讓所有當事人都能認知其對OHSMS有效性之影響。

v) 更新現行之OHSMS以符合新的要求事項，且查證其有效性。

vi) 可行時，聯絡其驗證機構安排轉換事宜。

備考：使用者須認知，在國際標準（IS）之前的國際標準草案（DIS）後或稍後的草案階段文件，標準的制定可能會有技術變更。雖然組織可以在IS之前的DIS或稍後的草案階段文件開始準備，但OHSMS的重大變更，在技術內容未定案前，亦即在國際標準最終草案版（FDIS）階段或標準公布前，不宜執行。

4. IAF轉換要求事項

4.1 從OHSAS 18001：2007驗證轉換至ISO 45001：2018驗證之實施

本文件是允許提早規劃及採納ISO 45001：2018的新要求事項，但要考慮到DIS或稍後的IS前之草案階段文件期間可能仍有變更。

雖然鼓勵在DIS或稍後的IS前之草案階段文件期間就展開規劃活動，但建議組織小心爲要，因爲在標準正式公布前，可能還會有進一步的技術變更。

CB應在DIS或IS前之最新草案階段文件期間追蹤所有的評估活動，以便在ISO 45001：2018轉換稽核時完整查證。

4.2 認證機構與驗證機構之一般要求事項

4.2.1 認證機構

其實施情形應儘可能在正常排定之活動期間查證，但應注意可能需要額外的評鑑時間。要求加速完成認證之CB，額外的評鑑可能是必要的。

AB應儘早將轉換安排與要求事項傳達給其已獲認證之CB。在轉換安排時，建議考慮以下事項：

i) 對評審員及其他員工之能力進行訓練與查證，包括與OH&S風險管制之稽核有關的訓練。

備考：鼓勵AB在DIS階段就開始訓練，但可能需要額外的訓練處理最新草案階段文件與最後公布標準之間的差異。

ii AB應制定其轉換計畫，以期善用可用之時間，包括在DIS或最新草案階段文件時進行儘可能多的活動，以便儘早展開新標準之認證。認識到採用草案文件確實有相關的風險，且在最終文件定案後仍有可能需要額外的活動。

iii)包括轉換至ISO 45001：2018之評鑑，應將重點放在因新標準之實施而由CB進行的變更：主要的考慮宜在於要求事項、適任性、報告及稽核方法的任何相關變更之一致性詮釋。評鑑亦需審查CB對其客戶的轉換安排。

iv)對於只簽發獲得認證OHSAS 18001：2007證書之已獲認證的OHSAS 18001：2007 CB，AB至少應執行至少一評鑑人天的文件審查。

a. 若審查結果為正面，則可頒發新的認證證書。

b. 若審查結果為負面，則AB要決定是否需要任何額外的評估（亦即，額外的文件審查或辦公室評鑑或見證CB執行稽核）。

備考：AB須注意ISO/CASCO WG 48正在制定ISO/IEC TS 17021-10，其中將包括對OHSMS稽核與驗證之特定適任性要求事項。此外，須注意的是，OH&SMS有一項新的IAF MD正在制定中，且所有ISO 45001：2018認證活動均應採用。

4.2.2 驗證機構

鼓勵CB從DIS階段就開始向其客戶說明，如有要求，可開始在其客戶系統與DIS之間的進行差異分析。

CB應在DIS或IS前之最新草案階段文件期間追蹤所有的評估活動，以便在ISO 45001：2018轉換稽核時完整查證。

CB僅能在已獲得可以辦理新標準驗證之認證，且組織已證明符合ISO 45001：2018後，才可簽發認證之ISO 45001：2018驗證。

根據與取得OHSAS 18001：2007驗證之組織所簽訂的協議，CB可以在例行追查、重新驗證稽核或特別稽核期間執行轉換活動。若轉換稽核是與排定之追查或重新驗證一起辦理（亦即，進行式或階段式），則至少需要再增加一稽核人天，以涵蓋ISO 45001：2018所包括之既現有的及新的要求事項。由於每個客戶與轉換稽核都具有獨特性，稽核持續時間（audit duration）視需要將會超過最低要求，才足以證明符合ISO 45001：2018。

CB應儘早將其轉換安排傳達給客戶。建議在DIS或IS前之最新草案階段文件時為之。

CB應制定轉換計畫處理以下事項：

i) 對稽核員及其他員工之能力進行訓練與查證。

備考1：鼓勵CB在DIS階段就開始訓練，但應認知可能需要額外訓練處理DIS或最新草案階段文件與最後公布標準之間的差異。

備考2：CB須注意ISO/CASCO WG 48正在制定ISO/IEC TS 17021-10，其中

將包括對OHSMS稽核與驗證之特定適任性要求事項。此外，須注意的是，OH&SMS有一項新的IAF MD正在制定中，且所有ISO 45001：2018認證活動均應採用。

ii) CB向其客戶傳達所做之安排。

iii)CB爲稽核新標準之符合性所做的安排。例如，是單獨一次訪視或是分階段的方式。

iv)CB如何確保客戶在整個轉換過程中仍持續符合OHSAS 18001：2007。

v) CB如何規劃使用在DIS或IS前之最新草案階段文件期間執行之任何評估活動的結果。

vi)對無法在ISO 45001：2018公布後3年內完成轉換之客戶，採取之措施。例如，恢復驗證必要之稽核層級。

以下各項亦應確保：

i) 需要客戶採取措施以符合新版要求事項之所有問題，均應清楚鑑別並提出文件化之發現結果。

ii) 只有在所有已鑑別之未解決問題均已適當處理，且管理系統的有效性已獲得證明，稽核員才能推薦對公布之ISO 45001：2018標準的驗證。

iii)紀錄應備妥，以查證所有先前的轉換稽核發現，均已就其矯正措施與符合性進行評估後，才能推薦依據ISO 45001：2018給予核准。

iv)CB應確保在轉換期間對客戶符合新版要求事項所做之評估，不會干擾到客戶持續符合OHSAS 18001：2007。

v) 若在DIS或FDIS階段有評估活動，則做決定者將進行審查，以確保在決定過程中考慮此活動之有效性。

vi)只有在對未解決之所有主要不符合項目所採取的措施均已完成審查、接受及查證，且任何次要不符合項目之客戶矯正措施計畫亦已審查並接受時，才可決定核發ISO 45001：2018驗證。

備考：期待所有AB與CB均應了解AAPG文件- AB與CAB在ISO 9001：2015過渡期之良好作業規範，即使是與不同標準有關，也非常重要，轉換過程中應加以考慮。AAPG文件可以在以下網址免費下載：

http://www.iaf.nu/articles/Accreditation_Auditing_Practices_Group_(AAPG)/20).

ISO 14001：2015過渡期所援引之IAF ID 10亦宜做爲良好規範之參考。

從OHSAS 18001：2007轉換至ISO 45001：2018之IAF強制文件要求事項結束進一步資訊：有關本文件或其他IAF文件之進一步資訊，請聯絡IAF任何會員或IAF秘書處. IAF會員之聯絡資料，請看IAF網址：http://www.iaf.nu.

秘書處：

IAF Corporate Secretary

Telephone: +1 613 454-8159

Email: secretary@iaf.nu

附錄 2-4 臺灣SDGs職安衛指標

臺灣SDGs永續發展　行政院國家永續發展委員會
健保署雲端醫療資訊防疫有功　獲國家永續發展獎肯定
2020年11月25日／資料來源：聯合新聞網

健保署今以「健保醫療雲端E化臺灣健康醫療網」榮獲今年度的政府機關「國家永續發展獎」，行政院院長蘇貞昌肯定健保署過去在建制醫療資訊系統的努力，以及今年對防疫的貢獻，署長李伯璋今代表受獎。

李伯璋表示，健保制度為我國全民共享的珍貴資源，健保署以提升民眾健康素養，強化自我健康管理能力為目標，持續努力。未來會繼續開放應用健保資料，幫助各領域在醫療、用藥、檢驗檢查、預防保健，達到最大效益的利用，在兼顧資訊安全與效率平衡之際，使健保永續發展，創造智慧健康國家。

健保署企劃組組長王宗曦表示，健保雲端資訊查詢系統及健康存摺，對於醫療院所查詢和病人本身的健康管理都很有幫助，現在還有眷屬功能，可以幫忙長輩做好健康管理。健康存摺使用人數在2年內成長5倍，現已有超過500萬人使用，落實健康知情權。醫療資眩的跨院查詢也有效減少重複的醫療支出，2018年到2019年減少重複檢驗檢查支出5.3億元支出，2014至2019年減少重複用藥支出76.88億元。

王宗曦表示，今年因新冠肺炎爆發，健保署跨部會合作，建置實名制口罩販售系統，另結合出入境資料及就醫資料，利用健保卡系統與「健保雲端資訊查詢系統」，幫助第一線醫師即時掌握病人旅遊史（Travel）、職業別（Occupation）、接觸史（contact）、無群聚史（Cluster）等，建立成功的大數據防疫典範。

（資料來源：https://nsdn.epa.gov.tw/archives/7788）

臺灣SDGs永續發展指標——職業安全衛生對照表

聯合國永續發展指標SDGs

17項目標其中	169細項其中	臺灣SDGs	對應GRI
4. 確保包容和公平的優質教育，讓全民終身享有學習機會	4.3 增加職能 4.a 終生學習	4.3 人才招募與留才 4.6多元投入	GRI 405
6. 為所有人提供水和環境衛生並對其進行永續管理	6.3、6.4、6.5水之永續管理	6.3、6.4 綠色製程	GRI 306
7. 確保人人獲得負擔得起的、可靠和永續的現代能源	7.2、7.a 再生能源發展； 7.3 提高能源效率	7.2 綠色發展	GRI 302

17項目標其中	169細項其中	臺灣SDGs	對應GRI
8. 促進持久、包容和永續的經濟增長，促進充分的生產性就業和人人獲得體面工作	8.8 促進工作環境的安全	8.7 職業安全衛生	GRI 403
12. 採用永續的消費和生產模式	12.2 有效利用能資源； 12.4 妥善之廢棄物管理	12.4 綠色製程 12.5 循環經濟	GRI 416、305

企業組織SDGs指標中可對應ISO 26000主要議題中環境面：如汙染預防、永續資源利用，追求綠色製程。

附錄 3

條文要求

章節體系架構

附錄 3-1 適合各產業之ISO 45001：2018條文

簡介

1.適用範圍（略）

2.引用標準（略）

3.用語及定義（略）

4.組織背景

4.1 了解組織及其背景

組織應決定與組織目的的有關的外部與內部議題，相關議題會影響組織達成職安衛管理系統預期成果的能力。

4.2 了解工作者及其他利害關係者（interested parties）之需求與期望

組織應決定：

(a) 與職安衛管理系統相關的工作者及其他利害相關者；

(b) 工作者及其他利害者的需求和期望；

(c) 這些需求和期望中哪些可能成爲法令要求和其他要求。

4.3 決定職安衛管理系統的範圍

組織應決定職安衛管理系統的界限及適用性，以確立其範疇。

當決定範疇時，組織應考量下列事項：

(a) 條文4.1提及之外部及內部議題；

(b) 條文4.2提及之要求；

(c) 考量所規劃和執行與工作相關的活動。

職安衛管理系統應涵蓋在組織控制或影響下，可能衝擊組織之職安衛績效的活動、產品及服務。

4.4 職安衛管理系統

組織應參照本標準要求事項，建立、實施、維持並持續改進職安衛管理系統，包含所需要的過程及其交互作用。

5.領導和工作者參與（Leadership and worker participation）

5.1 領導和工作者參與

最高管理階層（Top management）應針對職安衛管理系統，以下作爲展現其領導力與承諾。

(a) 對預防與工作相關的傷害和有礙健康，及提供安全健康的工作場所和活動負全部責任和承擔責任；

(b) 確保職安衛政策與相關的職安衛目標被建立，並與組織策略方向一致；

(c) 確保職安衛管理系統要求事項已整合到組織的營運過程中；

(d) 確保職安衛管理系統建立、實施、維持和改善所需要的資源是可取得的；
(e) 溝通有效的職安衛管理和符合職安衛管理系統要求的重要性；
(f) 確保職安衛管理系統可達成其預期結果；
(g) 指導和支持人員貢獻於職安衛管理系統的有效性；
(h) 確保並促進持續改善；
(i) 支持其他相關的管理角色，於所負責的業務範圍證明其領導力；
(j) 發展、領導及促進組織支持職安衛管理系統預期成果的文化；
(k) 報告事件、危害、風險與機會時，保護工作者不受報復；
(l) 確保組織建立和實施工作者諮商及參與的流程（參閱條文5.4）；
(m) 支持安全衛生委員會的建立及運作（參閱條文5.4）。

備考：本標準中所提及的「業務business」一詞，可廣義解釋爲組織存在目的之核心活動。

5.2 職安衛政策

最高管理階層應建立、實施及維持符合下列特性之職安衛政策。

(a) 包括提供安全健康工作條件的承諾，以預防工作相關的傷害和有礙健康，其適合組織目的、規模和處境及職安衛風險和機會的特定性質；
(b) 提供一設定職安衛目標的架構；
(c) 包括一滿足法令要求事項和其他要求之承諾；
(d) 包括一消除危害及降低職安衛風險之承諾（參閱條文8.1.2）；
(e) 包括一持續改善職安衛管理系統之承諾；
(f) 包括工作者和工作者代表參與和諮商之承諾。

職安衛政策應：

— 以文件化資訊方式取得；
— 在組織內部溝通；
— 相關利害關係人可以適當取得；
— 是切題的與適當的。

5.3 組織的角色、責任及職權（Organizational roles、responsibilities and authorities）

最高管理階層應確保職安衛管理系統中相關角色的責任及職權，已經在組織內所有階層有所分派並溝通，並以文件化資訊維持。組織內部所有階層的工作者應擔負他們可控制的職安衛管理系統相關的責任。

備註：雖然責任和職權可以指派，但最終最高管理階層仍然對職安衛管理系統的運作負責。

最高管理階層應對下列事項分派責任及職權：

(a) 確保職安衛管理系統符合本標準要求事項；
(b) 向最高管理階層提報職安衛管理系統績效。

5.4 工作者諮商及參與

組織應建立、實施和維持一流程，適用於所有階層和功能的工作者及工作者代表諮商及參與職安衛管理系統之發展、規劃、實施、績效評估和改善行動。

組織應：

(a) 提供諮商及參與的機制、時間、訓練和必要的資源；

備註1：工作者代表能作爲諮商及參與的機制。

(b) 提供適時獲得明確、易懂的和相關的職安衛管理系統資訊；

(c) 決定和移除參與的障礙或阻礙，並最大限度地降低那些無法移除的；

備註2：障礙和阻礙包括不回應工作者投入或建議、語言或文化障礙、報復或報復的威脅、不鼓勵或懲罰工作者參與的政策或做法。

(d) 強調非管理職工作者諮商，如列：

(1) 決定利害相關者的需求和期望（參閱條文4.2）；

(2) 建立職安衛政策（參閱條文5.2）；

(3) 適用時，分派組織角色、責任和職權（參閱條文5.3）；

(4) 決定如何履行法令要求和其他要求（參閱條文6.1.3）；

(5) 建立職安衛目標及實施計畫（參閱條文6.2）；

(6) 決定外包、採購和承攬商適用的控制措施（參閱條文8.1.4）；

(7) 決定什麼需要監督、量測和評估（參閱條文9.1）；

(8) 規劃、建立、實施和維持稽核計畫（參閱條文9.2.2）；

(9) 確保持續改善（參閱條文10.3）。

(e) 強調非管理職工作者參與，如列：

(1) 決定他們的諮商及參與的機制；

(2) 危害鑑別和風險與機會的評鑑（參閱條文6.1.1及6.1.2）；

(3) 決定消除危害和降低職安衛風險的行動（參閱條文6.1.4）；

(4) 決定能力要求、訓練需求、訓練及訓練評估（參閱條文7.2）；

(5) 決定溝通內容及應如何完成（參閱條文7.4）；

(6) 決定控制措施及其有效的實施和使用（參閱條文8.1，8.1.3和8.2）；

(7) 調查事件和不符合，並決定矯正措施（參閱條文10.2）。

備註3：強調非管理職工作者諮商及參與者在適用於執行工作活動的人員，但並不排除，例如受組織工作活動或其他因素影響的管理人員。

備註4：已確認在可能的情況下提供工作者免費的訓練，以及於工作時間內提供訓練，能消除工作者參與的重大障礙。

6.規劃（Planning）

6.1 處理風險與機會之措施（Action to address risk and opportunities）

6.1.1 在規劃職安衛管理系統時，組織應考量條文4.1（環境）所提及之議題與條文4.2（利害相關者）所提及之要求事項及4.3（系統範圍），並決定需加以處理之風險及機會，以達成下列目的。

(a) 對職安衛管理系統可達成其預期結果給予保證。

(b) 預防或減少非預期之影響；

(c) 達成持續改進。

當決定需對應職安衛管理系統及其預期成果的風險與機會時，組織應規劃下列事項：

— 危害（參閱條文6.1.2.1）；
— 職安衛風險及其他風險（參閱條文6.1.2.2）；
— 職安衛機會及其他機會（參閱條文6.1.2.3）；
— 法令要求和其他要求（參閱條文6.1.3）。

組織在其規劃流程中，當組織、流程或職安衛管理系統變更時，應決定及評估與職安衛管理系統預期成果相關的風險與機會。對於已規劃的變更，不論是永久性或暫時性，應於變更實施前採用評估（參閱條文8.1.3）。

組織應維持其文件化資訊：

— 風險與機會；
  決定和對應其風險與機會（參閱條文6.1.2 ~ 6.1.4）所需的流程與行動，使達到具備可以依規劃執行的信心。

6.1 處理風險與機會之措施（Action to address risk and opportunities）

6.1.2 危害鑑別和風險與機會的評鑑

6.1.2.1 危害鑑別

組織應建立、實施並維持以持續且積極主動的危害鑑別流程，這些流程應考量但不限於下列事項：

(a)組織的工作安排方式、社會因素（其中包括工作量、工作時間、受害、騷擾和欺凌）、領導和組織文化；
(b)例行性與非例行性的活動與情況，包括下列產品危害的事項；
  (1) 工作場所的基礎設施、設備、材料、物質及物理條件；
  (2) 產品與服務設計、研究、開發、試驗、生產、裝配、施工、交付服務、維護及處置；
  (3) 人爲因素；
  (4) 如何執行工作；
(c) 組織過去內部或外部的相關事件，包括緊急情況，及其原因；
(d) 潛在的緊急情況；
(e) 人員，包括考慮下列事項：
  (1) 進入工作場所的人員及其活動，包括工作者、承攬商、訪客及其他人員；
  (2) 在工作場所附近可能被組織活動影響的人員；
  (3) 在組織非直接控制下的地點的工作者；
(f) 其他議題，包括考量下列事項：
  (1) 工作區域、流程、安裝、機械／設備、操作程序及工作組織之設計，包括匹配有關工作者的需要及能力；
  (2) 於組織控制下的有關工作活動所引發在工作場所附近發生的情況；
  (3) 發生在工作場所附近，可能造成工作場所人員傷害和有礙健康之非組織可控制的情況；

(g) 組織、運作、流程、活動及職安衛管理系統的實際或預計變更（參閱條文8.1.3）；

(h) 有關危害之資訊或知識的改變。

6.1.2.2 評鑑職安衛風險和職安衛管理系統的其他風險

組織應建立、實施及維持一流程，以：

(a) 考量現有控制措施的有效性時，從已鑑別的危害中評鑑職安衛風險；

(b) 決定和評鑑與職安衛管理系統的建立、實施、運作和維持相關的其他風險。

組織對職安衛風險的評鑑方法及準則應依據組織的範圍、性質及時機加以定義，以確保是主動的而非被動的，並以系統性的方式使用。應維持並保留這些方法和準則的文件化資訊。

6.1.2.3 評鑑職安衛機會和職安衛管理系統的其他機會

組織應建立、實施及維持一流程，以評鑑：

(a) 提升職安衛績效的職安衛機會，同時考量組織及其政策、流程或活動的計畫性變更，以及：

(1) 調整工作者的工作、工作組織及工作環境的機會；

(2) 消除危害與降低職安衛風險的機會；

(b) 改善職安衛管理系統的其他機會。

備考：職安衛風險和機會可能導致組織的其他風險和機會。

6.1.3 決定法令要求和其他要求

組織應建立、實施及維持一流程，以：

(a) 決定並取得適用於危害、職安衛風險及職安衛管理系統的最新法令要求和其他要求；

(b) 決定這些法令要求和其他要求如何應用於組織，及哪些需要進行溝通；

(c) 當建立、實施、維持和持續改善職安衛管理系統時，應考量到這些法令要求和其他要求。

組織應維持並保留法令要求和其他要求的文件化資訊，並應確保更新以反映任何變更。

備考：法令要求和其他要求可能導致組織的風險與機會。

6.1.4 規劃行動

組織應規劃下列事項：

(a) 採取行動，以：

(1) 對應風險與機會（參閱條文6.1.2.2及6.1.2.3）；

(2) 對應法令要求和其他要求（參閱條文6.1.3）；

(3) 緊急情況準備與應變（參閱條文8.2）。

(b) 如何：

(1) 整合與實施行動到職安衛管理系統的流程中，或其他營運的流程；

(2) 評估這些行動的有效性。

組織規劃行動時，應考量控制的層級（參閱條文8.1.2）和職安衛管理系統的輸出。

組織在規劃其行動時，應考慮最佳實務、技術選項，及財務、運作和營運要求。

6.2 規劃職安衛目標及其達成

6.2.1 職安衛目標

組織應建立相關功能和階層的職安衛目標，以維持與持續改善職安衛管理系統及職安衛績效（參閱條文10.3）。

職安衛目標應：

(a) 與職安衛政策一致；
(b) 可量測（如果可行）或能夠進行績效評估；
(c) 考量：
  (1) 適用的要求；
  (2) 評鑑風險與機會（參閱條文6.1.2.2與6.1.2.3）的結果；
  (3) 與工作者（參閱條文5.4）及工作者代表（如果有）諮商的結果；
(d) 可被監督；
(e) 可被溝通；
(f) 適當時加以更新。

6.2.2 達成職安衛目標之規劃

當規劃如何達成其職安衛目標時，組織應決定：

(a) 所須執行的工作；
(b) 所需要的資源爲何；
(c) 由何人負責；
(d) 何時完成；
(e) 如何評估結果，包括監督的指標；
(f) 如何將達成職安衛目標的行動整合到組織的營運流程。

組織應維持與保留職安衛目標與達成之規劃的文件化資訊。

7. 支援（Support）

7.1 資源（Resources）

組織應決定與提供建立、實施、維護及持續改進職安衛管理系統所需資源。

7.2 能力

組織應：

(a) 決定會影響或可能影響其職安衛績效之工作者所必要的能力；
(b) 以適當的教育、訓練或經驗爲基礎，確保工作者是能勝任的（包括鑑別危害的能力）；
(c) 適用時，採取行動獲得並維持必要的能力，並評估所採取行動的有效性；

(d) 保留適當的文件化資訊作爲能力的證據。

備註：適用的行動可能包括，例如提供訓練、專人指導或重新指派在職人員工作，或聘用、委外有能力的人員。

7.3 認知（Awareness）

工作者應有的認知：

(a) 職安衛政策及職安衛目標；

(b) 有關對職安衛管理系統有效性之貢獻，包括改進職安衛績效的益處；

(c) 不符合職安衛管理系統的影響和潛在後果；

(d) 與他們相關的事件及其調查結果；

(e) 與他們相關的危害、職安衛風險及行動；

(f) 有能力遠離認爲對他們的生命或健康造成急迫和嚴重危險的工作情況，並保護他們免受不當的後果之安排。

7.4 溝通

7.4.1 一般要求

組織應建立、實施及維持與職安衛管理系統直接相關的內部及外部溝通事項，包括下列事項：

(a) 其所溝通的事項；

(b) 溝通的時機；

(c) 溝通的對象；

(1) 組織內部不同階層與功能間；

(2) 工作場所的承攬商與其他訪客；

(3) 其他利害相關者。

(d) 溝通的方式；

組織在考慮其溝通的需求時，應考量不同的層面（如性別、語言、文化、識字能力及身心障礙狀況）。

組織應保證在建立溝通流程中有考慮外部利害相關者的意見。

當建立溝通流程時，組織應：

— 考量到其法令要求和其他要求；

— 確保被溝通的職安衛資訊與職安衛管理系統中所產成的資訊是一致且是可靠的。

組織應回覆與其職安衛管理系統相關的溝通訊息。

組織應適當地保留文件化資訊作爲其溝通的證據。

7.4.2 內部溝通

組織應：

(a) 在組織各階層與部門間，適當地進行職安衛管理系統的內部溝通，包括職安衛管理系統的變動；

(b) 確保其溝通流程能使工作者有助於持續改善。

7.4.3 外部溝通

組織應依據其所建立的溝通流程及考量其法令要求，對外溝通職安衛管理系統相關的資訊。

7.5 文件化資訊

7.5.1 一般要求

組織的職安衛管理系統應有以下文件化資訊。

(a) 本標準要求之文件化資訊；

(b) 組織為職安衛管理系統有效性所決定必要的文件化資訊。

備註：各組織職安衛管理系統文件化資訊的程度，可因下列因素而不同。

— 組織規模，及其活動、過程、產品及服務的型態；

— 需要證明其遵守法令要求和其他要求；

— 過程及過程間交互作用之複雜性；

— 人員的適任性。

7.5.2 建立與更新

組織在建立及更新文件化資訊時，應確保下列之適當事項：

(a) 識別及敘述（例：標題、日期、作者或索引編號）；

(b) 格式（例：語言、軟體版本、圖示）及媒體（例：紙本、電子資料）；

(c) 適合性與充分性之審查及核准。

7.5.3 文件化資訊之管制

職安衛管理系統與本標準所要求的文件化資訊應予以管制，以確保下列事項：

(a) 在所需地點及需要時機，文件化資訊已備妥且適用；

(b) 充分地予以保護（例：防止洩露其保密性、不當使用，或喪失其完整性）；

對文件化資訊之管制，適用時，應處理下列作業：

— 分發、取得、索引及使用；

— 儲存及保管，包含維持其可讀性；

— 變更之管制（例：版本管制）；

— 保存及放置。

已被組織決定為職安衛管理系統規劃與營運所必須的外來原始文件化資訊，應予以適當地鑑別及管制。

備註1：取得管道隱含僅可觀看文件化資訊，或允許觀看並有權變更文件化資訊的決定。

備註2：取得相關文件化資訊的權限包括工作者及工作者代表（如果有）。

8. 營運（Operation）

8.1 營運之規劃及管制

8.1.1 一般要求

組織應規劃、實施、管制及維持必要流程，以符合職業安全衛生管理系統要求事項，並以下列方法實施第6章所決定之措施。

(a) 決定過程的準則；
(b) 依據準則實施過程管制。
(c) 維持並保管必要程度的文件化資訊，以具備過程依規劃執行的信心；
(d) 調整工作者信心。

在多雇主的工作場所，組織應與其他組織協調職安衛管理系統的有關部分。

8.1.2 消除危害並降低職安衛風險

組織應建立、實施和維持消除危害並降低職安衛風險的流程，使用以下優先順序層級控制：

(a) 消除危害；
(b) 以危害性較小的流程、操作、材料或設備取代之；
(c) 使用工程控制和工作重組；
(d) 使用管理控制，包括訓練；
(e) 使用足夠的個人防護具。

備註1：在許多國家，法令要求和其他要求包括要求提供免費個人防護具（Personal Protective Equipment）。

8.1.3 變更管理

組織應建立流程，用於實施和控制會影響職安衛績效的計畫性臨時和永久性變更，包括：

(a) 新產品、服務與流程，或改變現有的產品、服務與流程，包括：
 — 工作場所位置和環境；
 — 工作組織；
 — 工作條件；
 — 設備；
 — 勞動力。
(b) 法令要求和其他要求的改變；
(c) 危害及職安衛風險的知識及資訊之改變；
(d) 知識與技術之開發。

組織應審查非預期的變更之後果，如有必要採取行動以減輕任何不良影響。

備註：變更可能會導致風險與機會。

8.1.4 採購

8.1.4.1 一般要求

組織應建立、實施和維持流程來控制產品和服務的採購，以確保其符合職安衛管理系統。

8.1.4.2 承攬商

組織應與其承攬商協調其採購流程，以鑑別危害並評鑑和控制由下列原因所引起的職安衛風險：

(a) 承攬商對組織有影響的活動與作業；
(b) 組織對承攬商工作者有影響的活動與作業；

(c) 承攬商對在工作場所的其他利害相關者有影響的活動與作業。

組織應確保承攬商與其工作者符合組織職安衛管理系統的要求。組織的採購流程應界定和應用職安衛準則選擇承攬商。

備註：在合約文件中列入選擇承攬商的職安衛準則是有幫助的。

8.1.4.3 外包

組織應確保其外包的功能和過程被管制。組織應確保其外包安排符合法令要求和其他要求，並達成職安衛管理系統的預期成果。職安衛管理系統應界定應用於這些功能和流程的控制類型及程度。

8.2 緊急事件準備與應變

組織應建立、實施和維持所需的過程，以準備和應變6.1.2.1所鑑別的潛在緊急情況，包括下列事項：

(a) 建立針對緊急情況的應變計畫，包括提供初期急救；

(b) 為應變計畫提供訓練；

(c) 定期測試與演練應變計畫的能力；

(d) 評估應變計畫的績效，必要時修訂應變計畫，包括測試後、特別是在緊急情況發生後；

(e) 向所有工作者溝通和提供有關他們義務和責任資訊；

(f) 與承攬商、訪客、緊急應變服務、政府部門以及適當時與當地社區進行相關資訊的溝通；

(g) 考量到所有利害相關者的需求和能力，並確保適當地參與發展應變計畫。

組織應對潛在緊急狀況的應變過程與計畫，維持與保留文件化資訊。

9.1 監督、量測、分析及績效評估

9.1.1 一般要求

組織應建立、實施並維持監督、量測、分析及績效評估的過程。

組織應決定下列事項：

(a) 有需要監督及量測的對象，包含：

(1) 履行法令要求和其他要求的程度；

(2) 鑑別危害、風險與機會的相關活動與作業；

(3) 組織的職安衛目標達成進度；

(4) 運作及其他控制的有效性。

(b) 為確保得到正確結果，所需要的監督、量測、分析及評估方法；

(c) 組織用以評估其職安衛績效之準則；

(d) 實施監督及量測的時機；

(e) 監督及量測結果所應加以分析及評估的時機。

組織應評估職安衛管理系統績效及決定其有效性。

組織應確保監督與量測設備在適用時校正與驗證，且適當的使用與維護。

備註：關於監督和量測設備的校正或驗證，可能會有法令要求或其他要求（如國家或國際標準）。

組織應保存適當的文件化資訊：
— 作爲監督、量測、分析及績效評估的證據。
— 量測設備的維護、校正或驗證。

9.1.2 守規性評估

組織應建立、實施與維持一過程，對法令要求和其他要求（參閱條文6.1.3）進行守規性評估。

組織應：
(a) 決定守規性評估的頻率與方法；
(b) 進行守規性評估並依需要採取行動（參閱條文10.2）；
(c) 維持對法令要求與其他要求守規性狀態的知識與了解；
(d) 保留守規性評估結果的文件化資訊。

9.2 內部稽核（Internal audit）

9.2.1 一般要求

組織應在規劃的期間執行內部稽核，以提供職安衛管理系統達成下列事項之資訊。
(a) 符合下列事項：
  (1) 組織對其職安衛管理系統的要求事項，包括職安衛政策與職安衛目標；
  (2) 本標準要求事項。
(b) 有效地實施及維持。

9.2.2 內部稽核計畫

組織應進行下列事項：
(a) 規劃、建立、實施及維持稽核方案，其中包括頻率、方法、責任、諮商、規劃要求事項及報告，此稽核方案應將有關過程之重要性，及先前稽核之結果納入考量；
(b) 界定每一稽核之稽核準則（audit criteria）及範圍；
(c) 遴選稽核員並執行稽核，以確保稽核過程之客觀性及公正性；
(d) 確保稽核結果已通報給直接相關管理階層；確保相關的稽核結果有報告給工作者、工作者代表（如果有）、及其他相關利害相關者；
(e) 對不符合採取行動，並持續改善職安衛管理系統績效（參閱條文第10章）；
(f) 保存文件化資訊以作爲實施稽核方案及稽核結果之證據。

備註：更多的稽核與稽核員能力的資訊請參照ISO 19011指引。

9.3 管理階層審查（Management review）

最高管理階層應在所規劃之期間審查組織的職安衛管理系統，以確保其持續的適合性、充分性、有效性。

管理階層審查之投入
(a) 先前管理階層審查後，所採取的各項措施之現況；
(b) 與職安衛管理系統直接相關的外部及內部議題之改變，包含：

(1) 利害相關者的需求和期望；
(2) 法令要求和其他要求；
(3) 風險與機會。
(c) 職安衛政策與職安衛目標的達成程度；
(d) 職安衛管理系統績效及有效性的資訊，包括下列趨勢。
(1) 事件、不符合、矯正措施及持續改善；
(2) 監督及量測結果；
(3) 法令要求和其他要求的守規性評估結果；
(4) 稽核結果；
(5) 工作者諮商及參與；
(6) 風險與機會。
(e) 維持職安衛管理系統有限資源之充裕性；
(f) 與利害關係者有關的溝通；
(g) 持續改進之機會。
管理階層審查之產出
管理階層審查之產出應包括如下之決定及措施。
— 職安衛管理系統在達成預期成果方面的持續適用性、充裕性和有效性；
— 持續改進機會；
— 任何職安衛管理系統變更的需求；
— 所需資源；
— 所需行動；
— 改善職安衛管理系統與其他營運流程整合的機會；
— 任何對組織策略方向的可能影響。
最高管理階層應向工作者及工作者代表（如果有）溝通管理審查的輸出（參閱條文7.4）。
組織應保存文件化資訊，作爲管理階層審查結果之證據。

10. 改進（Improvement）

10.1 一般要求

組織應決定改進（參閱條文第9章）之機會並實施必要的行動，以達成職安衛管理系統的預期成果。

10.2 事件、不符合及矯正措施

組織應建立、實施與維持一過程，包含報告、調查及採取行動，以決定及管理事件及不符合事項。
當一事件或發現不符合時，組織應：
(a) 對事件或不符合作出反應，以及適用時：
(1) 採取措施以管制並改正之；
(2) 處理其後果。
(b) 在工作者的參與（參閱 5.4）及其他相關的利害相關者的介入下，評估矯正措施的需求，以消除事件或不符合的根本原因，以期不再發生或發生於其他地方，藉由：

(1) 調查事件或審查不符合；

(2) 決定事件或不符合之原因；

(3) 決定是否發生類似的事件、是否存在不符合事項，或有可能發生者。

(c) 適當時，審查現有的職安衛風險與其他風險的評鑑（參閱 6.1）；

(d) 依據優先順序層級控制（參閱 8.1.2）及變更管理（參閱 8.1.3），決定與實施所需要行動，包括矯正措施；

(e) 在採取行動之前，評鑑與新的或改變後的危害有關的職安衛風險；

(f) 審查所有任何行動的有效性，包括矯正措施；

(g) 如需要，對職安衛管理系統進行變更。

矯正措施應對所遇到的事件或不符合事項之影響或潛在影響，是適當的。

組織應保存文件化資訊，以作爲下列事項之證據：

(a) 事件或不符合事項之性質及後續所採取的任何行動；

(b) 任何行動及矯正措施之結果，包括有效性。

組織應向有關的工作者、工作者代表（如果有）及其他相關的利害相關者溝通此文件化資訊。

備註：對事件進行及時的報告和調查，能夠消除危害，並儘快將職安衛風險降至最低。

10.3 持續改進

組織應持續改進其職安衛管理系統之適合性、充裕性及有效性，透過：

(a) 提升職安衛績效；

(b) 促進支持職安衛管理系統的文化；

(c) 促進工作者參與實施職安衛管理系統持續改進的行動；

(d) 向工作者及工作者代表（如果有）溝通持續改進的相關結果；

(e)維持及保存文件化資訊作爲持續改進的證據。

（資料參考：http://www.iso.org）

附錄 3-2 ISO CNS 45001：2018自我查核表——職安衛中心

ISO/CNS 45001：2018自我查核表使用說明

本查核表係依據ISO/CNS 45001：2018之要求及一般運作實務等所編訂之自我查核表，提供事業單位在建置或轉換職安衛管理系統前，自我確認既有職安衛管理符合ISO/CNS 45001、職安衛法規及一般實務等要求之現況，作爲後續規劃及推動職安衛管理系統之參考。

本查核表依ISO/CNS 45001：2018之架構編撰，各章節有些查核項目，並非ISO/CNS 45001明確之要求，但考量執行該要求之有效性，而增加其查核項目，事業單位在應用上可先考量查核項目之適用性，再確認實際執行之現況，例如「4.1了解組織及其前後環節」一節僅要求組織應決定出與組織目的有關，且會影響職安衛管理系統預期結果之內部及外部議題，惟本查核表加入了蒐集及決定之方式、相關人員之能力及資源等項目，確保所決定出之內部及外部議題對後續職業安全衛生管理系統之推動有其實質之效益。

針對此份查核表之內容，在應用上有任何建議或須修正之處，請電傳給安全衛生技術中心張福慶先生（E-mail：cfc@sahtech.org）。

ISO/CNS 45001：2018自我查核表

查核項目		查核結果及說明	
		結果	說明
4.1 了解組織及其前後環節			
(1)	有鑑別出與組織目的有關，且會影響職安衛管理系統預期結果之內部及外部議題		
(2)	應用何種方式來蒐集及初步確認出組織的內部及外部議題		
(3)	對所鑑別出的內部及外部議題，應用何種方式來決定應納入考量之內部及外部議題		
(4)	人員的能力及其他資源可有效辨識出組織的內部及外部議題		
(5)	有定期檢討確認組織內部及外部議題之變化，並交付管理階層審查		
4.2 了解工作者及其他利害相關者的需求與期望			
(1)	有鑑別出其他與職安衛管理系統有關的利害相關者		
(2)	有蒐集及初步確認出工作者的需求與期望		
(3)	有蒐集及初步確認出其他利害相關者的需求與期望		

查核項目		查核結果及說明	
		結果	說明
(4)	應用何種方式來蒐集工作者及其他利害相關者之需求與期望		
(5)	對所確認出之需求與期望，應用何種方式來決定那些需求與期望是要視為法規要求事項及其他要求事項來處理		
(6)	在決定利害相關者之需求與期望時，有與非管理階層之工作者進行諮商		
(7)	人員的能力及其他資源可有效決定出要視為法令要求和其他要求的需求與期望		
(8)	有定期檢討確認工作者和其他利害相關者的需求與期望之變化，並交付管理階層審		
4.3 決定職安衛管理系統之範圍			
(1)	有明確界定出職安衛管理系統的周界及適用範圍，且予以文件化		
(2)	在界定職安衛管理系統適用範圍時，有考慮已決定的內不部及外部議題		
(3)	在界定職安衛管理系統適用範圍時，有考量已決定出的工作者及其他利害相關者之期望與需望		
(4)	對所規劃的工作或已執行的工作相關的活動，在界定職安衛管理系統之適用範圍時，有納入考量		
(5)	職安衛管理系統之適用範圍，有包含會衝擊職安衛績效，且受組織管控或影響的活動、產品及服務		
(6)	利用何種方式將職安衛管理系統適用範圍，傳達或提供給利害相關者知悉		
4.4 職安衛管理系統			
(1)	職安衛管理系統之建立、實施、維持及持續改進，可符合ISO/CNS 45001之要求		
(2)	ISO/CNS 45001所要求的過程（process）及其相互間的關係或作用，均已建立		
備註：建議依據其他章節之整體檢核結果，再來確認4.4節之狀況。			
5.1 領導與承諾			
(1)	最高管理階層會用何種方式來展現其對職安衛管理系統的領導與承諾： (a) 對預防與工作有關之受傷與健康妨害，以及提供安全與健康的工作場所及活動擔負整體的責任與當責		
	(b) 確保已建立與組織策略方向相容的職安衛政策及相關的職安衛目標		
	(c) 確保職安衛管理系統要求事項已整合於組織的業務過程中		

查核項目		查核結果及說明	
		結果	說明
	(d) 確保建立、實施、維持及改進職安衛管理系統所需要之資源已備妥		
	(e) 溝通有效的職安衛管理與符合職安衛管理系統要求事項之重要性		
	(f) 確保職安衛管理系統可達成其預期結果		
	(g) 指導與支援參與人員對職安衛管理系統之有效性做出貢獻		
	(h) 確保與促進持續改進		
	(i) 支持其他相關管理階層角色，以展現管理階層在其責任區域之領導力		
	(j) 發展、領導及促進組織內部支持職安衛管理系統預期結果之文化		
	(k) 保護通報事故、危害、風險及機會之工作者，免於遭受到報復		
	(l) 確保組織建立及實施工作者諮詢及參與之過程（參照5.4）		
5.2 職安衛政策			
(1)	職安衛政策有最高管理階層之簽署		
(2)	職安衛政策所承諾之事項包含： (a) 提供安全與健康工作條件的承諾，以預防		
	(b) 履行法規要求事項及其他要求事項		
	(c) 消除危害及降低職安衛風險（參照8.1.2）		
	(d) 持續改進職安衛管理系統		
	(e) 工作者及其代表（若有）諮詢及參與		
(3)	在制修訂職安衛政策時，有諮詢工作者及其代表之意見		
(4)	職安衛政策的內容或意涵符合組織的營運目的、規模、前後環節、職安衛風險及職安衛機會之特質		
(5)	在設定及審查職安衛目標時，有考量是否可符合或達成政策所承諾的事項		
(6)	利用何種溝通方式，使工作者了解政策的內容及意涵，例如在教育訓練、大型會議等		
(7)	利害相關者可應用何種適當的方式取得職安衛政策，例如置於組織官網供人查閱等		
(8)	有定期檢討修正職安衛政策，確保其適切性及適用性		
(9)	職安衛管理運作之策略、方向及績效等能夠達成政策所承諾之事項		

查核項目		查核結果及說明	
		結果	說明
5.3 組織之角色、責任及職權			
(1)	已明確界定各階層在職安衛管理系統上之角色、責任及職權，並以文件化資訊保存		
(2)	若適用，在指派組織之角色、責任及職權時，有諮詢非管理階層之工作者及其代表的意見		
(3)	應用何種方式與各階層人員溝通，使其確實了解本身在職安衛管理系統上之角色、責任與職權		
(4)	各階層人員應用何種方式展現其在職安衛管理系統上所負的責任與職權		
(5)	非管理階層工作者有確實感受到管理階層對職安衛管理系統的支持及其在責任上的展現		
(6)	最高管理階層指派何人負有下列之責任及職權： (a) 確保所建置及推動之職安衛管理系統可符合系統標準之要求 (b) 向其報告職安衛管理系統之績效		
5.4 工作者之諮詢及參與			
(1)	有建立相關過程、程序或做法，用以處理適當階層及功能之工作者及其代表諮詢及參與職安衛管理系統之發展、規劃、實施、績效評估及改進措施		
(2)	在建立諮詢及參與之過程、程序或做法時，有諮詢非管理階層之工作者的意見		
(3)	如有工作者代表，係應用何種方式產生的，且工作者確實知悉何人是其代表		
(4)	針對工作者及其代表之諮詢及參與，提供了那些機制、時間、訓練及資源		
(5)	如何提供工作者及其代表能夠適時獲得所需、明確且易懂的職安衛管理系統相關資訊，使其能 夠達成諮詢及參與之目的		
(6)	有確認出會影響工作者參與之障礙或阻礙，並有決定移除此等障礙或阻礙之相關做法		
(7)	針對下列事項，應用何種方式執行非管理階層工作者之諮詢： (a) 決定利害相關者之需求與期望（參照4.2）		
	(b) 建立職安衛政策（參照5.2）		
	(c) 若適用，指派組織之角色、責任及職權（參照5.3）		
	(d) 決定如何履行法規要求事項及其他要求事項（參照6.1.3）		
	(e) 設定職安衛目標及規劃如何達成目標（參照6.2）		
	(f) 決定適用於外包、採購及承攬商之管制措施（參照8.1.4）		

查核項目		查核結果及說明	
		結果	說明
	(g) 決定需要監督、量測及評估的事項（參照9.1）		
	(h) 規劃、建立、實施及及維持稽核方案（參照9.2.2）		
	(i) 確保持續改進（參照10.2.2）		
	(j) 其他事項，請說明：		
(8)	應用何種方式促使非管理階層工作者參與下列事項： (a) 決定諮詢及參與之機制；		
	(b) 鑑別危害及評鑑風險與機會（參照6.1.1和6.1.2）		
	(c) 決定消除危害及降低職安衛風險之措施（參照6.1.4）		
	(d) 決定適任性要求、訓練需求、訓練及評估訓練（參照7.2）		
	(e) 決定需要溝通之事項及執行方式（參照7.4）		
	(f) 決定館制措施及其有效的實施與使用（參照8.1、8.2及8.6）		
	(g) 調查事故及不符合事項，並決定矯正措施（參照10.2）		
	(h) 其他事項，請說明：		
6.1處理風險與機會之措施 **6.1.1一般　6.1.2危害鑑別、風險及機會之評鑑**			
(1)	有建立相關過程、程序或做法，用以執行危害鑑別、職安衛風險與職安衛機會之評鑑、以及職安衛管理系統其他風險與其他機會之評鑑		
(2)	有依組織之範圍、性質及時機等因素，規定職安衛風險與職安衛機會之評鑑方法與準則，並以文件化資訊之方式予以維持及保存		
(3)	前述所規定之執行時機，能確保組織可主動地執行危害鑑別、職安衛風險與機會之評鑑		
(4)	規劃及執行危害鑑別時，有考量下列事項： (a) 工作安排方式、社會因素（包括工作量、工作時數、欺騙、騷擾及霸凌），組織之領導及文化		
	(b) 例行性及非例行性活動與情況，包括由下列事項所造成之危害： - 工作場所之基礎設施、設備、物料、物質及物理條件 - 產品及服務之設計、研究、發展、測試、生管、組裝、建造、提供服務、維修及棄置等階段 - 人為因素 - 工作執行方式		
	(c) 以往組織內部或外部之相關事故，包括緊急狀況及其原因		
	(d) 潛在的緊急情況		

查核項目		查核結果及說明	
		結果	說明
	(e) 人員，包括考慮： - 進入工作場所的人員及其活動，包括工作者、承攬商、訪客及其他人員 - 工作場所附近，可能受組織作業影響之人員 - 在非組織直接管制的場所之工作者		
	(f) 其他議題，包括考慮： - 工作區域、過程、裝置、機械／設備、操作步驟及工作編組等之設計，對工作者需求及能力之調適。 - 受組織管制之工作場所附近因工作相關活動引發的情況。 - 非受組織管制但發生於工作場所附近，會造成工作場所人員之受傷及健康妨害的狀況。		
	(g) 實際或提議之組織、運作、過程、活動及職安衛管理系統的變更（參照8.1.3）		
	(h) 危害相關之知識及資訊的改變		
(5)	如(1)所述之過程、程序或做法，可用以： (a) 評鑑所鑑別出危害之職安衛風險，且係考量既有管制措施有效性之情況下		
	(b) 評鑑可提升職安衛績效的職安衛機會考量的事項包括：		
	- 已規劃之組織、政策、過程或活動的變更 - 調整適合工作者之工作、工作編組及工作環境的機會 - 消除危害或降低職安衛風險之機會		
	(c) 決定及評鑑與職安衛管理系統建至、實施、運作及維持相關的其他風險		
	(d) 改進職安衛管理系統之其他機會		
(6)	有非管理階層之工作者參與危害鑑別、風險與機會評鑑之執行		
(7)	職安衛管理系統適用範圍內所有的製程、活動或服務均已完成危害鑑別及風險與機會之評鑑		
(8)	有確實依規定或準則鑑別出主要的潛在危害，並確認出應處理之風險與機會		
(9)	法規要求之危害預防計畫均已建立及實施，如： (a) 重複性作業等促發肌肉骨骼疾病之預防		
	(b) 輪班、夜間工作、長時間工作等異常工作負荷促發疾病之預防		
	(c) 執行職務因他人行為遭受身體或精神不法侵害之預防		
	(d) 女性勞工母性健康風險評估		
	(e) 危險性工作場所之製程安全評估或施工安全評估		
	(f) 機械設備器具或工程之源頭管理的風險評估		

查核項目		查核結果及說明	
		結果	說明
	(g) 危害性化學品評估及分級管理		
	(h) 新化學物質之安全評估報告等		
(10)	上述應處理之風險與機會包含了內外部議題、工作者及其他利害相關者之需求與期望之風險與機會		
(11)	有維持下列事項之文件化資訊： (a) 風險及機會		
	(b) 決定及處理風險與機會所需之過程及措施		
6.1.3 決定法規要求事項及其他要求事項			
(1)	有建立相關過程、程序或做法，作為法規要求事項及其他要求事項之取得、鑑別與符合性查核等之執行依據		
(2)	此等過程、程序或做法有包括： (a) 蒐集或取得法規要求事項及其他要求事項之權責、做法或途徑		
	(b) 決定將此等法規要求事項及其他要求事項應用於組織之做法，如： - 鑑別其適用性及符合性 - 針對無法符合之事項，或是可提升職安衛績效之機會，採取相對應之處理措施		
	(c) 決定如何履行法規要求事項及其他要求事項時，有向非管理階層之工作者進行諮詢		
	(d) 在建立、實施、維持及改進職安衛管理系統，將此等要求事項納入考量		
(3)	有建立適用的法規要求事項及其他要求事項之清單，並適時予以檢討修正		
(4)	有指定部門／人員負責定期搜尋最新修正或新定的法規要求事項及其他要求事項，並審核其適 用性及更新原有的文件化資訊		
(5)	在建立、實施、維持及持續改進職安衛管理系統時，有確實考量適用的法規要求事項及其他要求事項		
(6)	對於適用的法規要求事項及其他要求事項之 資訊，應用何種方式與相關人員溝通，使其確實了解且能有效地應用，例如在教育訓練課程傳達相關要求、在承攬合約列出承攬人應遵守的要求等		
6.1.4 規劃措施			
(1)	已有適當的規劃用以處理下列事項： (a) 採取措施以因應		
	- 應處理之風險與機會		

查核項目		查核結果及說明	
		結果	說明
	- 應處理之法規要求事項及其他要求事項		
	- 緊急情況之準整備及應變		
	(b) 如何將此等措施整合與實施至職安衛管理系統過程及其他業務過程中		
	(c) 如何評估此等措施之有效性		
	(d) 工作者及其代表之參與		
(2)	在規劃欲採取之措施，有考量下列事項： (a) 管制層級原則： - 消除危害 - 以較低危害之過程、運作、材料或設備取代 - 使用工程管制及工作重組 - 使用行政管制，包含訓練 - 使用適當且足夠的個人防護具		
	(b) 職安衛管理系統的產出		
	(c) 最佳之實務或技術		
	(d) 組織之財務、營運及業務的要求		
6.2 職安衛目標與達成目標之規劃 **6.2.1 職安衛目標**			
(1)	有針對相關功能及階層建立職安衛目標		
(2)	在建立職安衛目標時，有考量：		
	(a) 適用的要求		
	(b) 風險與機會評估之結果		
	(c) 與工作者及其代表諮詢的結果		
(3)	所制定之職安衛目標，具有下列特性： (a) 與職安衛政策是一致的		
	(b) 可量測或是足以評估績效的		
	(c) 可展現出維持或持續改善職安衛管理系統及職安衛績效之決心與承諾		
(4)	在設定目標時，有與相關工作者及其代表進行諮詢		
(5)	應用何種方式與相關人員溝通職安衛目標及其達成狀況		
(6)	應用何種方式監督目標的達成度		
(7)	有適時檢討目標的達成度，必要時進行檢討更新		
(8)	如何以文件化資訊之方式保存職安衛目標		

查核項目		查核結果及說明	
		結果	說明
6.2.2達成職安衛目標之規劃			
(1)	在規劃如何達成職安衛目標之行動時，有決定出： (a) 需要做什麼		
	(b) 需要什麼資源		
	(c) 負責人是誰		
	(d) 預定完成的時間		
	(e) 如何評估執行的結果，包括監測的指標		
	(f) 如何整合至組織既有的營運程序中		
(2)	在規劃行動時，有與相關工作者及其代表進行諮商		
(3)	有適時檢討行動的達成度，必要時進行檢討修正		
(4)	對所採取的行動及其執行結果，應用何種方式與相關人員進行溝通或使其了解		
(5)	如何以文件化資訊之方式來保存職安衛目標與達成目標之計畫		
7. 支援 **7.1資源**			
(1)	在建立、實施、維持及持續改進職安衛管理系統過程中，有提供所需的資源		
(2)	工作者及其他利害相關者有確實感受到：在建立、實施、維持及持續改進職安衛管理系統之過程中，事業單位是重視職安衛管理系統推動成效，且會提供所需要的資源		
7.2 適任性			
(1)	針對會影響或可能影響組職職安衛績效之工作者，有決定出其必要的適任性		
(2)	有以適當的教育、訓練及經驗為基礎，來確保此等工作者之適任性（包含鑑別危害的能力）		
(3)	有採取措施，用以取得及維持必要的適任性，例如對現職人員提供訓練、指導或重新分派，或聘用或聘用適任人員等		
(4)	針對上述所採取之措施，有評估其有效性，並依評估結果採取因應對策		
(5)	有保留適當的文件化資訊，用以佐證工作者之適任性		
(6)	在決定適任性要求、訓練需求、訓練及評估訓練時，有非管理階層工作者之參與		
7.3認知			

查核項目		查核結果及說明	
		結果	說明
(1)	分別應用何種方法，促使工作者能確實認知下列事項： (a) 職安衛政策及職安衛目標		
	(b) 對職安衛管理系統有效性之貢獻，包括改進職安衛績效之效益		
	(c) 不符合職安衛管理系統要求事項的意涵及潛在後果		
	(d) 與其有關之事故及調查結果		
	(e) 與其有關之危害、職安衛風險與機會及所決定之措施		
	(f) 具有遠離其認為會造成生命或健康立即且嚴重危險之工作狀況的能力，以及保護工作者此等作為可免於受到不當後果之安排		
(2)	針對上述事項，工作者確實具備了相關的認知		
7.4 溝通 **7.4.1 一般　7.4.2 內部溝通　7.4.3 外部溝通**			
(1)	有建立、實施、維持及持續改進所需的過程、程序或做法，用以執行與職安衛管理系統有關之內部與外部的溝通		
(2)	此等過程、程序或做法有包含： (a) 溝通之事項		
	(b) 溝通之時機		
	(c) 溝通之對象，有包含組織內部不同層級及各功能單元、在工作場所之承攬商及訪客、其他利害相關者等		
	(d) 溝通之方式		
(3)	在建立溝通之過程或程序時，有： (a) 考量性別、語言、文化、讀寫能力、身心障礙等多元面向		
	(b) 考慮外部利害相關者的意見		
	(c) 考量法規要求事項及其他要求事項		
	(d) 確保以溝通的資訊與職安衛管理系統內所產生的資訊是一致且可靠		
(4)	在決定須溝通之事項及執行方式時，有非管理階層工作者之參與		
(5)	職安衛管理系之資訊有確實與相關階層及人員進行溝通		
(6)	職安衛管理系統變更時，有與相關階層及人員進行溝通		
(7)	內部溝通之過程及結果，能確使工作者對持續改進做出貢獻		
(8)	有確實依據所建立之過程或程序，對外進行職安衛管理系統資訊之溝通		
(9)	針對溝通事項有予以適時且適切的回應		
(10)	有保留適當的文件化資訊，以佐證溝通的事項		

<table>
<tr><th colspan="2" rowspan="2">查核項目</th><th colspan="2">查核結果及說明</th></tr>
<tr><th>結果</th><th>說明</th></tr>
<tr><td colspan="4">7.5 文件化資訊
7.5.1 一般　7.5.2 建立及更新　7.5.3 文件化資訊之管制</td></tr>
<tr><td rowspan="3">(1)</td><td>已建立之文件化資訊有包含：
(a) ISO/CNS 45001所要求之文件化資訊</td><td></td><td></td></tr>
<tr><td>(b) 法規要求及其他要求所需之文件化資訊</td><td></td><td></td></tr>
<tr><td>(c) 為達成職安衛管理系統運作之有效性，所決定必備的文件化資訊</td><td></td><td></td></tr>
<tr><td>(2)</td><td>已建立職安衛管理系統條文及文件化資訊對照清單（建議建立此對照清單，俾於了解系統標準要
求與文件化資訊間之關聯性）</td><td></td><td></td></tr>
<tr><td rowspan="4">(3)</td><td>有採取下列適當的措施，用以建立及更新文件化
資訊：
(a) 識別及敘述，如標題、日期、作者或索引編號等</td><td></td><td></td></tr>
<tr><td>(b) 格式，如語言、軟體版本、圖示等</td><td></td><td></td></tr>
<tr><td>(c) 儲存媒體，如紙本、電子資料等</td><td></td><td></td></tr>
<tr><td>(d) 適合性及充分性之審查與核准</td><td></td><td></td></tr>
<tr><td>(4)</td><td>有建立管制措施，用以處理職安衛管理系統之文
件化資訊</td><td></td><td></td></tr>
<tr><td rowspan="5">(5)</td><td>此等管制措施，至少包含下列要項：
(a) 分發、取得、檢索及使用</td><td></td><td></td></tr>
<tr><td>(b) 儲存及保存（storageandpreservation），包括保持其可讀性</td><td></td><td></td></tr>
<tr><td>(c) 變更之管制，例如版本管制等</td><td></td><td></td></tr>
<tr><td>(d) 保存及放置（retentionanddisposition）</td><td></td><td></td></tr>
<tr><td>(e) 充分的保護措施，例如防止損及保密性、不當使用或喪失其完整性</td><td></td><td></td></tr>
<tr><td>(6)</td><td>此等管制措施，可讓人員在所需的地點及時機，取得所需之資訊</td><td></td><td></td></tr>
<tr><td>(7)</td><td>有鑑別及管制之措施或方法，可用以決定與職安
衛管理系統規劃及運作有關之外部原始文件化資訊，且給予適當的管制</td><td></td><td></td></tr>
<tr><td colspan="4">8. 運作
8.1 運作之規劃及管制
8.1.1 一般</td></tr>
<tr><td>(1)</td><td>職安衛管理系統所需之過程，均已建立、實施、
管制及維持</td><td></td><td></td></tr>
</table>

查核項目		查核結果及說明	
		結果	說明
(2)	有應用下列方法來實施第6節所決定之處理措施： (a) 建立各過程之準則		
	(b) 依準則實施個過程之管制管制。		
	(c) 維持及保留文件化資訊之程度，足以建立過程已依規畫執行的信心		
	(d) 調整工作者之工作		
(3)	對有多個雇主管理之工作場所，應用何種方式與其他組織協調職安衛管理系統之相關部分		
8.1.2 消除危害及降低職安衛風險			
(1)	執行風險評估之人員具有下述管制層級（hierarchyofcontrol）的概念，用以建議或採取消除危害及降低職安衛風險所需之過程或措施：		
	(a) 消除危害 (b) 以較低危害的過程、運作、材料或設備取代 (c) 使用工程管制及工作重組 (d) 使用行政管制，包括訓練 (e) 使用適當的個人防護具		
(2)	對於欲消除之危害及降低之職安衛風險，有依上述之管制層級，採取必要的過程或措施		
(3)	在決定消除危害及降低職安衛風險之措施時，有非管理階層工作者之參與		
(4)	應用何種方式，促使人員確實了解與其工作有關的過程或措施、及其採行之目的		
8.1.3 變更管理			
(1)	有建立相關過程、程序或做法，用以處理會影響職安衛績效之變更		
(2)	此過程、程序或做法之適用範圍包括： (a) 永久性變更、暫時性變更及緊急變更		
	(b) 新的產品、服務及過程，或修改既有的產品、服務及過程，包括： - 工作場所之位置及周遭環境 - 工作編組 - 工作條件 - 設備 - 人力		
	(c) 法規要求事項及其他要求事項的變更		
	(d) 與危害及職安衛風險有關之知識或資訊的變更		

查核項目		查核結果及說明	
		結果	說明
	(e) 知識及技術的發展		
(3)	針對變更所採取的必要措施有包含： (a) 評估變更後之風險與機會		
	(b) 針對變更後之風險與機會有採取因應措施		
	(c) 與變更案件有關人員在正式啟動前有進行告知或訓練		
	(d) 與變更案件有關之文件化資訊在正式啟動前有完成檢討修正（草案板也可接受，不一定要正式版本）		
	(e) 在正式啟動前有執行安全檢查，確認應完成之事項均已完成		
(4)	在決定變更案件所需採取之管制措施時，有非管理階層工作者參與		
8.1.4 採購 **8.1.4.1 一般**			
(1)	有建立、實施及維持相關過程、程序或做法，用以處理及確保所採購之產品及服務可符合職安衛管理系統的要求		
(2)	此等管制過程、程序或做法有包含： (a) 符合職安衛方面之要求可以辨識、評估及具體化到組織的採購及租賃說明書中		
	(b) 確保在接受之前，可符合法規及組織本身職安衛要求的做法		
	(c) 確保在使用前可達成各項職安衛要求的做法		
(3)	驗收人員有能力可確保所接收之產品及服務可符合採購過程所提出之安全衛生規範或要求		
(4)	在決定適用於採購之管制措施時，有諮詢非管理		
	階層工作者之意見		
8.1.4.2 承攬商			
(1)	有建立、實施及維持相關過程、程序或做法，用以控制承攬作業可能引起的危害及風險		
(2)	針對承攬商之活動及作業均有執行危害鑑別及風險評估，且有考量： (a) 會衝擊組織的承攬商活動及運作（activitiesandoperations）		
	(b) 會衝擊承攬商工作者的組織活動及運作		
	(c) 會衝擊工作場所內其他利害相關者的承攬商活動及運作。		
(3)	針對所鑑別出之危害及風險，有依據管制層級採取有效的管制措施，且有確實執行		

查核項目		查核結果及說明	
		結果	說明
(4)	有針對承攬作業的特性確認及建立承攬人應遵循之管制規定，並使承攬人知悉，如人機入場管制、教育訓練、危害告知、共同作業協議組織、特殊作業規定許可（如動火、高架、局限空間等作業許可）、緊急應變等		
(5)	訂有承攬人篩選之職安衛準則，且有依此準則選擇適切的承攬人		
(6)	事前有具體告知承攬人有關其事業工作環境、危害因素暨法規及有關職安衛管理系統應採取之措施		
(7)	針對共同作業有設置協議組織，並依規定採取必要措施		
(8)	有要求承攬人於承攬期間提報與工作有關之危害及事故，且承攬人亦確實提報		
(9)	有確保承攬人及其工作者落實現場職安衛管理的之做法		
(10)	有定期評估承攬人承攬期間之職安衛績效，並作為篩選及督導之依據		
(11)	在決定適用於承攬之管制措施時，有諮詢非管理階層工作者之意見		
8.1.4.3 外包			
(1)	是否有部分功能或過程委由外部組織來執行，且係在可管制之工作場所外執行？如無，本節跳過		
(2)	有確認出外包的類型及其對組織達成職安衛管理系統預期結果之影響程度		
(3)	有考量影響程度，建立外包商之管制方式或做法		
(4)	在決定外包適用之管制方式或做法，有跟工作者及其代表諮商		
(5)	在決定適用於外包之管制措施時，有諮詢非管理階層工作者之意見		
8.2 緊急準備與應變			
(1)	有建立、實施及維持所需的過程或程序，用以處理6.1.2.1所鑑別出潛在緊急情況		
(2)	針對6.1.2.1所鑑別出應採取應變措施以減輕危害可能造成後果嚴重度之緊急狀況，已建立相關之應變計畫		
(3)	有提供應變計畫之相關訓練，確使人員具有應變相關技能及熟練應變處理方法		
(4)	緊急應變器材及設備之類型及數量，包含急救器材等，可滿足各類緊急情控之需求		
(5)	有跟組織內部所有階層工作者溝通，並提供相關資訊，使其確實了解其在緊急應變計畫之角色、職責及任務		

<table>
<tr><th colspan="2" rowspan="2">查核項目</th><th colspan="2">查核結果及說明</th></tr>
<tr><th>結果</th><th>說明</th></tr>
<tr><td>(6)</td><td>有跟組織內所有階層工作者溝通，並提供相關資訊，使其確實了解其在緊急應變計畫之角色、職責及責任</td><td></td><td></td></tr>
<tr><td>(7)</td><td>有與承攬商、訪客、緊急應變服務機構、政府機關及當地社區（適當時），溝通緊急應變相關資訊</td><td></td><td></td></tr>
<tr><td>(8)</td><td>在研擬緊急應變計畫時，有考量所有利害相關者的需求及能力，並確確保其在適當時機參與計畫的研擬</td><td></td><td></td></tr>
<tr><td>(9)</td><td>有定期測試及演練，以確認人員的應變能力，及應變計畫的適切性及有效性</td><td></td><td></td></tr>
<tr><td>(10)</td><td>有設定及評估緊急應變之績效，並依其評估結果採取因應對策</td><td></td><td></td></tr>
<tr><td>(11)</td><td>緊急應變計畫有依實際需求進行修訂，如測試、演練或實際緊急情況發生後</td><td></td><td></td></tr>
<tr><td>(12)</td><td>與因應潛在緊急狀況之過程及計畫有關的文件化資訊有予以適當的維持及保存</td><td></td><td></td></tr>
<tr><td colspan="4">9.1 監督、量測、分析及績效評估
9.1.1 一般</td></tr>
<tr><td>(1)</td><td>有建立、實施及維持相關過程、程序或做法，用以執行監督、量測、分析及績效評估</td><td></td><td></td></tr>
<tr><td>(2)</td><td>前述之過程、程序或做法包含監督、量測、分析及績效評估的項目、方法、時機、告知等</td><td></td><td></td></tr>
<tr><td rowspan="4">(3)</td><td>監督及量測之項目至少有包含：
(a) 履行法規要求事項及其他要求事項之程度</td><td></td><td></td></tr>
<tr><td>(b) 與所鑑別出之危害、風險與機會有關的活動及運作</td><td></td><td></td></tr>
<tr><td>(c) 達成組織職安衛目標的進度</td><td></td><td></td></tr>
<tr><td>(d) 運作及其他管制的有效性</td><td></td><td></td></tr>
<tr><td>(4)</td><td>在決定需監督、量測及評估之事項時，有與非管理階層工作者進行諮詢</td><td></td><td></td></tr>
<tr><td>(5)</td><td>有明確規範實施監督、量測、分析及評估之時機（不同項目其監督與量測之時機會不同），並訂有溝通的時機</td><td></td><td></td></tr>
<tr><td>(6)</td><td>訂有適當的準則，用以評估職安衛績效，並據以決定職安衛管理系統的有效性</td><td></td><td></td></tr>
<tr><td>(7)</td><td>對所採取之監督、量測、分析及績效評估的方法，可確認其結果的正確性，包含有足夠之資訊或數據，俾於進行分析及評估</td><td></td><td></td></tr>
<tr><td>(8)</td><td>對監督、量測、分析及績效評估之結果，有保存適當的文件化資訊，包含因應對策及其實施狀況等</td><td></td><td></td></tr>
</table>

查核項目		查核結果及說明	
		結果	說明
(9)	對用於監督及量測之儀器設備，有執行必要之保養、校正或查證，並留存適當的紀錄		
(10)	對未定期執行校正或查證、或其結果不符合既定準則之監督或量測用儀器設備，訂有避免誤用之管制方式		
9.1.2 守規性之評估			
(1)	有建立、實施及維持相關過程、程序或做法，包括頻率及方法等，用以評估所適用之法規要求事項及其他要求事項的守規性		
(2)	有確認人員對法規要求事項及其他要求事項之守規性狀態的知識及了解		
(3)	有依評估結果採取因應對策（包含矯正措施、持續改進措施），且有確實實施		
(4)	守規性評估之結果，包含所採取的因應對策及其實施狀況等，有依規定予以保存		
9.2 內部稽核（9.2.1一般、9.2.2內部稽核方案）			
(1)	有規劃稽核時程（或頻率），並依所規劃之時程執行內部稽核		
(2)	於一定週期，職安衛管理系統各要項至少執行過一次稽核		
(3)	於一定週期，職安衛管理系統適用範圍內之所有部門、製程、活動、或服務要項至少執行過一次稽核		
(4)	有依據稽核結果，來確認所建立及推動之職安衛管理系統是否： (a) 符合安全衛生管理所規劃的安排事項包括本規範的要求事項？		
	(b) 已經適當的實施與維持？		
	(c) 有效達到組織的政策與目標？		
	(d) 達成遵守相關的安全衛生法規？		
	(e) 有效地促進全體員工的參與？		
	(f) 對績效評估及前次稽核的結果有所回應？		
	(g) 符合持續改善之目的？		
(5)	每一稽核方案均有明確訂出其稽核之準則與範圍		
(6)	在規劃、建立、實施及維持稽核方案過程中，有諮詢工作者及其代表之意見		
(7)	稽核員具有應有的技能，或有給予必要之教育訓練，例如訂有稽核員之資格要件、在職訓練等		
(8)	稽核員的選派與安排，可確保稽核過程的客觀性及公正性		
(9)	稽核結果有向相關管理階層報告		

查核項目		查核結果及說明	
		結果	說明
(10)	稽核結果有與工作者及其代表、以及其他相關的利害相關者報告或溝通		
(11)	稽核之發現除不符合事項外，亦包含可持續改進職安衛績效之事項		
(12)	針對稽核之發現：不符合或可持續改進職安衛績效之事項，有採取適當且有效的處理措施		
(13)	保存適當的文件化資訊，可用以證明有實施稽核方案，並保有稽核結果		
9.3 管理審查			
(1)	最高管理階層確實在所規劃的期間內，審查組織職安衛管理系統之適合性、充分性及有效性		
(2)	提供管理階層審查之資訊有： (a) 先前管理階層審查的各項措施之狀況		
	(b) 與職安衛管理系統相關之內部與外部議題的變更，包括： - 利害相關者的需求及期望 - 法規要求事項及其他要求事項 - 風險與機會		
	(c) 職安衛政策與職安衛目標達成的程度		
	(d) 職安衛績效之資訊，包括下列事項之趨勢： - 事故、不符合、矯正措施與持續改進 - 監督與量測結果 - 法規要求及其他要求之守規性評估結果 - 稽核結果 - 工作者之諮商及參與 - 風險與機會		
	(e) 維持有效的職安衛管理系統所需資源之充分性		
	(f) 與利害相關者相關之溝通		
	(g) 持續改進之機會		
(3)	管理階層審查之結果有對下列事項作出決定： (a) 職安衛管理系統達成其預期結果之持續的適合性、充分性及有效性		
	(b) 持續改進之機會		
	(c) 任何職安衛管理系統變更之需求		
	(d) 需要的資源		
	(e) 任何需要的措施		
	(f) 改進職安衛管理系統與其他業務過程整合機會		

查核項目		查核結果及說明	
		結果	說明
	(g) 對組織的策略方向之任何影響		
(4)	管理階層審查之決議事項有確實執行及追蹤其執行狀況		
(5)	最高管理階層有與工作者及其代表溝通管理階層審查之結果、決議事項及其執行狀況		
(6)	所保存之文件化資訊，可作為管理階層審查結果之證據		
10 改進 **10.1 一般**			
(1)	用何種方式來決定可改進的機會及所須採取之必要措施		
(2)	針對所鑑別出可改進的機會，有提出必要的措施，並確實實施		
(3)	上述改進措施，確實可有效協助達成職安衛管理系統之預期結果		
(4)	改進的結果留有紀錄		
10.2 事故、不符合事項及矯正措施			
(1)	有建立相關過程、程序或做法，用以處理事故及不符合事項之通報、調查及採取措施，並留存紀錄		
(2)	前述過程可確保在事故及不符合事項發生時，能夠： (a) 及時反應，並： - 採取管制與改正之措施 - 處理此等後果		
	(b) 確保工作者或其他利害相關者參與調查、分析原因及決定須採取之矯正措施		
	(c) 確認出發生的原因，包含基本 / 根本原因		
	(d) 決定是否已發生或可能發生之類似事故或不符合事項		
	(e) 審查現有職安衛風險與其他風險之評估結果		
	(f) 在必要時，變更或調整職安衛管理系統		
(3)	前述過程所要處理及調查之事故至少有包含職業災害、虛驚事故及有礙健康事故（影響身心健康事故）；對於依法須推動製程安全管理之事業單位，已造成獲可能造成危害性化學品洩漏、火災或爆炸等事故亦涵蓋在內（備註：對於有可能或潛在對工作者會造成傷害之事故均應予以處理及調查。請參閱3.35事故之定義）		
(4)	在決定矯正措施時，有考量管制層級之原則：消除、取代、工程管制、行政管制及個人防護具		
(5)	針對事故或不符合事項所採取的措施可符合事故或不符合事項之本質 / 特性、原因、實際或可能造成的影響等，並有確認其有效性		

查核項目		查核結果及說明	
		結果	說明
(6)	事故調查人員有接受過相關訓練或具備相關技能，亦能有效的執行事故調查，並確認出事故之基本原因及提出矯正措施建議事項		
(7)	事故調查人員有包括事故發生部門之工作者及其代表；涉及承攬人之事故，調查人員有包含承攬人		
(8)	調查或決定不符合事項之原因、決定矯正措施有相關之工作者及其代表參與		
(9)	對於重大職業災害，有於發生後之8小時內報告當地勞動檢查機構		
(10)	有鼓勵員工提報虛驚事故，且對高潛在風險或有學習價值之虛驚事故有進行調查？		
(11)	上述須處理之事故至少有包含職業災害、虛驚事故及有礙健康事故（影響身心健康事故）		
(12)	事故發生後，有及時展開調查（一般實務建議於48小時之內展開調查）		
(13)	事故調查結果，包含所採取矯正措施等資訊，有提至安全衛生委員會審議		
(14)	有跟利害相關者溝通事故或不符合事項之調查及處理結果，包含原因，潛在後果、矯正措施及其實施狀況等		
(15)	在考量保密要求之前提下，對於保檢查機構和社會保險機構等外部機構所提出之調查報告，有參照內部調查報告之處理方式來處理		
(16)	有依規定保存事故及不符合事項之處理結果		
10.3 持續改進			
(1)	如何藉由下列事項來持續改進職安衛管理系統之適合性、充分性及有效性： (a) 促進職安衛績效		
	(b) 提升支持職安衛管理系統的文化		
	(c) 提升工作者參與實施持續改進職安衛管理系統之措施		
	(d) 與工作者及其代表（若有）溝通持續改進之相關結果		
	(e) 其他，請說明		
(2)	有與非管理階層之工作者諮詢持續改進之措施		
(3)	有維持及保存用以展現持續改進之文件化資訊，作為持續改進之佐證		

附錄 3-3 安全衛生工作守則——南區職安衛中心備查

中華民國105年03月24日

第一章　總則

第1條

爲防止職業災害，保障職員及勞工安全與健康，依據「職業安全衛生法」第34條規定及「職業安全衛生法施行細則」第41條規定，訂定本安全衛生工作守則（以下簡稱本守則）。

第2條

本守則適用於行政院農業委員會水土保持局南投分局（以下簡稱本分局），範圍包括本分局各業務課室辦公場所及其他因工作所需到達工作場所（以下簡稱適用場所）。

第3條

本守則用詞：

一、工作者：指職業安全衛生法第2條第1項第1款所稱人員。

二、勞工：指職業安全衛生法第2條第1項第2款所稱勞工及同法第51條第2項比照勞工。

三、公務人員：指依公務人員保障法第3條所稱公務人員及同法第102條準用人員。

第4條

本守則適用對象包括下列人員，均應確實遵守本守則所訂之各項規定：

一、本分局工作場所之工作者。

二、本分局公務人員準用本工作守則。

第5條

本守則所稱職業災害，係指適用場所中因建築物、設備、原料、材料、化學物品、氣體、蒸汽、粉塵等或從事作業活動及其他職業上原因所引起之疾病、傷害、殘廢或死亡。

第6條

本分局安全衛生政策，以環境設備安全爲前提，防範未然爲優先；安全衛生活動，應人人參與；安全健康之追求，永無止境。

第7條

本分局安全衛生目標係爲防止一切職業災害，保障工作者安全與健康，安全衛生要做到設備安全化、作業標準化、身心健康化；推行人性管理，建立明朗、舒適、有朝氣的安全衛生文化。

第8條

工作者應切實遵守本守則，其直接主管應經常輔導與督導，並查核屬員遵行情形。

第9條

工作者應就本身工作範圍，負安全衛生之責任，並隨時相互提醒，落實自護、互護、監護，避免因疏失造成事故。

第10條

工作者如安全衛生缺失或困難，應主動建議或申訴。

第11條

依職業安全衛生法施行細則第41條規定，安全衛生工作守則之內容，參酌下列事項訂定之。

一、事業之安全衛生管理及各級之權責。

二、機械、設備或器具之維護及檢查。

三、工作安全及衛生標準。

四、教育與及訓練。

五、健康指導及管理措施。

六、急救及搶救。

七、防護設備之準備、維持及使用。

八、事故通報及報告。

九、其他有關安全衛生事項。

第二章　事業之安全衛生管理及各級之權責

第12條

本分局安全衛生管理由各課室業務主管及工作者負責落實執行之責，秘書室負責督導之責。

第13條

各課室業務主管於指派工作前，應確認工作者身心狀況；工作者如有身心不堪負荷而需派任工作時，應提出報告。

第14條

工作場所之安全衛生告示、標示、信號、說明等，應切實遵行並妥善維護。

第15條

禁止閒人進入之場所，非工作者未經許可不得擅入。

第16條

本分局指派二人以上共同工作時，應指定或由職等（級）最高者擔任工作場所負責人，負指揮、監督之責。

第17條

如須與其他單位、或承攬人共同作業，應設置協議組織並指定現場作業負責人，統一指揮：參與共同作業部門及承商代表，應依規定召開協調會議，並留存紀錄備查。

第18條

交付承攬工程時，於開工前應召開說明會，告知承攬人有關工作環境場所、危害因素暨職業安全衛生法之規定及應採取之措施，以防止職業災害產生。

第19條

工作者對定期健康檢查及特殊作業健康檢查、安全衛生教育訓練有接受之義務。

第20條

工作場所有立即發生危險之虞時，工作場所負責人應即令停止作業，並使作業人員退避至安全場所。

第21條

遇有事故發生時，應依本分局災害事故通報機制之規定迅速報告處理。

第22條

級主管及人員安全衛生職責

一、單位主管安全衛生職責

（一）綜理工作者安全衛生及職業災害防止事項。

（二）遴選適任之管理人員，採行適當之安全衛生管理措施。

（三）執行走動管理，關懷現場安全衛生狀況，並督導相關人員實施自動檢查。

（四）主持勞工安全衛生會議。

（五）監督各課室業務主管落實執行職業安全衛生法令，核定各項安全作業標準、作業安全檢查，並督導落實執行。

（六）核定本分局各項年度安全衛生管理計畫並追蹤考核。

（七）提供安全舒適之工作環境。

（八）指揮勞安災害搶救、處理、職業災害原因調查、核定事故防範對策並追蹤考核。

（九）與主管機關及勞動檢查機構有關安全衛生之協調、連繫。

（十）其他有關勞工安全衛生管理事項。

二、各課室業務主管安全衛生職責

（一）督導推動所屬執行職業災害防止、安全衛生管理及自動檢查事項。

（二）指導推行安全衛生自主管理活動。

（三）實施工作現場巡視及走動管理並追蹤改善。

（四）召開安全衛生檢討會及工作會議。

（五）對所屬實施安全教導、安全接談與安全訓練。

（六）督導及協助所屬了解工作有關之勞工安全衛生相關法規。

（七）審定安全作業標準、作業程序書及工作安全檢核表。

（八）提供改善安全工作方法。

（九）推動維護所屬健康管理有關措施。

（十）分析本課室災害事故、職業病之原因，並擬訂防範對策。

（十一）核定承攬商勞工安全衛生計畫、並督導落實執行。
（十二）輔導承攬商推動安全衛生管理及災害防止措施。
（十三）與其他課室安全衛生措施之協調、聯繫。
（十四）其他有關安全衛生管理事項。
三、監造小組安全衛生職責
（一）實施監造工地之安全衛生自主管理。
（二）實施工作場所環境測定及檢查。
（三）實施機械或設備、施工機具、安全衛生防護具等之檢查。
（四）確實督導依安全作業標準及工作安全檢查表施作。
（五）督導工地配置現場施工人員，採取必要安全措施，改善工作方法。
（六）作業前之工作說明、預知危險演練督導；作業中之監護、督導；作業後之檢查。
（七）檢查及督督維護工作場所之防護措施。
（八）關懷並增進施工人員之身心健康狀況。
（九）有關安全衛生相關表報之紀錄及改善追蹤。
（十）與其他課室或共同作業有關安全衛生措施之協調、聯繫。
（十一）負責執行各項安全衛生自動檢查。
（十二）參與災害事故之搶救、處理、協助事故原因調查、研擬並執行防範對策。
（十三）其他有關安全衛生管理事項。
（十四）遵守安全衛生法規、守則及各項措施。
（十五）確實使用個人安全衛生防護具，做好施工場所各項安全措施。
（十六）落實作業有關之安全衛生檢點。
（十七）遵行各級主管之安全衛生指導。

第三章　機械、設備或器具之維護及檢查

第13條

設備所屬課室應依「職業安全衛生管理辦法」第13條至第44條之規定，對其所有之機械、設備實施定期檢查；第45條至第49條之規定，對其所有之機械、設備實施重點檢查；第50條至第78條之規定對所屬工作者於作業前對其機械、設備實施作業檢點。

第24條

本分局使用各種中央主管機關指定之施工機械或設備，應有符合中央主管機關所訂之防護標準，且不得任意移除原設備既有之安全防護設施。

第25條

本分局機械車輛及設備之定期檢查、機械設備之重點檢查、機械設備之作業檢點等，應確實遵照職業安全衛生管理辦法，按照檢查週期指派專人實施檢查。

第26條

儀器設備之維護，由各課室設備保管人爲之。

第27條

危險性設備應經檢查機構檢查合格才能使用，超過規定期間須再檢查才能繼續使用。

第28條

自動檢查應以課室爲單位。

第29條

依職業安全衛生管理辦法之規定，針對各適用場所可能發生危害之工作環境及機械設備實施每月檢查及作業檢點。

第30條

檢查方式區分爲定期檢查、重點檢查及作業檢點，由使用單位研擬，依計畫實施；自動檢查紀錄應包括：

一、檢查年月日。

二、檢查項目。

三、檢查方法。

四、檢查結果。

五、依檢查結果採取改善措施之內容。

六、檢查人員及主管簽章。

第31條

各單位人員實施檢查檢點發現異常或對工作者有危害之虞，應立即檢修並報請單位主管處理。

第四章　工作安全及衛生標準

第32條

工作安全

一、本分局所有安全衛生設備工具不得任意拆卸或使其失去效能，發現被拆或喪失效能時，應即報告上級處理。

二、辦公場所油漆作業時，應有適當之通風、換氣、以防易燃或有害氣體之危害。

三、玄關、走廊、階梯及各門口勿堆放物品，應維持通行良好狀態，以避免跌倒、滑倒、踩傷。

四、辦公場所出入口、玄關、走廊、階梯、安全門、安全梯應設置適當之採光照明。

五、辦公場所地面，應保持乾淨，若有油性液體洩漏於地面應立即清除，以免滑溜危險。

六、辦公場所之安全門、樓上安全梯等應依建築及消防法規辦理並維持良好狀態。

七、辦公場所之通道，有墜落之虞之處應設置扶手後或安全防護網，並需有警告標示。

八、辦公場所所產生之廢紙、垃圾或其他雜物，應分別放置於指定地點。

九、辦公場所消防安全設備之設置，應依消防法規有關規定辦理。

十、電器設備如有故障立即關掉電源。

十一、作業鄰近野溪、河川、湖泊、海岸有落水之虞應著用救生衣。
十二、遇有雷擊情況，應迅速停止作業，尋找安全處所避護。
十三、從事高度二公尺以上之監造作業中有撞擊或被飛落、飛散物體擊中之處所，現場作業人員、督導人員等均應確實戴用安全帽並繫妥頭帶。
十四、在未設平台及護欄且高度離地二公尺以上之工作場所邊緣及開口部分實施監造作業時，現場作業人員、督導人員，應正確使用安全帶及補助繩或垂直（水平）繩索，及其他必要之防墜設施。
十五、進出工地或監造中嚴禁酗酒、禁止戲謔或其他不安全行爲。
十六、進出工地或監造中要配戴個人必需之安全防護具。
十七、從事基樁施工監造作業時，應訂有一定訊號，並要求指派專人負責傳答訊號工作。
十八、從事鋼筋施工監造作業時，暴露之鋼筋應採取彎曲或加裝護套等防護設施。
十九、從事鋼筋、模版、混凝土塊製品吊放施工時，監造人員應位於吊車旋轉區外。

第33條
工作衛生
一、應隨時注意自我身心健康調適，養成良好衛生習慣。
二、場所應適時整理整頓，經常保持整齊清潔。
三、場所應備置垃圾容器，不得隨處丟棄垃圾及隨地吐痰或吐棄檳榔汁、渣。
四、處置危害物應正確使用相關防護具。
五、危害物應確實標示並不得任意毀損。
六、場所內適當處所應設置符合飲用水標準之飲水設備，並定期清洗及送驗水質。
七、場所內應保持清潔，並防止鼠類、蚊蟲及其他病媒滋生。

第五章　教育及訓練

第34條
職業安全衛生法第32條規定及職業安全衛生教育訓練規則之規定，本守則適用人員有接受一般安全衛生教育訓練課程之義務。

第35條
依職業安全衛生教育訓練規則第二條規定，下列人員應分別施以從事工作及預防災變所必要之安全衛生教育訓練：
一、職業安全衛生業務主管。
二、職業安全衛生管理人員。

第36條
新進人員及變更工作人員應接受從事該項工作必要之安全衛生教育訓練。

第37條
現場直接管理指揮監督有關人員應接受現場安全衛生監督人員安全衛生教育訓練。

第38條

從事勞工安全衛生工作人員應接受職務相當之教育訓練，並取得合格證照。

第39條

參加安全衛生教育訓練人員不得無故缺席

第40條

安全衛生教育訓練種類：

一、一般安全衛生教育訓練三個小時課程。

二、使用危險物、有害物除接受一般安全衛生教育訓練外，須再接受至少三個小時專業安全衛生教育訓練。

三、危險性機械設備操作人員必須經過政府認可機構受訓並測驗合格，始能擔任。

四、有機溶劑作業、特定化學物質作業、粉塵作業、鉛作業、四烷基鉛作業、高壓氣體作業之適用場所作業主管應接受作業主管安全衛生教育訓練。

五、急救人員訓練，並取得執照。

第六章　健康指導及管理措施

第41條

本分局工作者可參加本分局運動性之社團或活動，人事室辦理有關健康促進之相關活動或健康促進之講座等，以促進本分局工作者健康。

第42條

針對重複性作業、輪班、夜間工作、長時間工作等促發疾病，或執行職務因他人行爲遭受不法侵害等，採取預防及保護措施。

第43條

本分局工作者倘若覺得身體健康不適或出現異常時，請立即向各級代表工作場所負責人及本分局秘書室反應。

第七章　急救及搶救

第44條

適用場所如發生職業災害時，相關人員應立即採取必要之急救、搶救措施，並實施調查、分析及作成紀錄。

第45條

各課室應派適當人員接受急救人員訓練，以利辦理傷患救護事宜。

第46條

事故發生時，應即時救助傷患，救護人員在適當防護裝備下，須迅速趕至現場執行任務。

第47條

火災或有毒物質洩漏或有洩漏之虞時，搶救人員須著適當之防護具。

第48條

一般急救原則：

一、事故發生，人員受傷時，事故單位應即派員搶救傷患脫離危險地區，施以急救；救護車或醫護人員未到達前，不可離開傷患。

二、臉色潮紅傷患應使其頭部抬高，臉色蒼白有休克現象者，應使其頭部放低。

三、神智不清、昏迷、失去知覺及可能需要接受麻醉者，不可給予食物或飲料。

四、熟練心肺復甦術，以維持傷患呼吸及血液循環。

五、現場急救者，應協助傷患述說傷害狀況及傷害媒介物質，以幫助醫護人員及醫生診斷與治療。

六、傷害之緊急搬運：搬運傷患前需先檢查其頭部、頸、胸、腹部及四肢之傷勢，並加以固定。讓傷患儘量保持舒適之姿勢。若需將患者搬運至安全處，應以身體長軸方向拖行。搬運器材必須牢固。

第49條

特殊傷害急救原則：

一、灼燙傷急救原則：

（一）沖：身體用清水沖洗至少三十分鐘。若眼部受傷，撐開眼皮自內而外緩慢沖洗五分鐘以上。

（二）脫：傷害皮膚若有衣著，一面沖水，一面剪開衣服，避免皮膚組織持續受。

（三）泡：傷處泡於水中，其水泡不可壓破。

（四）蓋：使用乾淨潮濕紗布輕輕覆蓋，避免感染。

（五）送：儘速送醫。

二、吸入中毒：

（一）搶救者應穿戴適當的呼吸防護具進入災害現場，先打開通風口。

（二）若毒性氣體屬可燃性氣體不可任意開啟電源開關。

（三）搬移患者至新鮮空氣流通處，鬆開衣服，使其呼吸道暢通。

（四）意識不清，呼吸困難者，應給與氧氣。

（五）呼吸停止者應施予人工呼吸，維持呼吸系統運作。

（六）心跳停止者應施予心臟按摩，維持循環系統運作。

（七）送醫急救，注意保暖，以免身體失溫。

三、誤食：

（一）若食入非腐蝕性毒物，先行催吐。

（二）若食入腐蝕性毒物，不可催吐；患者若尚能吞嚥，則可給予少量飲水。

（三）若昏迷抽慉，不可催吐，依其心肺狀況，施以一般急救。

（四）保留中毒物，與病人一起送醫檢驗。

四、外傷出血：

（五）抬高出血部位，使之高過心臟，勿除去傷口處之凝血，以防持續出血，消毒傷口預防感染。

（六）任何止血法均需每隔十至十五分鐘放開十五秒，以防組織壞死。

（七）一般性出血：以直接止血法處理，乾淨之紗布或毛巾覆蓋傷口，以手加壓至少五分鐘。
（八）動脈出血：以間接止血法處理，直接以指頭壓在出血處的近心端止血點，減少傷口血液流出量，最好與直接加壓止血法同時進行（大腿止血點：鼠蹊部中心，頭部止血點：頸側動脈，上臂止血點：上臂內側肱動脈）。
（九）傷患大量出血且無法以直接或間接止血法止血時，應使用止血帶止血法。止血帶要綁在傷口較近心臟部位，且要標明包紮時間。
（十）鼻子出血時，應使患者半坐臥且頭稍向前，壓迫鼻子兩側止血，十分鐘後鬆開，若仍未止血應再壓十分鐘。
（十一）若四肢有斷裂情形，立即以清潔塑膠袋隔離斷肢，並用冰塊冷藏，與病人一同送醫縫合。

五、觸電傷害：
（一）先關閉電源，確定自已無感電之虞，用乾燥的木棒或繩索將觸電物撥離。
（二）依一般急救原則，進行急救。

六、骨折：
（一）避免折斷的骨骼與鄰近關節再次移動。
（二）以夾板固定傷肢，以擔架運送。
（三）抬高固定的傷肢，以減少腫脹與不適。
（四）送醫治療。

第八章　防護設備之準備、維持及使用

第50條
各適用場所負責人應充分供應所屬人員適當之個人防護具及安全衛生設施，並定期保養、維護及更新安全衛生設施。

第51條
工作者要確實使用與維護防護具或防護設施。

第52條
個人使用之防護具以個人使用為原則，並應善盡保管、保持清潔、經常自我檢查、保持其性能。

第53條
如有不堪使用或有安全缺陷之防護具應申請更換或修理，不得再使用。

第54條
各項防護具及工具應依法令及本分局有關規定，實施自動檢查，部門直屬主管應經常督導。

第55條
工作者不可圖一時方便，而使機具、設備之安全防護裝置失效。

第56條

防護具保管方法：

一、應分類放置，經常保持清潔，有效的狀態。

二、應儲放在通風良好的場所，避免接近高、低溫物體。

三、應儲放在不受日曬雨淋的場所。

四、不可與腐蝕性液體、有機溶劑、油脂類、酸鹼類等物品儲存在同一室內。

第57條

各項防護具應定期實施檢查，並依規定期限實施校正。

第58條

個人防護具應正確佩戴使用，保持清潔並自我檢查，保持防護具之性能。

第59條

從事搬運、處置或使用刺激性、腐蝕性、毒性物質時，要確實使用手套、圍裙、過腳安全鞋、防護眼鏡、防毒口罩及安全面罩等安全護具。

第九章　事故通報及報告

第60條

工作場所發生職業災害，應即採取必要之急救、搶救、通報等措施，並依權責實施調查並研訂防範對策。

第61條

工作者發生失能傷害（含輕傷）或火災，均應即調查，並於災害事故發生三日內提出災害事故報告表。

第62條

災害事故發生後應即由發生事故課室會同勞工安全單位調查，並依程序通報。

第63條

事故通報，通報力求簡短、清楚、內容應包括：

一、通報人姓名及電話。

二、災害發生時間。

三、災害發生地點。

四、傷害媒介物。

五、傷害人數。

六、處置情形。

七、所需支援。

第64條

事故報告：

一、不論火災大小，有無損失，發生場所應於三日內提出火災報告。

二、發生下列職業災害之一，本分局應於二十四小時內報告檢查機構：

（一）發生死亡災害者。

（二）發生災害之罹災人數三人以上者。
（三）其他經中央主管機關指定公告之災害。

第65條
發生前款之職業災害時，除必要之急救、搶救外，非經司法機關或檢查機構許可，不得移動或破壞現場。

第十章　其他有關安全衛生工作事項

第66條
使工作者於夏季期間從事戶外作業，爲防範高氣溫環境引起之熱疾病，應視天候狀況採取降低作業場所之溫度、提供陰涼之休息場所、提供適當之飲料或食鹽水、調整作業時間、留意身體健康狀況及強化作業場所巡視等危害預防措施。

第67條
使工作者於颱風天從事外勤作業，有危害工作者之虞者，應視作業危害性，置備適當救生衣、安全帽、連絡通訊設備及其他必要之安全防護設施與交通工具。

第68條
對於連續站立作業之工作者，應設置適當之坐具以供休息之用。

第十一章　附則

第69條
本守則經本分局核定後，報經行政院勞工委員會南區及中區勞動檢查所備查後公告實施，修正時亦同。

第70條
得標（外包）廠商除應遵守本分局安全衛生工作守則外，亦應遵守本分局於開工（施工說明）會議告知之相關事項。

第71條
本守則未盡事宜，依相關規定辦理。

農業委員會水土保持局南投分局安全衛生工作守則簽署人員如下：（投保公、勞工保險者）

附錄 3-4 危害性化學品標示及通識規則

修正日期：民國107年11月09日

第一章　總則

第1條

第一章總則

第1條

本規則依職業安全衛生法（以下簡稱本法）第十條第三項規定訂定之。

第2條

本法第十條所稱具有危害性之化學品（以下簡稱危害性化學品），指下列危險物或有害物：

一、危險物：符合國家標準CNS15030分類，具有物理性危害者。

二、有害物：符合國家標準CNS15030分類，具有健康危害者。

第3條

本規則用詞，定義如下：

一、製成品：指在製造過程中，已形成特定形狀或依特定設計，而其最終用途全部或部分決定於該特定形狀或設計，且在正常使用狀況下不會釋放出危害性化學品之物品。

二、容器：指任何袋、筒、瓶、箱、罐、桶、反應器、儲槽、管路及其他可盛裝危害性化學品者。但不包含交通工具內之引擎、燃料槽或其他操作系統。

三、製造者：指製造危害性化學品供批發、零售、處置或使用之廠商。

四、輸入者：指從國外進口危害性化學品之廠商。

五、供應者：指批發或零售危害性化學品之廠商。

第4條

下列物品不適用本規則：

一、事業廢棄物。

二、菸草或菸草製品。

三、食品、飲料、藥物、化粧品。

四、製成品。

五、非工業用途之一般民生消費商品。

六、滅火器。

七、在反應槽或製程中正進行化學反應之中間產物。

八、其他經中央主管機關指定者。

第二章　標示

第5條

雇主對裝有危害性化學品之容器，應依附表一規定之分類及標示要項，參照附表二之格式明顯標示下列事項，所用文字以中文為主，必要時並輔以作業勞工所能了解之外文：

一、危害圖式。

二、內容：

（一）名稱。

（二）危害成分。

（三）警示語。

（四）危害警告訊息。

（五）危害防範措施。

（六）製造者、輸入者或供應者之名稱、地址及電話。

前項容器內之危害性化學品為混合物者，其應標示之危害成分指混合物之危害性中符合國家標準CNS15030分類，具有物理性危害或健康危害之所有危害物質成分。

第一項容器之容積在一百毫升以下者，得僅標示名稱、危害圖式及警示語。

第6條

雇主對前條第二項之混合物，應依其混合後之危害性予以標示。

前項危害性之認定方式如下：

一、混合物已作整體測試者，依整體測試結果。

二、混合物未作整體測試者，其健康危害性，除有科學資料佐證外，應依國家標準CNS15030分類之混合物分類標準，對於燃燒、爆炸及反應性等物理性危害，使用有科學根據之資料評估。

第7條

第五條標示之危害圖式形狀為直立四十五度角之正方形，其大小需能辨識清楚。圖式符號應使用黑色，背景為白色，圖式之紅框有足夠警示作用之寬度。

第8條

雇主對裝有危害性化學品之容器屬下列情形之一者，得免標示：

一、外部容器已標示，僅供內襯且不再取出之內部容器。

二、內部容器已標示，由外部可見到標示之外部容器。

三、勞工使用之可攜帶容器，其危害性化學品取自有標示之容器，且僅供裝入之勞工當班立即使用。

四、危害性化學品取自有標示之容器，並供實驗室自行作實驗、研究之用。

第9條

雇主對裝有危害性化學品之容器有下列情形之一者，得於明顯之處，設置標示有第五條第一項規定事項之公告板，以代替容器標示。但屬於管系者，得掛使用牌或漆有規定識別顏色及記號替代之：

一、裝同一種危害性化學品之數個容器，置放於同一處所。
二、導管或配管系統。
三、反應器、蒸餾塔、吸收塔、析出器、混合器、沈澱分離器、熱交換器、計量槽或儲槽等化學設備。
四、冷卻裝置、攪拌裝置或壓縮裝置等設備。
五、輸送裝置。

前項第二款至第五款之容器有公告板者，其內容之製造者、輸入者或供應者之名稱、地址及電話經常變更，但備有安全資料表者，得免標示第五條第一項第二款第六目之事項。

第10條

雇主對裝有危害性化學品之容器，於運輸時已依交通法規有關運輸之規定設置標示者，該容器於工作場所內運輸時，得免再依附表一標示。

勞工從事卸放、搬運、處置或使用危害性化學品作業時，雇主應依本規則辦理。

第11條

製造者、輸入者或供應者提供危害性化學品與事業單位或自營作業者前，應於容器上予以標示。

前項標示，準用第五條至第九條之規定。

第三章　安全資料表、清單、揭示及通識措施

第12條

雇主對含有危害性化學品或符合附表三規定之每一化學品，應依附表四提供勞工安全資料表。

前項安全資料表所用文字以中文爲主，必要時並輔以作業勞工所能了解之外文。

第13條

製造者、輸入者或供應者提供前條之化學品與事業單位或自營作業者前，應提供安全資料表，該化學品爲含有二種以上危害成分之混合物時，應依其混合後之危害性，製作安全資料表。

前項化學品，應列出其危害成分之化學名稱，其危害性之認定方式如下：

一、混合物已作整體測試者，依整體測試結果。
二、混合物未作整體測試者，其健康危害性，除有科學資料佐證外，依國家標準CNS15030分類之混合物分類標準；對於燃燒、爆炸及反應性等物理性危害，使用有科學根據之資料評估。

第一項所定安全資料表之內容項目、格式及所用文字，適用前條規定。

第14條

前條所定混合物屬同一種類之化學品，其濃度不同而危害成分、用途及危害性相同時，得使用同一份安全資料表，但應註明不同化學品名稱。

第15條

製造者、輸入者、供應者或雇主，應依實際狀況檢討安全資料表內容之正確性，適時更新，並至少每三年檢討一次。

前項安全資料表更新之內容、日期、版次等更新紀錄，應保存三年。

第16條

雇主對於裝載危害性化學品之車輛進入工作場所後，應指定經相關訓練之人員，確認已有本規則規定之標示及安全資料表，始得進行卸放、搬運、處置或使用之作業。

前項相關訓練應包括製造、處置或使用危害性化學品之一般安全衛生教育訓練及中央交通主管機關所定危險物品運送人員專業訓練之相關課程。

第17條

雇主為防止勞工未確實知悉危害性化學品之危害資訊，致引起之職業災害，應採取下列必要措施：

一、依實際狀況訂定危害通識計畫，適時檢討更新，並依計畫確實執行，其執行紀錄保存三年。

二、製作危害性化學品清單，其內容、格式參照附表五。

三、將危害性化學品之安全資料表置於工作場所易取得之處。

四、使勞工接受製造、處置或使用危害性化學品之教育訓練，其課程內容及時數依職業安全衛生教育訓練規則之規定辦理。

五、其他使勞工確實知悉危害性化學品資訊之必要措施。

前項第一款危害通識計畫，應含危害性化學品清單、安全資料表、標示、危害通識教育訓練等必要項目之擬訂、執行、紀錄及修正措施。

第18條

製造者、輸入者或供應者為維護國家安全或商品營業秘密之必要，而保留揭示安全資料表中之危害性化學品成分之名稱、化學文摘社登記號碼、含量或製造者、輸入者或供應者名稱時，應檢附下列文件，向中央主管機關申請核定：

一、認定為國家安全或商品營業秘密之證明。

二、為保護國家安全或商品營業秘密所採取之對策。

三、對申請者及其競爭者之經濟利益評估。

四、該商品中危害性化學品成分之危害性分類說明及證明。

前項申請檢附之文件不齊全者，申請者應於收受中央主管機關補正通知後三十日內補正，補正次數以二次為限；逾期未補正者，不予受理。

中央主管機關辦理第一項事務，於核定前得聘學者專家提供意見。

申請者取得第一項安全資料表中之保留揭示核定後，經查核有資料不實或未依核定事項辦理者，中央主管機關得撤銷或廢止其核定。

第18-1條

危害性化學品成分屬於下列規定者，不得申請保留安全資料表內容之揭示：

一、勞工作業場所容許暴露標準所列之化學物質。

二、屬於國家標準CNS15030分類之下列級別者：
（一）急毒性物質第一級、第二級或第三級。
（二）腐蝕或刺激皮膚物質第一級。
（三）嚴重損傷或刺激眼睛物質第一級。
（四）呼吸道或皮膚過敏物質。
（五）生殖細胞致突變性物質。
（六）致癌物質。
（七）生殖毒性物質。
（八）特定標的器官系統毒性物質－單一暴露第一級。
（九）特定標的器官系統毒性物質－重複暴露第一級。
三、其他經中央主管機關指定公告者。
前條及本條有關保留揭示申請範圍、核定後化學品標示、安全資料表之保留揭示，按中央主管機關所定之技術指引及申請工具辦理。

第19條
主管機關、勞動檢查機構爲執行業務或醫師、緊急應變人員爲緊急醫療及搶救之需要，得要求製造者、輸入者、供應者或事業單位提供安全資料表及其保留揭示之資訊，製造者、輸入者、供應者或事業單位不得拒絕。
前項取得商品營業秘密者，有保密之義務。

第四章　附則

第20條
對裝有危害性化學品之船舶、航空器或運送車輛之標示，應依交通法規有關運輸之規定辦理。

第21條
對放射性物質、國家標準CNS15030分類之環境危害性化學品之標示，應依游離輻射及環境保護相關法規規定辦理。

第22條
對農藥及環境用藥等危害性化學品之標示，應依農藥及環境用藥相關法規規定辦理。

第23條
本規則自中華民國一百零三年七月三日施行。
本規則修正條文，自發布日施行。但第十二條附表四自中華民國一百零九年一月一日施行。

附錄 3-5 勞工健康保護規則

修正日期：民國106年11月13日
生效狀態：※本法規部分或全部條文尚未生效
本規則106.11.13修正之全文26條除第4條第一項所定事業單位勞工總人數在二百人至二百九十九人者，自中華民國一百零七年七月一日施行；勞工總人數在一百人至一百九十九人者，自一百零九年一月一日施行；勞工總人數在五十人至九十九人者，自一百十一年一月一日施行；第5條第3項、第6條第3項、第7條第2項、第8條第4、5項、第11條第1項，自一百零七年七月一日施行，及第16條附表九編號十六、二十四、三十及三十一自一百零八年一月一日施行外，自發布日施行。

第一章　總則

第1條

本規則依職業安全衛生法（以下簡稱本法）第六條第三項、第二十條第三項、第二十一條第三項及第二十二條第四項規定訂定之。

第2條

本規則用詞，定義如下：
一、特別危害健康作業：指本法施行細則第二十八條規定之作業（如附表一）。
二、第一類事業、第二類事業及第三類事業：指職業安全衛生管理辦法第二條及其附表所定之事業。
三、勞工總人數：指包含事業單位僱用之勞工及其他受工作場所負責人指揮或監督從事勞動之人員總數。
四、長期派駐人員：指勞工因業務需求，經雇主指派至其他事業單位從事工作，且一年內派駐時間達六個月以上者。
五、勞工健康服務相關人員：指具備心理師、職能治療師或物理治療師等資格，並經相關訓練合格者。
六、臨時性作業：指正常作業以外之作業，其作業期間不超過三個月，且一年內不再重複者。

第二章　醫護人員與勞工健康服務相關人員資格及健康服務措施

第3條

事業單位之同一工作場所，勞工總人數在三百人以上或從事特別危害健康作業之勞工總人數在一百人以上者，應視該場所之規模及性質，分別依附表二與附表三所定之人力配置及臨場服務頻率，僱用或特約從事勞工健康服務之醫師及僱用從事勞工健康服務之護理人員（以下簡稱醫護人員），辦理臨場健康服務。

前項所定事業單位有下列情形之一者，所配置之護理人員，得以特約方式為之：
一、經扣除勞動基準法所定非繼續性之臨時性或短期性工作勞工後，其勞工總人數未達三百人。

二、經扣除長期派駐至其他事業單位且受該事業單位工作場所負責人指揮或監督之勞工後，其勞工總人數未達三百人。

三、其他法規已有規定應置護理人員，且從事特別危害健康作業之勞工總人數未達一百人。

第4條

事業單位之同一工作場所，勞工總人數在五十人至二百九十九人者，應視其規模及性質，依附表四所定特約醫護人員臨場服務頻率，辦理臨場健康服務。

前項所定事業單位，經醫護人員評估勞工有心理或肌肉骨骼疾病預防需求者，得特約勞工健康服務相關人員提供服務；其服務頻率，得納入附表四計算。但各年度由從事勞工健康服務之護理人員之總服務頻率，仍應達二分之一以上。

第一項所定事業單位勞工總人數在二百人至二百九十九人者，自中華民國一百零七年七月一日施行；勞工總人數在一百人至一百九十九人者，自一百零九年一月一日施行；勞工總人數在五十人至九十九人者，自一百十一年一月一日施行。

第5條

事業分散於不同地區，其與所屬各地區事業單位之勞工總人數達三千人以上者，應視其事業之分布、特性及勞工健康需求，僱用或特約醫護人員，綜理事業勞工之健康服務事務，規劃與推動勞工健康服務之政策及計畫，並辦理事業勞工之臨場健康服務，必要時得運用視訊等方式爲之。但地區事業單位已依前二條規定辦理臨場健康服務者，其勞工總人數得不併入計算。

前項所定事業僱用或特約醫護人員之人力配置與臨場服務頻率，準用附表二及附表三規定。

第三條所定事業單位或第一項所定事業，經醫護人員評估其勞工有心理或肌肉骨骼疾病預防需求者，得僱用或特約勞工健康服務相關人員提供服務；其僱用之人員，於勞工總人數在三千人以上者，得納入附表三計算。但僱用從事勞工健康服務護理人員之比例，應達四分之三以上。

第6條

第三條或前條所定僱用或特約之醫護人員及勞工健康服務相關人員，不得兼任其他法令所定專責（任）人員或從事其他與勞工健康服務無關之工作。

前項人員因故依勞動相關法令請假超過三十日，未能執行職務時，雇主得以特約符合第七條規定資格之人員代理之。

雇主對於依本規則規定僱用或特約之醫護人員、勞工健康服務相關人員，應依中央主管機關公告之方式報請備查；變更時，亦同。

第7條

從事勞工健康服務之醫師應具下列資格之一：

一、職業醫學科專科醫師。

二、依附表五規定之課程訓練合格。

從事勞工健康服務之護理人員及勞工健康服務相關人員，應依附表六規定之課程訓練合格。

第8條

雇主應使僱用或特約之醫護人員及勞工健康服務相關人員，接受下列課程之在職教育訓練，其訓練時間每三年合計至少十二小時，且每一類課程至少二小時：

一、職業安全衛生相關法規。

二、職場健康風險評估。

三、職場健康管理實務。

從事勞工健康服務之醫師爲職業醫學科專科醫師者，雇主應使其接受前項第一款所定課程之在職教育訓練，其訓練時間每三年合計至少二小時，不受前項規定之限制。

前二項訓練得於中央主管機關建置之網路學習，其時數之採計，不超過六小時。

前條、第一項及第二項所定之訓練，得由各級勞工、衛生主管機關或勞動檢查機構自行辦理，或由中央主管機關認可之機構或訓練單位辦理。

前項辦理訓練之機關（構）或訓練單位，應依中央主管機關公告之內容及方式登錄系統。

第9條

事業單位應參照工作場所大小、分布、危險狀況與勞工人數，備置足夠急救藥品及器材，並置急救人員辦理急救事宜。但已具有急救功能之醫療保健服務業，不在此限。

前項急救人員應具下列資格之一，且不得有失聰、兩眼裸視或矯正視力後均在零點六以下、失能及健康不良等，足以妨礙急救情形：

一、醫護人員。

二、經職業安全衛生教育訓練規則所定急救人員之安全衛生教育訓練合格。

三、緊急醫療救護法所定救護技術員。

第一項所定急救藥品與器材，應置於適當固定處所，至少每六個月定期檢查並保持清潔。對於被汙染或失效之物品，應隨時予以更換及補充。

第一項急救人員，每一輪班次應至少置一人；其每一輪班次勞工總人數超過五十人者，每增加五十人，應再置一人。但事業單位每一輪班次僅一人作業，且已建置緊急連線裝置、通報或監視等措施者，不在此限。

急救人員因故未能執行職務時，雇主應即指定具第二項資格之人員，代理其職務。

第10條

雇主應使醫護人員及勞工健康服務相關人員臨場服務辦理下列事項：

一、勞工體格（健康）檢查結果之分析與評估、健康管理及資料保存。

二、協助雇主選配勞工從事適當之工作。

三、辦理健康檢查結果異常者之追蹤管理及健康指導。

四、辦理未滿十八歲勞工、有母性健康危害之虞之勞工、職業傷病勞工與職業健康相關高風險勞工之評估及個案管理。

五、職業衛生或職業健康之相關研究報告及傷害、疾病紀錄之保存。

六、勞工之健康教育、衛生指導、身心健康保護、健康促進等措施之策劃及實施。
七、工作相關傷病之預防、健康諮詢與急救及緊急處置。
八、定期向雇主報告及勞工健康服務之建議。
九、其他經中央主管機關指定公告者。

第11條
前條所定臨場服務事項，事業單位依第三條或第五條規定僱用護理人員或勞工健康服務相關人員辦理者，應依勞工作業環境特性及性質，訂定勞工健康服務計畫，據以執行；依第三條或第四條規定以特約護理人員或勞工健康服務相關人員辦理者，其勞工健康服務計畫得以執行紀錄或文件代替。
事業單位對其他受工作場所負責人指揮或監督從事勞動之人員，應比照事業單位勞工，提供前條所定臨場服務。但當事人不願提供個人健康資料及書面同意者，以前條第五款至第八款規定事項爲限。

第12條
爲辦理前二條所定業務，雇主應使醫護人員、勞工健康服務相關人員配合職業安全衛生、人力資源管理及相關部門人員訪視現場，辦理下列事項：
一、辨識與評估工作場所環境、作業及組織內部影響勞工身心健康之危害因子，並提出改善措施之建議。
二、提出作業環境安全衛生設施改善規劃之建議。
三、調查勞工健康情形與作業之關連性，並採取必要之預防及健康促進措施。
四、提供復工勞工之職能評估、職務再設計或調整之諮詢及建議。
五、其他經中央主管機關指定公告者。

第13條
雇主執行前三條業務時，應依附表七塡寫紀錄表，並依相關建議事項採取必要措施。
前項紀錄表及採行措施之文件，應保存三年。

第三章　健康檢查及管理

第14條
雇主僱用勞工時，除應依附表八所定之檢查項目實施一般體格檢查外，另應按其作業類別，依附表九所定之檢查項目實施特殊體格檢查。
有下列情形之一者，得免實施前項所定一般體格檢查：
一、非繼續性之臨時性或短期性工作，其工作期間在六個月以內。
二、其他法規已有體格或健康檢查之規定。
三、其他經中央主管機關指定公告。
第一項所定檢查距勞工前次檢查未逾第十五條或第十六條附表九規定之定期檢查期限，經勞工提出證明者，得免實施。

第15條
雇主對在職勞工，應依下列規定，定期實施一般健康檢查：

一、年滿六十五歲者，每年檢查一次。
二、四十歲以上未滿六十五歲者，每三年檢查一次。
三、未滿四十歲者，每五年檢查一次。
前項所定一般健康檢查之項目與檢查紀錄，應依附表八及附表十規定辦理。但經檢查爲先天性辨色力異常者，得免再實施辨色力檢查。

第16條

雇主使勞工從事第二條規定之特別危害健康作業，應定期或於變更其作業時，依附表九所定項目，實施特殊健康檢查。
雇主使勞工接受定期特殊健康檢查時，應將勞工作業內容、最近一次之作業環境監測紀錄及危害暴露情形等作業經歷資料交予醫師。

第17條

前三條規定之檢查紀錄，應依下列規定辦理：
一、附表八之檢查結果，應依附表十所定格式記錄。檢查紀錄至少保存七年。
二、附表九之各項特殊體格（健康）檢查結果，應依中央主管機關公告之格式記錄。檢查紀錄至少保存十年。

第18條

從事下列作業之各項特殊體格（健康）檢查紀錄，應至少保存三十年：
一、游離輻射。
二、粉塵。
三、三氯乙烯及四氯乙烯。
四、聯苯胺與其鹽類、4-胺基聯苯及其鹽類、4-硝基聯苯及其鹽類、β-胺及其鹽類、二氯聯苯胺及其鹽類及α-胺及其鹽類。
五、鈹及其化合物。
六、氯乙烯。
七、苯。
八、鉻酸與其鹽類、重鉻酸及其鹽類。
九、砷及其化合物。
十、鎳及其化合物。
十一、1,3-丁二烯。
十二、甲醛。
十三、銦及其化合物。
十四、石綿。

第19條

雇主使勞工從事第二條規定之特別危害健康作業時，應建立健康管理資料，並將其定期實施之特殊健康檢查，依下列規定分級實施健康管理：
一、第一級管理：特殊健康檢查或健康追蹤檢查結果，全部項目正常，或部分項目異常，而經醫師綜合判定爲無異常者。

二、第二級管理：特殊健康檢查或健康追蹤檢查結果，部分或全部項目異常，經醫師綜合判定爲異常，而與工作無關者。
三、第三級管理：特殊健康檢查或健康追蹤檢查結果，部分或全部項目異常，經醫師綜合判定爲異常，而無法確定此異常與工作之相關性，應進一步請職業醫學科專科醫師評估者。
四、第四級管理：特殊健康檢查或健康追蹤檢查結果，部分或全部項目異常，經醫師綜合判定爲異常，且與工作有關者。

前項所定健康管理，屬於第二級管理以上者，應由醫師註明其不適宜從事之作業與其他應處理及注意事項；屬於第三級管理或第四級管理者，並應由醫師註明臨床診斷。

雇主對於第一項所定第二級管理者，應提供勞工個人健康指導；第三級管理者，應請職業醫學科專科醫師實施健康追蹤檢查，必要時應實施疑似工作相關疾病之現場評估，且應依評估結果重新分級，並將分級結果及採行措施依中央主管機關公告之方式通報；屬於第四級管理者，經醫師評估現場仍有工作危害因子之暴露者，應採取危害控制及相關管理措施。

前項健康追蹤檢查紀錄，依前二條規定辦理。

第20條

特別危害健康作業之管理、監督人員或相關人員及於各該場所從事其他作業之人員，有受健康危害之虞者，適用第十六條規定。但臨時性作業者，不在此限。

第21條

雇主於勞工經體格檢查、健康檢查或健康追蹤檢查後，應採取下列措施：
一、參採醫師依附表十一規定之建議，告知勞工，並適當配置勞工於工作場所作業。
二、對檢查結果異常之勞工，應由醫護人員提供其健康指導；其經醫師健康評估結果，不能適應原有工作者，應參採醫師之建議，變更其作業場所、更換工作或縮短工作時間，並採取健康管理措施。
三、將檢查結果發給受檢勞工。
四、彙整受檢勞工之歷年健康檢查紀錄。

前項第二款規定之健康指導及評估建議，應由第三條、第四條或第五條規定之醫護人員爲之。但依規定免僱用或特約醫護人員者，得由辦理勞工體格及健康檢查之醫護人員爲之。

第一項規定之勞工體格及健康檢查紀錄、健康指導與評估等勞工醫療資料之保存及管理，應保障勞工隱私權。

第22條

雇主使勞工從事本法第十九條規定之高溫度、異常氣壓、高架、精密或重體力勞動作業時，應參採從事勞工健康服務醫師綜合評估勞工之體格或健康檢查結果之建議，適當配置勞工之工作及休息時間。

前項醫師之評估，依第三條、第四條或第五條規定免僱用或特約醫師者，得由辦理勞工體格及健康檢查之醫師爲之。

第23條

離職勞工要求提供其健康檢查有關資料時，雇主不得拒絕。但超過保存期限者，不在此限。

第24條

雇主實施勞工特殊健康檢查，應將辦理期程、作業類別與辦理勞工體格及健康檢查之醫療機構等內容，登錄於中央主管機關公告之系統。

第四章　附則

第25條

依癌症防治法規定，對於符合癌症篩檢條件之勞工，於事業單位實施勞工健康檢查時，得經勞工同意，一併進行口腔癌、大腸癌、女性子宮頸癌及女性乳癌之篩檢。

前項之檢查結果不列入健康檢查紀錄表。

前二項所定篩檢之對象、時程、資料申報、經費及其他規定事項，依中央衛生福利主管機關規定辦理。

第26條

本規則除第四條第三項已另定施行日期、第五條第三項、第六條第三項、第七條第二項、第八條第四項、第五項、第十一條第一項，自中華民國一百零七年七月一日施行，及第十六條附表九編號十六、二十四、三十及三十一自一百零八年一月一日施行外，自發布日施行。

附錄 3-6 因應嚴重特殊傳染性肺炎（武漢肺炎）職場安全衛生防護措施指引

勞動部職業安全衛生署109年1月30日勞職衛2字第1091004580號函訂定
勞動部職業安全衛生署109年4月20日勞職衛2字第1091021180號函修訂

壹、前言

新型冠狀病毒（SARS-CoV-2是造成嚴重特殊傳染性肺炎（COVID-19，俗稱武漢肺炎）的病原體，大部分的人類冠狀病毒以直接接觸帶有病毒的分泌物或飛沫為主要傳染途徑，而人類感染冠狀病毒則以呼吸道症狀為主。面對疫情造成的全球大流行，已經對各行各業產生全面性的影響，為確保勞工有安全衛生的工作環境，雇主使勞工從事工作，對於工作環境或作業應辨識可能之危害、實施風險評估，並依評估結果採取適當的控制措施。鑑於武漢肺炎疫情仍在持續，勞動部職業安全衛生署為協助事業單位依職場感染風險等級採取對應防疫措施，特修訂本指引作為行政指導文件，事業單位可依工作環境或作業（包含人員、製程、活動或服務）的規模與特性等因素，參考中央流行疫情指揮中心發布之「企業因應嚴重特殊傳染性肺炎（COVID-19）疫情持續營運指引」與各類相關指引及國際相關職場防疫資訊，並因應該中心發布之最新疫情訊息，滾動式調整防疫管理對策，以提升事業單位對職場生物病原體暴露危害之辨識能力，有效防止疫情於職場傳播。

貳、暴露風險等級劃分

職場中感染武漢肺炎之暴露風險高低與職業特性及作業型態密切相關，例如是否需要與確診或疑似感染個案近距離、重複或長期接觸，依工作場所或作業型態可大致分為以下四個暴露風險等級，雇主可參考運用並採取適當的預防措施：

一、特殊暴露風險等級

執行疑似或確診武漢肺炎病人之插管、支氣管鏡檢查及侵入性採集檢體等可能產生飛沫或氣膠（aerosol）的醫療處置之醫護人員及技術人員、處理疑似或確診個案檢體或相關實驗室之人員。

二、高度暴露風險等級

為暴露或極可能暴露於SARS-CoV-2的工作，例如確診武漢肺炎個案或已有症狀的疑似感染個案之醫療照護人員，及進出該等工作場所之承攬商勞工或派遣勞工（如清潔人員、傳送人員等）、載運確診或已有症狀的疑似感染個案車輛之司機與隨車人員。

三、中度暴露風險等級

需要近距離頻繁接觸不特定對象之人員或可能感染SARS-CoV-2但尚無症狀的人員，包括交通站場、運輸工具、商場、百貨公司等人潮較密集之場所或從事食品外送、防疫旅館等第一線服務人員。

四、低度暴露風險等級

指不需要與確診或疑似感染個案接觸，也不需要與一般大眾近距離頻繁接觸的工作，例如於一般室內工作場所或戶外地區之工作人員。

參、工作場所危害控制及管理措施

雇主應考量勞工的工作內容及型態，鑑別哪些工作場所、人員可能透過何種管道暴露SARS-CoV-2，評估其暴露風險等級，配合中央流行疫情指揮中心之防疫措施及勞工防護需求，採行危害控制及管理措施，指定適當組織及人員，訂定職場防疫相關應變計畫據以推動。依職業衛生危害控制方法之效能，其優先順序依序為工程控制、行政管理及個人防護裝備，建議事業單位可考量有效性、簡便性，或依實際狀況同時採取多種控制措施，以保護勞工免於受到感染，各種控制方法分述如下：

一、工程控制

為減少勞工暴露SARS-CoV-2的風險，可依工作性質適當的採取以下控制措施：

（一）安裝高效率空氣濾網，並提高更換或清潔空氣濾網之頻率。
（二）保持室內空氣流通，中央空調應提高室外新鮮空氣比例。
（三）安裝物理屏障（如透明塑膠隔板）等措施。
（四）安裝用於客戶服務的通行窗口，如得來速（Drive-through）。

二、行政管理

對於工作場所環境衛生與人員健康管理，可採取以下適當防護對策或程序，並請人員配合辦理：

（一）對有發燒或有急性呼吸道症狀之勞工進行管理並留存紀錄，主動鼓勵勞工在家休息。
（二）調整辦公時間或出勤方式，通過視訊方式採取線上會議，以減少工作人員或客戶之間面對面的接觸。
（三）勞工工作時間、地點及出差採彈性及分流措施，並採空間區隔及調整。
（四）置備必要的防疫物資並提供正確的使用方式，定期清潔或消毒工作環境及場所物件。
（五）建立體溫量測及篩檢等出勤管制措施，並實施訪客或承攬商等門禁管制措施。
（六）對於確診個案近期從事工作或進出之工作場所，應加強地板、牆壁、器具及物品等之消毒。
（七）辦理職場防疫相關安全衛生措施之宣導或教育訓練，並留存紀錄，宣導勞工自我防護並遵守社交禮節及保持社交距離。

（八）如有近期曾從疫區出差或旅遊返回職場之勞工，應密切留意其個人健康狀況，採取必要之追蹤及管理措施。

（九）避免指派勞工赴衛生福利部疾病管制署列為國際旅遊疫情建議等級第三級之國家或地區出差。如確有必要並經勞工同意，應確實評估疫情狀況、感染風險與勞工個人健康狀況，強化感染預防措施之教育訓練、提供勞工充足之防疫物資並加強其工作場域清潔、消毒及保持通風等必要之防護措施。

三、個人防護裝備（Personal Protective Equipment, PPE）

雖然工程控制和行政管理可以有效地減少SARS-CoV-2的暴露，但有些情況仍需使用個人防護裝備，以確保工作時的安全。防疫期間所需的個人防護裝備類型，應視疫情及勞工從事作業或指派之任務可能暴露SARS-CoV-2的風險而定，可依據作業暴露風險等級類別選用包括呼吸防護具、髮帽、護目裝備、面罩、手套和隔離衣等裝備，選擇及使用須注意以下事項並有查核機制：

（一）根據個別勞工的危害進行選擇。

（二）呼吸防護具應有適當的密合度。

（三）必須全程正確配戴。

（四）應定期檢查、保養和更換。

（五）於脫除、清潔、保存或拋棄時，應避免汙染自身、他人或環境。

肆、勞工自主防護及權益保障事項

一、如有發燒或急性呼吸道症狀，應留在家中休息。

二、勞工應做好自主管理，保持手部清潔消毒，落實使用肥皂勤洗手、呼吸道衛生與咳嗽禮節、遵守社交禮節及保持社交距離，避免前往列為國際旅遊疫情建議等級第三級之地區旅遊、避免接觸野生動物。若出現發燒、咳嗽等身體不適，請速就醫，告知醫師旅遊史、職業史、接觸史及是否群聚，並主動告知雇主及配合各項防疫管制措施。

三、如非必要，應避免前往室內聚集及人潮擁擠之處所。

四、雇主如未能提供必要之預防設備或措施，勞工得拒絕指派前往疫區提供勞務。雇主如強行要求，且未提供必要之預防設備或措施致勞工有權益受損之虞，勞工得終止勞動契約，並要求雇主給付資遣費。

五、勞工於工作場所或公出途中感染武漢肺炎，經個案事實認定屬職業災害者，其相關權益如下：

（一）有加勞保者，除可依勞工保險條例規定申請各項職業災害給付，如有不足部分，應由雇主依勞動基準法規定補足相關職業災害補償。

（二）未參加勞保者，雇主應依勞動基準法規定給予工資、醫療、失能及死亡之職業災害補償。

（三）不論有無參加勞保，職業災害勞工均可依職業災害勞工保護法申請職業疾病生活津貼、看護、器具、家屬等補助。

六、勞工如有對勞動場所之安全衛生防護相關規定及勞工權益保障之相關疑慮，可透過手機或市話直接撥打1955免付費專線尋求協助。

伍、其他注意事項

一、中央流行疫情指揮中心及衛生福利部疾病管制署針對特定場所或作業人員，已訂有多種防疫指引（如附錄），事業單位可依風險等級採取之控制措施，並對應附錄中各種適用之指引，據以推動。

二、防疫期間所需的個人防護裝備（PPE）類型應視疫情及勞工從事作業及任務所可能導致暴露風險而定，可依勞工之暴露風險等級，提供適當之個人防護裝備。

三、本指引提供職場防疫一般參考性原則，有關武漢肺炎之防疫管理機制應依循中央流行疫情指揮中心之防疫對策及相關指引、公告等辦理，建立職場防疫計畫或措施，可參閱衛生福利部疾病管制署全球資訊網（https://www.cdc.gov.tw），或撥打免付費防疫專線1922（或0800-001922）洽詢。

附註：中央流行疫情指揮中心及衛生福利部疾病管制署所發布之相關指引

1. 醫療機構因應COVID-19（武漢肺炎）之個人防護裝備使用建議。
2. 緊急醫療救護人員載運COVID-19（武漢肺炎）病人感染管制措施指引。
3. 醫療機構因應COVID-19（武漢肺炎）清潔人員管理原則。
4. 基層診所醫療照護工作人員個人防護裝備建議。
5. 因應COVID-19（武漢肺炎）疫情，院際間轉診或協助病人就醫之工作人員個人防護裝備建議。
6. 新型冠狀病毒（SARS-CoV-2）之實驗室生物安全指引。
7. 「COVID-19（武漢肺炎）」因應指引：防疫旅館設置及管理。
8. 「COVID-19（武漢肺炎）」因應指引：大型營業場所。
9. 「嚴重特殊傳染性肺炎（武漢肺炎）」因應指引：大眾運輸。
10. 「COVID-19（武漢肺炎）」因應指引：公眾集會。
11. COVID-19（武漢肺炎）因應指引：社交距離注意事項。
12. 企業因應嚴重特殊傳染性肺炎（COVID-19）疫情持續營運指引。

附錄 3-7 危險性機械及設備安全檢查規則

修正日期：民國105年11月21日

第一章　總則

第1條

本規則依職業安全衛生法（以下稱本法）第十六條第四項規定訂定之。

第2條

有關危險性機械及設備之用詞，除本規則另有定義外，適用職業安全衛生相關法規之規定。

第3條

本規則適用於下列容量之危險性機械：

一、固定式起重機：吊升荷重在三公噸以上之固定式起重機或一公噸以上之斯達卡式起重機。

二、移動式起重機：吊升荷重在三公噸以上之移動式起重機。

三、人字臂起重桿：吊升荷重在三公噸以上之人字臂起重桿。

四、營建用升降機：設置於營建工地，供營造施工使用之升降機。

五、營建用提升機：導軌或升降路高度在二十公尺以上之營建用提升機。

六、吊籠：載人用吊籠。

第4條

本規則適用於下列容量之危險性設備：

一、鍋爐：

（一）最高使用壓力（表壓力，以下同）超過每平方公分一公斤，或傳熱面積超過一平方公尺（裝有內徑二十五公厘以上開放於大氣中之蒸汽管之蒸汽鍋爐、或在蒸汽部裝有內徑二十五公厘以上之U字形豎立管，其水頭壓力超過五公尺之蒸汽鍋爐，為傳熱面積超過三點五平方公尺），或胴體內徑超過三百公厘，長度超過六百公厘之蒸汽鍋爐。

（二）水頭壓力超過十公尺，或傳熱面積超過八平方公尺，且液體使用溫度超過其在一大氣壓之沸點之熱媒鍋爐以外之熱水鍋爐。

（三）水頭壓力超過十公尺，或傳熱面積超過八平方公尺之熱媒鍋爐。

（四）鍋爐中屬貫流式者，其最高使用壓力超過每平方公分十公斤（包括具有內徑超過一百五十公厘之圓筒形集管器，或剖面積超過一百七十七平方公分之方形集管器之多管式貫流鍋爐），或其傳熱面積超過十平方公尺者（包括具有汽水分離器者，其汽水分離器之內徑超過三百公厘，或其內容積超過零點零七立方公尺者）。

二、壓力容器：

（一）最高使用壓力超過每平方公分一公斤，且內容積超過零點二立方公尺之第一種壓力容器。
（二）最高使用壓力超過每平方公分一公斤，且胴體內徑超過五百公厘，長度超過一千公厘之第一種壓力容器。
（三）以「每平方公分之公斤數」單位所表示之最高使用壓力數值與以「立方公尺」單位所表示之內容積數值之積，超過零點二之第一種壓力容器。

三、高壓氣體特定設備：
指供高壓氣體之製造（含與製造相關之儲存）設備及其支持構造物（供進行反應、分離、精鍊、蒸餾等製程之塔槽類者，以其最高位正切線至最低位正切線間之長度在五公尺以上之塔，或儲存能力在三百立方公尺或三公噸以上之儲槽為一體之部分為限），其容器以「每平方公分之公斤數」單位所表示之設計壓力數值與以「立方公尺」單位所表示之內容積數值之積，超過零點零四者。但下列各款容器，不在此限：
（一）泵、壓縮機、蓄壓機等相關之容器。
（二）緩衝器及其他緩衝裝置相關之容器。
（三）流量計、液面計及其他計測機器、濾器相關之容器。
（四）使用於空調設備之容器。
（五）溫度在攝氏三十五度時，表壓力在每平方公分五十公斤以下之空氣壓縮裝置之容器。
（六）高壓氣體容器。
（七）其他經中央主管機關指定者。

四、高壓氣體容器：
指供灌裝高壓氣體之容器中，相對於地面可移動，其內容積在五百公升以上者。但下列各款容器，不在此限：
（一）於未密閉狀態下使用之容器。
（二）溫度在攝氏三十五度時，表壓力在每平方公分五十公斤以下之空氣壓縮裝置之容器。
（三）其他經中央主管機關指定者。

第5條

本規則所稱製造人（含修改人）係指製造（含修改）危險性機械或設備之承製廠負責人。所稱所有人係指危險性機械或設備之所有權人。

第6條

國內製造之危險性機械或設備之檢查，應依本規則、職業安全衛生相關法規及中央主管機關指定之國家標準、國際標準或團體標準等之全部或部分內容規定辦理。
外國進口或於國內依合約約定採用前項國外標準設計、製造之危險性機械或設備，得採用該國外標準實施檢查。但與該標準相關之材料選用、機械性質、施工方法、施工技術及檢查方式等相關規定，亦應一併採用。
前二項國外標準之指定，應由擬採用該國外標準實施者，於事前檢具各該國外標準經中央主管機關認可後為之。檢查機構於實施檢查時，得要求提供相關檢查證明文件佐證。
對於構造或安裝方式特殊之地下式液化天然氣儲槽、混凝土製外槽與鋼製內槽之液化天然氣雙重槽、覆土式儲槽等，事業單位應於事前依下列規定辦理，並將風險評估報告送中央主管機關審查，非經審查通過及確認檢查規範，不得申請各項檢查：
一、風險評估報告審查時，應提供規劃設計考量要項、實施檢查擬採規範及承諾之風險承擔文件。
二、風險評估報告及風險控制對策，應經規劃設計者或製造者簽認。
三、風險評估報告之內容，應包括風險情境描述、量化風險評估、評估結果、風險控制對策及承諾之風險控制措施。

第7條

本法第十六條第一項規定之危險性機械或設備之檢查，由勞動檢查機構或中央主管機關指定之代行檢查機構（以下合稱檢查機構）實施。
前項檢查所必要之檢查合格證，由檢查機構核發。

第8條

檢查機構於實施危險性機械或設備各項檢查，認有必要時，得要求雇主、製造人或所有人實施分解、除去被檢查物體上被覆物等必要措施。

第二章　危險性機械

第一節　固定式起重機

第9條

固定式起重機之製造或修改，其製造人應於事前填具型式檢查申請書（附表一），並檢附載有下列事項之書件，向所在地檢查機構申請檢查：
一、申請型式檢查之固定式起重機型式、強度計算基準及組配圖。
二、製造過程之必要檢驗設備概要。
三、主任設計者學經歷概要。
四、施工負責人學經歷概要。
前項第二款之設備或第三款、第四款之人員變更時，應向所在地檢查機構報備。
第一項型式檢查，經檢查合格者，檢查機構應核發製造設施型式檢查合格證明（附表二）。
未經檢查合格，不得製造或修改。但與業經型式檢查合格之型式及條件相同者，不在此限。

第10條

前條所稱強度計算基準及組配圖應記載下列事項：
一、強度計算基準：將固定式起重機主要結構部分強度依相關法令規定，以數學計算式具體詳實記載。
二、組配圖係以圖示法足以表明該起重機具下列主要部分之組配情形：

（一）起重機具之外觀及主要尺寸。
（二）依起重機具種類型式不同，應能表明其主要部分構造概要，包括：全體之形狀、尺寸，結構材料之種類、材質及尺寸，接合方法及牽索之形狀、尺寸。
（三）吊升裝置、起伏裝置、走行裝置及迴旋裝置之概要，包括：捲胴形狀、尺寸，伸臂形狀、尺寸，動力傳動裝置主要尺寸等。
（四）安全裝置、制動裝置型式及配置等。
（五）原動機配置情形。
（六）吊具形狀及尺寸。
（七）駕駛室或駕駛台之操作位置。

第11條

製造人應實施品管及品保措施，其設備及人員並應合於下列規定：
一、具備萬能試驗機、放射線試驗裝置等檢驗設備。
二、主任設計者應合於下列資格之一：
（一）具有機械相關技師資格者。
（二）大專機械相關科系畢業，並具五年以上型式檢查對象機具相關設計、製造或檢查實務經驗者。
（三）高工機械相關科組畢業，並具八年以上型式檢查對象機具相關設計、製造或檢查實務經驗者。
（四）具有十二年以上型式檢查對象機具相關設計、製造或檢查實務經驗者。
三、施工負責人應合於下列資格之一：
（一）大專機械相關科系畢業，並具三年以上型式檢查對象機具相關設計、製造或檢查實務經驗者。
（二）高工機械相關科組畢業，並具六年以上型式檢查對象機具相關設計、製造或檢查實務經驗者。
（三）具有十年以上型式檢查對象機具相關設計、製造或檢查實務經驗者。
前項第一款之檢驗設備能隨時利用，或與其他事業單位共同設置者，檢查機構得認定已具有該項設備。
第一項第二款之主任設計者，製造人已委託具有資格者擔任，檢查機構得認定已符合規定。

第12條

雇主於固定式起重機設置完成或變更設置位置時，應填具固定式起重機竣工檢查申請書（附表三），檢附下列文件，向所在地檢查機構申請竣工檢查：
一、製造設施型式檢查合格證明（外國進口者，檢附品管等相關文件）。
二、設置場所平面圖及基礎概要。
三、固定式起重機明細表（附表四）。
四、強度計算基準及組配圖。

第13條

固定式起重機竣工檢查，包括下列項目：

一、構造與性能檢查：包括結構部分強度計算之審查、尺寸、材料之選用、吊升荷重之審查、安全裝置之設置及性能、電氣及機械部分之檢查、施工方法、額定荷重及吊升荷重等必要標示、在無負載及額定荷重下各種裝置之運行速率及其他必要項目。

二、荷重試驗：指將相當於該起重機額定荷重一點二五倍之荷重（額定荷重超過二百公噸者，爲額定荷重加上五十公噸之荷重）置於吊具上實施必要之吊升、直行、旋轉及吊運車之橫行等動作試驗。

三、安定性試驗：指將相當於額定荷重一點二七倍之荷重置於吊具上，且使該起重機於前方操作之最不利安定之條件下實施，並停止其逸走防止裝置及軌夾裝置等之使用。

四、其他必要之檢查。

固定式起重機屬架空式或橋型式等無虞翻覆者，得免實施前項第三款所定之試驗。

外國進口具有相當檢查證明文件者，檢查機構得免除第一項所定全部或一部之檢查。

經檢查合格，隨施工進度變更設置位置，且結構及吊運車未拆除及重新組裝者，檢查機構得免除第一項所定全部或一部之檢查。

第14條

雇主設置固定式起重機，如因設置地點偏僻等原因，無法實施荷重試驗或安定性試驗時，得委由製造人於製造後，塡具固定式起重機假荷重試驗申請書（附表五），檢附固定式起重機明細表向檢查機構申請實施假荷重試驗，其試驗方法依前條第一項第二款、第三款規定。

檢查機構對經前項假荷重試驗合格者，應發給假荷重試驗結果報告表（附表六）。

實施第一項假荷重試驗合格之固定式起重機，於竣工檢查時，得免除前條規定之荷重試驗或安定性試驗。

第15條

檢查機構對製造人或雇主申請固定式起重機之假荷重試驗或竣工檢查，應於受理檢查後，將檢查日期通知製造人或雇主，使其準備荷重試驗、安定性試驗用荷物及必要之吊掛器具。

第16條

檢查機構對竣工檢查合格或依第十三條第三項及第四項認定爲合格之固定式起重機，應在固定式起重機明細表上加蓋檢查合格戳記（附表七），勞動檢查員或代行檢查員（以下合稱檢查員）簽章後，交付申請人一份，並在被檢查物體上明顯部位打印、漆印或張貼檢查合格標章，以資識別。

竣工檢查合格之固定式起重機，檢查機構應發給竣工檢查結果報告表（附表八）及檢查合格證（附表九），其有效期限最長爲二年。

雇主應將前項檢查合格證或其影本置掛於該起重機之駕駛室或作業場所明顯處。

第17條

雇主於固定式起重機檢查合格證有效期限屆滿前一個月，應填具固定式起重機定期檢查申請書（附表十），向檢查機構申請定期檢查；逾期未申請檢查或檢查不合格者，不得繼續使用。

前項定期檢查，應就該起重機各部分之構造、性能、荷重試驗及其他必要項目實施檢查。

前項荷重試驗係將相當於額定荷重之荷物，於額定速率下實施吊升、直行、旋轉及吊運車之橫行等動作試驗。但檢查機構認無必要時，得免實施。

第二項荷重試驗準用第十五條規定。

第18條

檢查機構對定期檢查合格之固定式起重機，應於原檢查合格證上簽署，註明使用有效期限，最長爲二年。

檢查員於實施前項定期檢查後，應填報固定式起重機定期檢查結果報告表（附表十一），並將定期檢查結果通知雇主。

第19條

雇主對於固定式起重機變更下列各款之一時，應檢附變更部分之圖件，報請檢查機構備查：

一、原動機。

二、吊升結構。

三、鋼索或吊鏈。

四、吊鉤、抓斗等吊具。

五、制動裝置。

前項變更，材質、規格及尺寸不變者，不在此限。

雇主變更固定式起重機之吊升荷重爲未滿三公噸或斯達卡式起重機爲未滿一公噸者，應報請檢查機構認定後，註銷其檢查合格證。

第20條

雇主變更固定式起重機之桁架、伸臂、腳、塔等構造部分時，應填具固定式起重機變更檢查申請書（附表十二）及變更部分之圖件，向檢查機構申請變更檢查。

檢查機構對於變更檢查合格之固定式起重機，應於原檢查合格證上記載檢查日期、變更部分及檢查結果。

第一項變更檢查準用第十三條及第十五條之規定。

第21條

雇主對於停用超過檢查合格證有效期限一年以上之固定式起重機，如擬恢復使用時，應填具固定式起重機重新檢查申請書（附表十三），向檢查機構申請重新檢查。

檢查機構對於重新檢查合格之固定式起重機，應於原檢查合格證上記載檢查日期、檢查結果及使用有效期限，最長爲二年。

第一項重新檢查準用第十三條及第十五條規定。

第二節　移動式起重機

第22條

移動式起重機之製造或修改，其製造人應於事前填具型式檢查申請書（附表一），並檢附載有下列事項之書件，向所在地檢查機構申請檢查：

一、申請型式檢查之移動式起重機型式、強度計算基準及組配圖。

二、製造過程之必要檢驗設備概要。

三、主任設計者學經歷概要。

四、施工負責人學經歷概要。

前項第二款之設備或第三款、第四款之人員變更時，應向所在地檢查機構報備。

第一項型式檢查之品管、品保措施、設備及人員準用第十一條規定，經檢查合格者，檢查機構應核發製造設施型式檢查合格證明（附表二）。

未經檢查合格，不得製造或修改。但與業經型式檢查合格之型式及條件相同者，不在此限。

第23條

雇主於移動式起重機製造完成使用前或從外國進口使用前，應填具移動式起重機使用檢查申請書（附表十四），檢附下列文件，向當地檢查機構申請使用檢查：

一、製造設施型式檢查合格證明（外國進口者，檢附品管等相關文件）。

二、移動式起重機明細表（附表十五）。

三、強度計算基準及組配圖。

第24條

移動式起重機使用檢查，包括下列項目：

一、構造與性能檢查：包括結構部分強度計算之審查、尺寸、材料之選用、吊升荷重之審查、安全裝置之設置及性能、電氣及機械部分之檢查、施工方法、額定荷重及吊升荷重等必要標示、在無負載及額定荷重下之各種裝置之運行速率及其他必要項目。

二、荷重試驗：指將相當於該起重機額定荷重一點二五倍之荷重（額定荷重超過二百公噸者，為額定荷重加上五十公噸之荷重）置於吊具上實施吊升、旋轉及必要之走行等動作試驗。

三、安定性試驗：分方向實施之，前方安定性試驗係將相當於額定荷重一點二七倍之荷重置於吊具上，且使該起重機於前方最不利安定之條件下實施；左右安定度及後方安定度以計算為之。

四、其他必要之檢查。

對外國進口具有相當檢查證明文件者，檢查機構得免除本條所定全部或一部之檢查。

第25條

檢查機構對雇主申請移動式起重機之使用檢查，應於受理檢查後，將檢查日期通知雇主，使其準備荷重試驗、安定性試驗用荷物及必要之吊掛器具。

第26條

檢查機構對使用檢查合格或依第二十四條第二項認定爲合格之移動式起重機，應在移動式起重機明細表上加蓋檢查合格戳記（附表七），檢查員簽章後，交付申請人一份，並在被檢查物體上明顯部位打印、漆印或張貼檢查合格標章，以資識別。

使用檢查合格之移動式起重機，檢查機構應發給使用檢查結果報告表（附表十六）及檢查合格證（附表十七），其有效期限最長爲二年。

雇主應將前項檢查合格證或其影本置掛於該起重機之駕駛室或作業場所明顯處。

第27條

雇主於移動式起重機檢查合格證有效期限屆滿前一個月，應塡具移動式起重機定期檢查申請書（附表十），向檢查機構申請定期檢查；逾期未申請檢查或檢查不合格者，不得繼續使用。

前項定期檢查，應就該起重機各部分之構造、性能、荷重試驗及其他必要項目實施檢查。

前項荷重試驗係將相當額定荷重之荷物，於額定速率下實施吊升、旋轉及必要之走行等動作試驗。但檢查機構認無必要時，得免實施。

第二項荷重試驗準用第二十五條規定。

第28條

檢查機構對定期檢查合格之移動式起重機，應於原檢查合格證上簽署，註明使用有效期限，最長爲二年。

檢查員於實施前項定期檢查後，應塡報移動式起重機定期檢查結果報告表（附表十八），並將定期檢查結果通知雇主。

第29條

雇主對於移動式起重機變更下列各款之一時，應檢附變更部分之圖件，報請檢查機構備查：

一、原動機。

二、吊升結構。

三、鋼索或吊鏈。

四、吊鉤、抓斗等吊具。

五、制動裝置。

前項變更，材質、規格及尺寸不變者，不在此限。

雇主變更移動式起重機之吊升荷重爲未滿三公噸者，應報請檢查機構認定後，註銷其檢查合格證。

第30條

雇主變更移動式起重機之伸臂、架台或其他構造部分時，應塡具移動式起重機變更檢查申請書（附表十二）及變更部分之圖件，向檢查機構申請變更檢查。

檢查機構對於變更檢查合格之移動式起重機，應於原檢查合格證上記載檢查日期、變更部分及檢查結果。

第一項變更檢查準用第二十四條及第二十五條規定。

第31條

雇主對於停用超過檢查合格證有效期限一年以上之移動式起重機，如擬恢復使用時，應填具移動式起重機重新檢查申請書（附表十三），向檢查機構申請重新檢查。

檢查機構對於重新檢查合格之移動式起重機，應於原檢查合格證上記載檢查日期、檢查結果及使用有效期限，最長為二年。

第一項重新檢查準用第二十四條及第二十五條規定。

第三節　人字臂起重桿

第32條

人字臂起重桿之製造或修改，其製造人應於事前填具型式檢查申請書（附表一），並檢附載有下列事項之書件，向所在地檢查機構申請檢查：

一、申請型式檢查之人字臂起重桿型式、強度計算基準及組配圖。

二、製造過程之必要檢驗設備概要。

三、主任設計者學經歷概要。

四、施工負責人學經歷概要。

前項第二款之設備或第三款、第四款之人員變更時，應向所在地檢查機構報備。

第一項型式檢查之品管、品保措施、設備及人員準用第十一條規定，經檢查合格者，檢查機構應核發製造設施型式檢查合格證明（附表二）。

未經檢查合格，不得製造或修改。但與業經型式檢查合格之型式及條件相同者，不在此限。

第33條

雇主於人字臂起重桿設置完成或變更設置位置時，應填具人字臂起重桿竣工檢查申請書（附表三），檢附下列文件，向所在地檢查機構申請竣工檢查：

一、製造設施型式檢查合格證明（外國進口者，檢附品管等相關文件）。

二、設置場所平面圖及基礎概要。

三、人字臂起重桿明細表（附表十九）。

四、設置固定方式。

五、強度計算基準及組配圖。

第34條

人字臂起重桿竣工檢查項目為構造與性能之檢查、荷重試驗及其他必要之檢查。

前項荷重試驗，指將相當於該人字臂起重桿額定荷重一點二五倍之荷重（額定荷重超過二百公噸者，為額定荷重加上五十公噸之荷重）置於吊具上實施吊升、旋轉及起伏等動作試驗。

第一項之檢查，對外國進口具有相當檢查證明文件者，檢查機構得免除本條所定全部或一部之檢查。

第35條
檢查機構對雇主申請人字臂起重桿之竣工檢查，應於受理檢查後，將檢查日期通知雇主，使其準備荷重試驗用荷物及必要之吊掛器具。

第36條
檢查機構對竣工檢查合格或依第三十四條第三項認定爲合格之人字臂起重桿，應在人字臂起重桿明細表上加蓋檢查合格戳記（附表七），檢查員簽章後，交付申請人一份，並在被檢查物體上明顯部位打印、漆印或張貼檢查合格標章，以資識別。
竣工檢查合格之人字臂起重桿，檢查機構應發給竣工檢查結果報告表（附表二十）及檢查合格證（附表九），其有效期限最長爲二年。
雇主應將前項檢查合格證或其影本置掛於該人字臂起重桿之作業場所明顯處。

第37條
雇主於人字臂起重桿檢查合格證有效期限屆滿前一個月，應填具人字臂起重桿定期檢查申請書（附表十），向檢查機構申請定期檢查；逾期未申請檢查或檢查不合格者，不得繼續使用。
前項定期檢查，應就該人字臂起重桿各部分之構造、性能、荷重試驗及其他必要項目實施檢查。
前項荷重試驗係將相當額定荷重之荷物，於額定速率下實施吊升、旋轉、起伏等動作試驗。但檢查機構認無必要時，得免實施。
第二項荷重試驗準用第三十五條規定。

第38條
檢查機構對定期檢查合格之人字臂起重桿，應於原檢查合格證上簽署，註明使用有效期限，最長爲二年。
檢查員於實施前項定期檢查後，應填報人字臂起重桿定期檢查結果報告表（附表二十一），並將定期檢查結果通知雇主。

第39條
雇主對於人字臂起重桿變更下列各款之一時，應檢附變更部分之圖件，報請檢查機構備查：
一、原動機。
二、吊升結構。
三、鋼索或吊鏈。
四、吊鉤、抓斗等吊具。
五、制動裝置。
前項變更，材質、規格及尺寸不變者，不在此限。
雇主變更人字臂起重桿之吊升荷重爲未滿三公噸者，應報請檢查機構認定後，註銷其檢查合格證。

第40條
雇主變更人字臂起重桿之主桿、吊桿、拉索、基礎或其他構造部分時，應填具人字臂起重桿變更檢查申請書（附表十二）及變更部分之圖件，向檢查機構申請變更檢查。
檢查機構對於變更檢查合格之人字臂起重桿，應於原檢查合格證上記載檢查日期、變更部分及檢查結果。
第一項變更檢查準用第三十四條及第三十五條規定。

第41條

雇主對於停用超過檢查合格證有效期限一年以上之人字臂起重桿，如擬恢復使用時，應填具人字臂起重桿重新檢查申請書（附表十三），向檢查機構申請重新檢查。
檢查機構對於重新檢查合格之人字臂起重桿，應於原檢查合格證上記載檢查日期、檢查結果及使用有效期限，最長為二年。
第一項重新檢查準用第三十四條及第三十五條規定。

第四節　營建用升降機

第42條

營建用升降機之製造或修改，其製造人應於事前填具型式檢查申請書（附表一），並檢附載有下列事項之書件，向所在地檢查機構申請檢查：
一、申請型式檢查之營建用升降機型式、強度計算基準及組配圖。
二、製造過程之必要檢驗設備概要。
三、主任設計者學經歷概要。
四、施工負責人學經歷概要。
前項第二款之設備或第三款、第四款之人員變更時，應向所在地檢查機構報備。
第一項型式檢查之品管、品保措施、設備及人員準用第十一條規定，經檢查合格者，檢查機構應核發製造設施型式檢查合格證明（附表二）。
未經檢查合格，不得製造或修改。但與業經型式檢查合格之型式及條件相同者，不在此限。

第43條

雇主於營建用升降機設置完成時，應填具營建用升降機竣工檢查申請書（附表三），檢附下列文件，向所在地檢查機構申請竣工檢查：
一、製造設施型式檢查合格證明（外國進口者，檢附品管等相關文件）。
二、設置場所四周狀況圖。
三、營建用升降機明細表（附表二十二）。
四、強度計算基準及組配圖。

第44條

營建用升降機竣工檢查項目為構造與性能之檢查、荷重試驗及其他必要之檢查。
前項荷重試驗，指將相當於該營建用升降機積載荷重一點二倍之荷重置於搬器上實施升降動作試驗。
第一項之檢查，對外國進口具有相當檢查證明文件者，檢查機構得免除本條所定全部或一部之檢查。

第45條

檢查機構對雇主申請營建用升降機之竣工檢查，應於受理檢查後，將檢查日期通知雇主，使其準備荷重試驗用荷物及必要之運搬器具。

第46條

檢查機構對竣工檢查合格或依第四十四條第三項認定爲合格之營建用升降機，應在營建用升降機明細表上加蓋檢查合格戳記（附表七），檢查員簽章後，交付申請人一份，並在被檢查物體上明顯部位打印、漆印或張貼檢查合格標章，以資識別。

竣工檢查合格之營建用升降機，檢查機構應發給竣工檢查結果報告表（附表二十三）及檢查合格證（附表二十四），其有效期限最長爲一年。

雇主應將前項檢查合格證或其影本置掛於該營建用升降機之明顯位置。

第47條

雇主於營建用升降機檢查合格證有效期限屆滿前一個月，應填具營建用升降機定期檢查申請書（附表十），向檢查機構申請定期檢查；屆期未申請檢查或檢查不合格者，不得繼續使用。

前項定期檢查，應就該營建用升降機各部分之構造、性能、荷重試驗及其他必要項目實施檢查。

前項荷重試驗指將相當積載荷重之荷物，於額定速率下實施升降動作試驗。但檢查機構認無必要時，得免實施。

第二項荷重試驗準用第四十五條規定。

第48條

檢查機構對定期檢查合格之營建用升降機，應於原檢查合格證上簽署，註明使用有效期限，最長爲一年。

檢查員於實施前項定期檢查後，應塡報營建用升降機定期檢查結果報告表（附表二十五），並將定期檢查結果通知雇主。

第49條

雇主對於營建用升降機變更下列各款之一時，應檢附變更部分之圖件，報請檢查機構備查：

一、捲揚機。

二、原動機。

三、鋼索或吊鏈。

四、制動裝置。

前項變更，材質、規格及尺寸不變者，不在此限。

第50條

雇主變更營建用升降機之搬器、配重、升降路塔、導軌支持塔或拉索時，應填具營建用升降機變更檢查申請書（附表十二）及變更部分之圖件，向檢查機構申請變更檢查。

檢查機構對於變更檢查合格之營建用升降機，應於原檢查合格證上記載檢查日期、變更部分及檢查結果。
第一項變更檢查準用第四十四條及第四十五條規定。

第51條
雇主對於停用超過檢查合格證有效期限一年以上之營建用升降機，恢復使用前，應填具營建用升降機重新檢查申請書（附表十三），向檢查機構申請重新檢查。
檢查機構對於重新檢查合格之營建用升降機，應於原檢查合格證上記載檢查日期、檢查結果及使用有效期限，最長爲一年。
第一項重新檢查準用第四十四條及第四十五條規定。

第五節　營建用提升機

第52條
營建用提升機之製造或修改，其製造人應於事前塡具型式檢查申請書（附表一），並檢附載有下列事項之書件，向所在地檢查機構申請檢查：
一、申請型式檢查之營建用提升機型式、強度計算基準及組配圖。
二、製造過程之必要檢驗設備概要。
三、主任設計者學經歷概要。
四、施工負責人學經歷概要。
前項第二款之設備或第三款、第四款之人員變更時，應向所在地檢查機構報備。
第一項型式檢查之品管、品保措施、設備及人員準用第十一條規定，經檢查合格者，檢查機構應核發製造設施型式檢查合格證明（附表二）。
未經檢查合格，不得製造或修改。但與業經型式檢查合格之型式及條件相同者，不在此限。

第53條
雇主於營建用提升機設置完成時，應塡具營建用提升機竣工檢查申請書（附表三），檢附下列文件，向所在地檢查機構申請竣工檢查：
一、製造設施型式檢查合格證明（外國進口者，檢附品管等相關文件）。
二、設置場所平面圖及基礎概要。
三、營建用提升機明細表（附表二十六）。
四、強度計算基準及組配圖。

第54條
營建用提升機竣工檢查項目爲構造與性能之檢查、荷重試驗及其他必要之檢查。
前項荷重試驗，指將相當於該提升機積載荷重一點二倍之荷重置於搬器上實施升降動作試驗。
第一項之檢查，對外國進口具有相當檢查證明文件者，檢查機構得免除本條所定全部或一部之檢查。

第55條
檢查機構對雇主申請營建用提升機之竣工檢查，應於受理檢查後，將檢查日期通知雇主，使其準備荷重試驗用荷物及必要之運搬器具。

第56條

檢查機構對竣工檢查合格或依第五十四條第三項認定爲合格之營建用提升機，應在營建用提升機明細表上加蓋檢查合格戳記（附表七），檢查員簽章後，交付申請人一份，並在被檢查物體上明顯部位打印、漆印或張貼檢查合格標章，以資識別。

竣工檢查合格之營建用提升機，檢查機構應發給檢查合格證（附表二十七）其有效期限最長爲二年。

雇主應將前項檢查合格證或其影本置掛於該營建用提升機明顯處。

第57條

雇主於營建用提升機檢查合格證有效期限屆滿前一個月，應塡具營建用提升機定期檢查申請書（附表十），向檢查機構申請定期檢查；逾期未申請檢查或檢查不合格者，不得繼續使用。

前項定期檢查，應就該營建用提升機各部分之構造、性能、荷重試驗及其他必要項目實施檢查。

前項荷重試驗係將相當積載荷重之荷物置於搬器上實施升降動作試驗。但檢查機構認無必要時，得免實施。

第二項荷重試驗準用第五十五條規定。

第58條

檢查機構對定期檢查合格之營建用提升機，應於原檢查合格證上簽署，註明使用有效期限，最長爲二年。

檢查員於實施前項定期檢查後，應塡報營建用提升機定期檢查結果報告表，並將定期檢查結果通知雇主。

第59條

雇主對於營建用提升機變更下列各款之一時，應檢附變更部分之圖件，報請檢查機構備查：

一、原動機。

二、絞車。

三、鋼索或吊鏈。

四、制動裝置。

前項變更，材質、規格及尺寸不變者，不在此限。

雇主變更營建用提升機之導軌或升降路之高度爲未滿二十公尺者，應報請檢查機構認定後，註銷其檢查合格證。

第60條

雇主變更營建用提升機之導軌、升降路或搬器時，應塡具營建用提升機變更檢查申請書（附表十二）及變更部分之圖件，向檢查機構申請變更檢查。

檢查機構對於變更檢查合格之營建用提升機，應於原檢查合格證上記載檢查日期、變更部分及檢查結果。

第一項變更檢查準用第五十四條及第五十五條規定。

第61條
雇主對於停用超過檢查合格證有效期限一年以上之營建用提升機，如擬恢復使用時，應填具營建用提升機重新檢查申請書（附表十三），向檢查機構申請重新檢查。
檢查機構對於重新檢查合格之營建用提升機，應於原檢查合格證上記載檢查日期、檢查結果及使用有效期限，最長爲二年。
第一項重新檢查準用第五十四條及第五十五條規定。

第六節　吊籠

第62條
吊籠之製造或修改，其製造人應於事前填具型式檢查申請書（附表一），並檢附載有下列事項之書件，向所在地檢查機構申請檢查：
一、申請型式檢查之吊籠型式、強度計算基準及組配圖。
二、製造過程之必要檢驗設備概要。
三、主任設計者學經歷概要。
四、施工負責人學經歷概要。
前項第二款之設備或第三款、第四款之人員變更時，應向所在地檢查機構報備。
第一項型式檢查之品管、品保措施、設備及人員準用第十一條規定，經檢查合格者，檢查機構應核發製造設施型式檢查合格證明（附表二）。
未經檢查合格，不得製造或修改。但與業經型式檢查合格之型式及條件相同者，不在此限。

第63條
雇主於吊籠製造完成使用前或從外國進口使用前，應填具吊籠使用檢查申請書（附表十四），並檢附下列文件，向當地檢查機構申請使用檢查：
一、製造設施型式檢查合格證明（外國進口者，檢附品管等相關文件）。
二、吊籠明細表（附表二十八）。
三、強度計算基準及組配圖。
四、設置固定方式。

第64條
吊籠使用檢查項目爲構造與性能之檢查、荷重試驗及其他必要之檢查。
前項荷重試驗，係將相當於該吊籠積載荷重之荷物置於工作台上，於額定速率下實施上升，或於容許下降速率下實施下降等動作試驗。但不能上升者，僅須實施下降試驗。
第一項之檢查，對外國進口具有相當檢查證明文件者，檢查機構得免除所本條所定全部或一部之檢查。

第65條
檢查機構對雇主申請吊籠之使用檢查，應於受理檢查後，將檢查日期通知雇主，使其將該吊籠移於易檢查之位置，並準備荷重試驗用荷物及必要之運搬器具。

第66條

檢查機構對使用檢查合格或依第六十四條第三項認定爲合格之吊籠，應在吊籠明細表上加蓋檢查合格戳記（附表七），檢查員簽章後，交付申請人一份，並在被檢查物體上明顯部位打印、漆印或張貼檢查合格標章，以資識別。

使用檢查合格之吊籠，檢查機構應發給使用檢查結果報告表（附表二十九）及檢查合格證（附表十七），其有效期限最長爲一年。

雇主應將前項檢查合格證或其影本置掛於該吊籠之工作台上明顯處。

第67條

雇主於吊籠檢查合格證有效期限屆滿前一個月，應填具吊籠定期檢查申請書（附表十），向檢查機構申請定期檢查；逾期未申請檢查或檢查不合格者，不得繼續使用。

前項定期檢查，應就該吊籠各部分之構造、性能、荷重試驗及其他必要項目實施檢查。

前項荷重試驗準用第六十四條第二項及第十五條規定。

第68條

檢查機構對定期檢查合格之吊籠，應於原檢查合格證上簽署，註明使用有效期限，最長爲一年。

檢查員於實施前項定期檢查後，應填報吊籠定期檢查結果報告表（附表三十），並將定期檢查結果通知雇主。

第69條

雇主變更吊籠下列各款之一時，應填具吊籠變更檢查申請書（附表十二）及變更部分之圖件，向檢查機構申請變更檢查：

一、工作台。

二、吊臂及其他構造部分。

三、升降裝置。

四、制動裝置。

五、控制裝置。

六、鋼索或吊鏈。

七、固定方式。

前項變更，材質、規格及尺寸不變者，不在此限。

檢查機構對於變更檢查合格之吊籠，應於原檢查合格證上記載檢查日期、變更部分及檢查結果。

第一項變更檢查準用第六十四條及第六十五條規定。

第70條

雇主對於停用超過檢查合格證有效期限一年以上之吊籠，如擬恢復使用時，應填具吊籠重新檢查申請書（附表十三），向檢查機構申請重新檢查。

檢查機構對於重新檢查合格之吊籠，應於原檢查合格證上記載檢查日期、檢查結果及使用有效期限，最長爲一年。
第一項重新檢查準用第六十四條及第六十五條規定。

第三章　危險性設備

第一節　鍋爐

第71條
鍋爐之製造或修改，其製造人應於事前填具型式檢查申請書（附表三十一），並檢附載有下列事項之書件，向所在地檢查機構申請檢查：
一、申請型式檢查之鍋爐型式、構造詳圖及強度計算書。
二、製造、檢查設備之種類、能力及數量。
三、主任設計者學經歷概要。
四、施工負責人學經歷概要。
五、施工者資格及人數。
六、以熔接製造或修改者，應檢附熔接人員資格證件、熔接程序規範及熔接程序資格檢定紀錄。
前項第二款之設備或第三款、第四款之人員變更時，應向所在地檢查機構報備。
第一項型式檢查，經檢查合格者，檢查機構應核發製造設施型式檢查合格證明（附表二）。
未經檢查合格，不得製造或修改。但與業經型式檢查合格之型式及條件相同者，不在此限。

第72條
鍋爐之製造人應實施品管及品保措施，其設備及人員並應合於下列規定：
一、製造及檢查設備：
（一）以鉚接製造或修改者應具備：彎板機、空氣壓縮機、衝床、鉚釘錘、歛縫錘及水壓試驗設備。
（二）以熔接製造或修改者應具備：
1. 全部熔接製造或修改：彎板機、熔接機、衝床、退火爐、萬能試驗機、水壓試驗設備及放射線檢查設備。
2. 部分熔接製造或修改：彎板機、熔接機、衝床、萬能試驗機、水壓試驗設備及放射線檢查設備。
3. 置有胴體內徑超過三百公厘之汽水分離器之貫流鍋爐之製造：彎板機、彎管機、熔接機、衝床、退火爐、萬能試驗機、水壓試驗設備及放射線檢查設備。
4. 置有胴體內徑在三百公厘以下之汽水分離器之貫流鍋爐之製造：彎管機、熔接機及水壓試驗設備。
5. 未具汽水分離器之貫流鍋爐之製造：彎管機、熔接機及水壓試驗設備。
6. 供作鍋爐胴體用大直徑鋼管之製造：彎板機、熔接機、衝床、退火爐、萬能試驗機、水壓試驗設備及放射線檢查設備。
7. 胴體內徑在三百公厘以下之鍋爐之圓周接合或僅安裝管板、凸緣之熔接，而其他部分不實施熔接：熔接機、水壓試驗設備。
8. 製造波浪型爐筒或伸縮接頭：彎板機、衝床或成型裝置、熔接機、水壓試驗設備及放射線檢查設備。但實施波浪型爐筒縱向接合之熔接者，得免設放射線檢查設備。
（三）以鑄造者應具備：鑄造設備、水壓試驗設備。
二、主任設計者應合於下列資格之一：
（一）具有機械相關技師資格者。
（二）大專機械相關科系畢業，並具五年以上型式檢查對象設備相關設計、製造或檢查實務經驗者。
（三）高工機械相關科組畢業，並具八年以上型式檢查對象設備相關設計、製造或檢查實務經驗者。
（四）具有十二年以上型式檢查對象設備相關設計、製造或檢查實務經驗者。
三、施工負責人應合於下列資格之一：
（一）大專機械相關科系畢業或機械相關技師，並具二年以上型式檢查對象設備相關設計、製造或檢查實務經驗者。
（二）高工機械相關科組畢業，並具五年以上型式檢查對象設備相關設計、製造或檢查實務經驗者。
（三）具有八年以上型式檢查對象設備相關設計、製造或檢查實務經驗者。
四、施工者應合於下列資格：
（一）以鉚接製造或修改者應具有從事相關鉚接工作三年以上經驗者。
（二）以熔接製造或修改者應具有熔接技術士資格者。
（三）以鑄造者應具有從事相關鑄造工作三年以上經驗者。

前項第一款，衝床之設置，以製造最高使用壓力超過每平方公分七公斤之鍋爐為限；退火爐之設置，以相關法規規定須實施退火者為限。

第一項第一款第一目、第二目之一至之三、之六及之八之衝床、第一款第二目之一、之三及之六之退火爐、第一款第二目之一至之三及之六之萬能試驗機、第一款第二目之一至之三、之六及之八之放射線檢查設備等設備能隨時利用，或與其他事業單位共同設置者，檢查機構得認定已具有該項設備。

第一項第一款第三目之鑄造者，應設實施檢查鑄造品之專責單位。

第一項第二款之主任設計者，製造人已委託具有資格者擔任，檢查機構得認定已符合規定。

第73條

以熔接製造之鍋爐，應於施工前由製造人向製造所在地檢查機構申請熔接檢查。但符合下列各款之一者，不在此限：
一、附屬設備或僅對不產生壓縮應力以外之應力部分，施以熔接者。
二、貫流鍋爐。但具有內徑超過三百公厘之汽水分離器者，不在此限。
三、僅有下列部分施以熔接者：
（一）內徑三百公厘以下之主蒸氣管、給水管或集管器之圓周接頭。
（二）加強材料、管、管台、凸緣及閥座等熔接在胴體或端板上。

（三）機車型鍋爐或豎型鍋爐等之加煤口周圍之熔接。
（四）支持架或將其他不承受壓力之物件熔接於胴體或端板上。
（五）防漏熔接。
（六）內徑三百公厘以下之鍋爐汽包，僅汽包胴體與冠板、或汽包胴體與鍋爐胴體接合處使用熔接者。

前項熔接檢查項目爲材料檢查、外表檢查、熔接部之機械性能試驗、放射線檢查、熱處理檢查及其他必要檢查。

第74條

製造人申請鍋爐之熔接檢查時，應塡具鍋爐熔接檢查申請書（附表三十二），並檢附下列書件：
一、材質證明一份。
二、熔接明細表（附表三十三）二份及施工位置分類圖一份。
三、構造詳圖及強度計算書二份。
四、熔接施工人員之熔接技術士資格證件。
五、製造設施型式檢查合格證明、熔接程序規範及熔接程序資格檢定紀錄等影本各一份。

第75條

檢查機構實施鍋爐之熔接檢查時，應就製造人檢附之書件先行審查合格後，依熔接檢查項目實施現場實物檢查。

實施現場實物檢查時，製造人或其指派人員應在，並應事前備妥下列事項：
一、機械性能試驗片。
二、放射線檢查。

第76條

鍋爐經熔接檢查合格者，檢查機構應在熔接明細表上加蓋熔接檢查合格戳記（附表三十四），檢查員簽章後，交付申請人一份，做爲熔接檢查合格證明，並應在被檢查物體上明顯部位打印，以資識別。

第77條

製造鍋爐本體完成時，應由製造人向製造所在地檢查機構申請構造檢查。但水管鍋爐、組合式鑄鐵鍋爐等分割組合式鍋爐，得在安裝築爐前，向設置所在地檢查機構申請構造檢查。

第78條

製造人申請鍋爐之構造檢查時，應塡具鍋爐構造檢查申請書（附表三十五）一份，並檢附下列書件：
一、鍋爐明細表（附表三十六）二份。
二、構造詳圖及強度計算書各二份。
三、以熔接製造者，附加蓋熔接檢查合格戳記之熔接明細表。
四、以鉚接製造者，附製造設施型式檢查合格證明。

由同一檢查機構實施同一座鍋爐之熔接檢查及構造檢查者，得免檢附前項第二款、第三款之書件。

第一項構造檢查項目爲施工方法、材料厚度、構造、尺寸、傳熱面積、最高使用壓力、強度計算審查、人孔、清掃孔、安全裝置之規劃、耐壓試驗、胴體、端板、管板、煙管、火室、爐筒等使用之材料及其他必要之檢查。

第79條

檢查機構實施鍋爐之構造檢查時，製造人或其指派人員應在場，並應事先備妥下列事項：

一、將被檢查物件放置於易檢查位置。

二、準備水壓等耐壓試驗。

第80條

鍋爐經構造檢查合格者，檢查機構應在鍋爐明細表上加蓋構造檢查合格戳記（附表三十四），檢查員簽章後，交付申請人一份，做爲構造檢查合格證明，並應在被檢查物體上明顯部位打印，以資識別。

第81條

雇主於鍋爐設置完成時，應向檢查機構申請竣工檢查；未經竣工檢查合格，不得使用。

檢查機構實施前項竣工檢查時，雇主或其指派人員應在場。

第82條

雇主申請鍋爐之竣工檢查時，應塡具鍋爐竣工檢查申請書（附表三十七），並檢附下列書件：

一、加蓋構造檢查或重新檢查合格戳記之鍋爐明細表。

二、鍋爐設置場所及鍋爐周圍狀況圖。

鍋爐竣工檢查項目爲安全閥數量、容量、吹洩試驗、水位計數量、位置、給水裝置之容量、數量、排水裝置之容量、數量、水處理裝置、鍋爐之安全配置、鍋爐房之設置、基礎、出入口、安全裝置、壓力表之數量、尺寸及其他必要之檢查。

經竣工檢查合格者，檢查機構應核發鍋爐竣工檢查結果報告表（附表三十八）及檢查合格證（附表三十九），其有效期限最長爲一年。

雇主應將前項檢查合格證或其影本置掛於鍋爐房或作業場所明顯處。

第83條

雇主於鍋爐檢查合格證有效期限屆滿前一個月，應塡具定期檢查申請書（附表四十）向檢查機構申請定期檢查。

第84條

雇主於鍋爐竣工檢查合格後，第一次定期檢查時，應實施內、外部檢查。

前項定期檢查後，每年應實施外部檢查一次以上；其內部檢查期限應依下列規定：

一、以管路連接從事連續生產程序之化工設備所附屬鍋爐、或發電用鍋爐及其輔助鍋爐，每二年檢查一次以上。

二、前款以外之鍋爐每年檢查一次以上。
前項外部檢查，對於發電容量二萬瓩以上之發電用鍋爐，得延長其期限，並與內部檢查同時辦理。但其期限最長爲二年。

第85條

檢查機構受理實施鍋爐內部檢查時，應將檢查日期通知雇主，使其預先將鍋爐之內部恢復至常溫、常壓、排放內容物、通風換氣、整理清掃內部及爲其他定期檢查必要準備事項。
前項內部檢查項目爲鍋爐內部之表面檢查及厚度、腐蝕、裂痕、變形、汙穢等之檢測，必要時實施之非破壞檢查、以檢查結果判定需要實施之耐壓試驗及其他必要之檢查。

第86條

鍋爐外部檢查之項目爲外觀檢查、外部之腐蝕、裂痕、變形、汙穢、洩漏之檢測、必要時實施之非破壞檢查、易腐蝕處之定點超音波測厚、附屬品及附屬裝置檢查。必要時，得以適當儀器檢測其內部，發現有異狀者，應併實施內部檢查。
前項超音波測厚，因特別高溫等致測厚確有困難者，得免實施。
檢查機構受理實施鍋爐外部檢查時，應將檢查日期通知雇主。實施檢查時，雇主或其指派人員應在場。

第87條

檢查機構對定期檢查合格之鍋爐，應於原檢查合格證上簽署，註明使用有效期限，最長爲一年。但第八十四條第三項，最長得爲二年。
檢查員於實施前項定期檢查後，應填報鍋爐定期檢查結果報告表（附表四十一），並將定期檢查結果通知雇主。

第88條

鍋爐經定期檢查不合格者，檢查員應即於檢查合格證記事欄內記載不合格情形並通知改善；其情形嚴重有發生危害之虞者，並應報請所屬檢查機構限制其最高使用壓力或禁止使用。

第89條

鍋爐有下列各款情事之一者，應由所有人或雇主向檢查機構申請重新檢查：
一、從外國進口。
二、構造檢查、重新檢查、竣工檢查或定期檢查合格後，經閒置一年以上，擬裝設或恢復使用。
三、經禁止使用，擬恢復使用。
四、固定式鍋爐遷移裝置地點而重新裝設。
五、擬提升最高使用壓力。
六、擬變更傳熱面積。
對外國進口具有相當檢查證明文件者，檢查機構得免除本條所定全部或一部之檢查。

第90條

所有人或雇主申請鍋爐之重新檢查時，應填具鍋爐重新檢查申請書（附表四十二）一份，並檢附下列書件：

一、鍋爐明細表二份。

二、構造詳圖及強度計算書各二份。但檢查機構認無必要者，得免檢附。

三、前經檢查合格證明文件或其影本。

第七十八條第三項及第七十九條規定，於重新檢查時準用之。

第91條

鍋爐經重新檢查合格者，檢查機構應在鍋爐明細表上加蓋重新檢查合格戳記（附表三十四），檢查員簽章後，交付申請人一份，做為重新檢查合格證明，以辦理竣工檢查。但符合第八十九條第二款之竣工檢查或定期檢查後停用或第三款，其未遷移裝設或遷移至廠內其他位置重新裝設，經檢查合格者，得在原檢查合格證上記載檢查日期、檢查結果及註明使用有效期限，最長為一年。

外國進口者，應在被檢查物體上明顯部位打印，以資識別。

第92條

鍋爐經修改致有下列各款之一變動者，所有人或雇主應向檢查機構申請變更檢查：

一、鍋爐之胴體、集管器、爐筒、火室、端板、管板、汽包、頂蓋板或補強支撐。

二、過熱器或節煤器。

三、燃燒裝置。

四、安裝基礎。

鍋爐經變更檢查合格者，檢查員應在原檢查合格證記事欄內記載檢查日期、變更部分及檢查結果。

鍋爐之胴體或集管器經修改達三分之一以上，或其爐筒、火室、端板或管板全部修改者，應依第七十一條規定辦理。

第93條

所有人或雇主申請鍋爐變更檢查時，應填具鍋爐變更檢查申請書（附表四十三）一份，並檢附下列書件：

一、製造設施型式檢查合格證明。

二、鍋爐明細表二份。

三、變更部分圖件。

四、構造詳圖及強度計算書各二份。但檢查機構認無必要者，得免檢附。

五、前經檢查合格證明或其影本。

第七十八條第三項及第七十九條規定，於變更檢查時準用之。

第94條

檢查機構於實施鍋爐之構造檢查、竣工檢查、定期檢查、重新檢查或變更檢查認有必要時，得告知鍋爐所有人、雇主或其代理人為下列各項措施：

一、除去被檢查物體上被覆物之全部或一部。

二、拔出鉚釘或管。
三、在板上或管上鑽孔。
四、鑄鐵鍋爐之解體。
五、其他認爲必要事項。
前項第三款，申請人得申請改以非破壞檢查，並提出證明文件。

第二節　壓力容器

第95條

第一種壓力容器之製造或修改，其製造人應於事前填具型式檢查申請書（附表三十一），並檢附載有下列事項之書件，向所在地檢查機構申請檢查：
一、申請型式檢查之第一種壓力容器型式、構造詳圖及強度計算書。
二、製造、檢查設備之種類、能力及數量。
三、主任設計者學經歷概要。
四、施工負責人學經歷概要。
五、施工者資格及人數。
六、以熔接製造或修改者，應檢附熔接人員資格證件、熔接程序規範及熔接程序資格檢定記錄。
前項第二款之設備或第三款、第四款之人員變更時，應向所在地檢查機構報備。
第一項型式檢查，經檢查合格者，檢查機構應核發製造設施型式檢查合格證明（附表二）。
未經檢查合格，不得製造或修改。但與業經型式檢查合格之型式及條件相同者，不在此限。

第96條

第一種壓力容器之製造，除整塊材料挖製者外，應實施品管及品保措施，其設備及人員，準用第七十二條規定。
前項以整塊材料挖製之第一種壓力容器，除主任設計者應適用第七十二條第一項第二款規定外，其設備及人員，應依下列規定：
一、製造及檢查設備應具備：挖製裝置及水壓試驗設備。
二、施工負責人應合於下列資格之一：
（一）大專機械相關科系畢業或取得機械相關技師資格，並具一年以上型式檢查對象設備相關設計、製造或檢查實務經驗者。
（二）高工機械相關科組畢業，並具二年以上型式檢查對象設備相關設計、製造或檢查實務經驗者。
（三）具有五年以上型式檢查對象設備相關設計、製造或檢查實務經驗者。
三、施工者資格應具有從事相關挖製工作二年以上經驗者。

第97條

以熔接製造之第一種壓力容器，應於施工前由製造人向製造所在地檢查機構申請熔接檢查。但符合下列各款之一者，不在此限：

一、附屬設備或僅對不產生壓縮應力以外之應力部分，施以熔接者。
二、僅有下列部分施以熔接者：
（一）內徑三百公厘以下之管之圓周接頭。
（二）加強材料、管、管台、凸緣及閥座等熔接在胴體或端板上。
（三）支持架或將其他不承受壓力之物件熔接於胴體或端板上。
（四）防漏熔接。
前項熔接檢查項目爲材料檢查、外表檢查、熔接部之機械性能試驗、放射線檢查、熱處理檢查及其他必要之檢查。

第98條
製造人申請第一種壓力容器之熔接檢查時，應塡具第一種壓力容器熔接檢查申請書（附表三十二）並檢附下列書件：
一、材質證明一份。
二、熔接明細表（附表三十三）二份及施工位置分類圖一份。
三、構造詳圖及強度計算書各二份。
四、熔接施工人員之熔接技術士資格證件。
五、製造設施型式檢查合格證明、熔接程序規範及熔接程序資格檢定紀錄等影本各一份。

第99條
檢查機構實施第一種壓力容器之熔接檢查時，應就製造人檢附之書件先行審查合格後，依熔接檢查項目實施現場實物檢查：
實施現場實物檢查時，製造人或其指派人員應在場，並應事前備妥下列事項：
一、機械性能試驗片。
二、放射線檢查。

第100條
第一種壓力容器經熔接檢查合格者，檢查機構應在熔接明細表上加蓋熔接檢查合格戳記（附表三十四），檢查員簽章後，交付申請人一份，做爲熔接檢查合格證明，並應在被檢查物體上明顯部位打印，以資識別。

第101條
製造第一種壓力容器本體完成時，應由製造人向製造所在地檢查機構申請構造檢查。但在設置地組合之分割組合式第一種壓力容器，得在安裝前，向設置所在地檢查機構申請構造檢查。

第102條
製造人申請第一種壓力容器之構造檢查時，應塡具第一種壓力容器構造檢查申請書（附表三十五）一份，並檢附下列書件：
一、第一種壓力容器明細表（附表四十四）二份。
二、構造詳圖及強度計算書各二份。
三、以熔接製造者，附加蓋熔接檢查合格戳記之熔接明細表。

四、以鉚接製造者，附製造設施型式檢查合格證明。
由同一檢查機構實施同一座第一種壓力容器之熔接檢查及構造檢查者，得免檢附前項第二款、第三款之書件。
第一項構造檢查項目為施工方法、材料厚度、構造、尺寸、最高使用壓力、強度計算審查、人孔、清掃孔、安全裝置之規劃、耐壓試驗、胴體、端板、管板等使用之材料及其他必要之檢查。

第103條
檢查機構實施第一種壓力容器之構造檢查時，製造人或其指派人員應在場，並應事先備妥下列事項：
一、將被檢查物件放置於易檢查位置。
二、準備水壓等耐壓試驗。

第104條
第一種壓力容器經構造檢查合格者，檢查機構應在第一種壓力容器明細表上加蓋構造檢查合格戳記（附表三十四），檢查員簽章後，交付申請人一份，做為構造檢查合格證明，並應在被檢查物體上明顯部位打印，以資識別。

第105條
雇主於第一種壓力容器設置完成時，應向檢查機構申請竣工檢查；未經竣工檢查合格，不得使用。
檢查機構實施前項竣工檢查時，雇主或其指派人員應在場。

第106條
雇主申請第一種壓力容器之竣工檢查時，應填具第一種壓力容器竣工檢查申請書（附表三十七），並檢附下列書件：
一、加蓋構造檢查或重新檢查合格戳記之第一種壓力容器明細表。
二、第一種壓力容器設置場所及設備周圍狀況圖。
前項竣工檢查項目為安全閥數量、容量、吹洩試驗、安全裝置、壓力表之數量、尺寸及其他必要之檢查。
經竣工檢查合格者，檢查機構應核發第一種壓力容器竣工檢查結果報告表（附表四十五）及檢查合格證（附表三十九），其有效期限最長為一年。

第107條
雇主於第一種壓力容器檢查合格證有效期限屆滿前一個月，應填具定期檢查申請書（附表四十）向檢查機構申請定期檢查。

第108條
第一種壓力容器之定期檢查，應每年實施外部檢查一次以上，其內部檢查期限應依下列規定：
一、兩座以上之第一種壓力容器以管路連接從事連續生產程序之化工設備，或發電用第一種壓力容器，每二年檢查一次以上。
二、前款以外之第一種壓力容器每年檢查一次以上。

前項外部檢查，對發電容量二萬瓩以上之發電用第一種壓力容器，得延長其期限，並與內部檢查同時辦理。但其期限最長以二年爲限。

第109條

雇主對於下列第一種壓力容器無法依規定期限實施內部檢查時，得於內部檢查有效期限屆滿前三個月，檢附其安全衛生管理狀況、自動檢查計畫暨執行紀錄、該容器之構造檢查合格明細表影本、構造詳圖、生產流程圖、緊急應變處置計畫、自動控制系統及檢查替代方式建議等資料，報經檢查機構核定後，延長其內部檢查期限或以其他檢查方式替代：

一、依規定免設人孔或構造上無法設置人孔、掃除孔或檢查孔者。

二、內存觸媒、分子篩或其他特殊內容物者。

三、連續生產製程中無法分隔之系統設備者。

四、其他實施內部檢查困難者。

前項第一種壓力容器有附屬鍋爐時，其檢查期限得隨同延長之。

第110條

檢查機構受理實施第一種壓力容器內部檢查時，應將檢查日期通知雇主，使其預先將第一種壓力容器之內部恢復至常溫、常壓、排放內容物、通風換氣、整理清掃內部及爲其他定期檢查必要準備事項。

前項內部檢查項目爲第一種壓力容器內部之表面檢查及厚度、腐蝕、裂痕、變形、汙穢等之檢測，必要時實施之非破壞檢查、以檢查結果判定需要實施之耐壓試驗及其他必要之檢查。

內容物不具腐蝕性之第一種壓力容器之內部檢查有困難者，得以常用壓力一點五倍以上壓力實施耐壓試驗或常用壓力一點一倍以上壓力以內容物實施耐壓試驗，並以常用壓力以上壓力實施氣密試驗及外觀檢查等代替之。

第111條

第一種壓力容器外部檢查之項目爲外觀檢查、外部之腐蝕、裂痕、變形、汙穢、洩漏之檢測、必要時實施之非破壞檢查、易腐蝕處之定點超音波測厚及其他必要之檢查。必要時，得以適當儀器檢測其內部，發現有異狀者，應併實施內部檢查。

前項超音波測厚，因特別高溫等致測厚確有困難者，得免實施。

檢查機構受理實施第一種壓力容器外部檢查時，應將檢查日期通知雇主。

實施檢查時，雇主或其指派人員應在場。

第112條

檢查機構對定期檢查合格之第一種壓力容器，應於原檢查合格證上簽署，註明使用有效期限，最長爲一年。但第一百零八條第二項，最長得爲二年。

檢查員於實施前項定期檢查後，應塡報第一種壓力容器定期檢查結果報告表（附表四十六），並將定期檢查結果通知雇主。

第113條

第一種壓力容器經定期檢查不合格者，檢查員應即於檢查合格證記事欄內記載不合格情形並通知改善；其情形嚴重有發生危害之虞者，並應報請所屬檢查機構限制其最高使用壓力或禁止使用。

第114條

第一種壓力容器有下列各款情事之一者，應由所有人或雇主向檢查機構申請重新檢查：

一、從外國進口。

二、構造檢查、重新檢查、竣工檢查或定期檢查合格後，經閒置一年以上，擬裝設或恢復使用。但由檢查機構認可者，不在此限。

三、經禁止使用，擬恢復使用。

四、固定式第一種壓力容器遷移裝置地點而重新裝設。

五、擬提升最高使用壓力。

六、擬變更內容物種類。

因前項第六款致第一種壓力容器變更設備種類為高壓氣體特定設備者，應依高壓氣體特定設備相關規定辦理檢查。

對外國進口具有相當檢查證明文件者，檢查機構得免除本條所定全部或一部之檢查。

第115條

所有人或雇主申請第一種壓力容器之重新檢查時，應填具第一種壓力容器重新檢查申請書（附表四十二），並檢附下列書件：

一、第一種壓力容器明細表二份。

二、構造詳圖及強度計算書各二份。但檢查機構認無必要者，得免檢附。

三、前經檢查合格證明文件或其影本。

第一百零二條第三項及第一百零三條規定，於重新檢查時準用之。

第116條

第一種壓力容器經重新檢查合格者，檢查機構應在第一種壓力容器明細表上加蓋重新檢查合格戳記（附表三十四），檢查員簽章後，交付申請人一份，做為重新檢查合格證明，以辦理竣工檢查。但符合第一百十四條第二款之竣工檢查或定期檢查合格後停用或第三款，其未遷移裝設或遷移至廠內其他位置重新裝設，經檢查合格者，得在原檢查合格證上記載檢查日期、檢查結果及註明使用有效期限，最長為一年。

外國進口者，應在被檢查物體上明顯部位打印，以資識別。

第117條

第一種壓力容器經修改致其胴體、集管器、端板、管板、頂蓋板、補強支撐等有變動者，所有人或雇主應向所在地檢查機構申請變更檢查。

第一種壓力容器經變更檢查合格者，檢查員應在原檢查合格證記事欄內記載檢查日期、變更部分及檢查結果。

第一種壓力容器之胴體或集管器經修改達三分之一以上，或其端板、管板全部修改者，應依第九十五條規定辦理。

第118條

所有人或雇主申請第一種壓力容器變更檢查時，應填具第一種壓力容器變更檢查申請書（附表四十三）一份，並檢附下列書件：

一、製造設施型式檢查合格證明。

二、第一種壓力容器明細表二份。

三、變更部分圖件。

四、構造詳圖及強度計算書各二份。但檢查機構認無必要者，得免檢附。

五、前經檢查合格證明或其影本。

第一百零二條第三項及第一百零三條規定，於變更檢查時準用之。

第119條

檢查機構於實施第一種壓力容器之構造檢查、竣工檢查、定期檢查、重新檢查或變更檢查認有必要時，得告知所有人、雇主或其代理人爲下列各項措施：

一、除去被檢查物體上被覆物之全部或一部。

二、拔出鉚釘或管。

三、在板上或管上鑽孔。

四、熱交換器之分解。

五、其他認爲必要事項。

前項第三款，申請人得申請改以非破壞檢查，並提出證明文件。

第三節　高壓氣體特定設備

第120條

高壓氣體特定設備之製造或修改，其製造人應於事前填具型式檢查申請書（附表三十一），並檢附載有下列事項之書件，向所在地檢查機構申請檢查：

一、申請型式檢查之高壓氣體特定設備型式、構造詳圖及強度計算書。

二、製造、檢查設備之種類、能力及數量。

三、主任設計者學經歷概要。

四、施工負責人學經歷概要。

五、施工者資格及人數。

六、以熔接製造或修改者，應檢附熔接人員資格證件、熔接程序規範及熔接程序資格檢定紀錄。

前項第二款之設備或第三款、第四款人員變更時，應向所在地檢查機構報備。

第一項型式檢查之品管、品保措施、設備及人員，準用第九十六條規定，經檢查合格者，檢查機構應核發製造設施型式檢查合格證明（附表二）。

未經檢查合格，不得製造或修改。但與業經型式檢查合格之型式及條件相同者，不在此限。

第121條

以熔接製造之高壓氣體特定設備，應於施工前由製造人向製造所在地檢查機構申請熔接檢查。但符合下列各款之一者，不在此限：

一、附屬設備或僅對不產生壓縮應力以外之應力部分，施以熔接者。
二、僅有下列部分施以熔接者：
（一）內徑三百公厘以下之管之圓周接頭。
（二）加強材料、管、管台、凸緣及閥座等熔接在胴體或端板上。
（三）支持架或將其他不承受壓力之物件熔接於胴體或端板上。
（四）防漏熔接。
前項熔接檢查項目為材料檢查、外表檢查、熔接部之機械性能試驗、放射線檢查、熱處理檢查及其他必要檢查。

第122條
製造人申請高壓氣體特定設備之熔接檢查時，應填具高壓氣體特定設備熔接檢查申請書（附表三十二），並檢附下列書件：
一、材質證明一份。
二、熔接明細表（附表三十三）二份及施工位置分類圖一份。
三、構造詳圖及強度計算書各二份。
四、熔接施工人員之熔接技術士資格證件。
五、製造設施型式檢查合格證明、熔接程序規範及熔接程序資格檢定紀錄等影本各一份。

第123條
檢查機構實施高壓氣體特定設備之熔接檢查時，應就製造人檢附之書件先行審查合格後，依熔接檢查項目實施現場實物檢查。
實施現場實物檢查時，製造人或其指派人員應在場，並應事前備妥下列事項：
一、機械性能試驗片。
二、放射線檢查。

第124條
高壓氣體特定設備經熔接檢查合格者，檢查機構應在熔接明細表上加蓋熔接檢查合格戳記（附表三十四），檢查員簽章後，交付申請人一份，做為熔接檢查合格證明，並應在被檢查物體上明顯部位打印，以資識別。

第125條
製造高壓氣體特定設備之塔、槽等本體完成時，應由製造人向製造所在地檢查機構申請構造檢查。但在設置地組合之分割組合式高壓氣體特定設備，得在安裝前，向設置所在地檢查機構申請構造檢查。

第126條
製造人申請高壓氣體特定設備之構造檢查時，應填具高壓氣體特定設備構造檢查申請書（附表三十五）一份，並檢附下列書件：
一、高壓氣體特定設備明細表（附表四十四）二份。
二、構造詳圖及強度計算書各二份。
三、以熔接製造者，附加蓋熔接檢查合格戳記之熔接明細表。

四、以鉚接製造者，附製造設施型式檢查合格證明。
由同一檢查機構實施同一座高壓氣體特定設備之熔接檢查及構造檢查者，得免檢附前項第二款、第三款之書件。
第一項構造檢查項目爲施工方法、材料厚度、構造、尺寸、最高使用壓力、強度計算審查、人孔、清掃孔、安全裝置之規劃、耐壓試驗、超低溫設備之絕熱性能試驗、胴體、端板、管板等使用之材料及其他必要之檢查。前項超低溫設備之絕熱性能試驗，得採絕熱性能相關佐證文件資料認定之。

第127條
檢查機構實施高壓氣體特定設備之構造檢查時，製造人或其指派人員應在場，並應事先備妥下列事項：
一、將被檢查物件放置於易檢查位置。
二、準備水壓等耐壓試驗。

第128條
高壓氣體特定設備經構造檢查合格者，檢查機構應在高壓氣體特定設備明細表上加蓋構造檢查合格戳記（附表三十四），檢查員簽章後，交付申請人一份，做爲構造檢查合格證明，並應在被檢查物體上明顯部位打印，以資識別。

第129條
雇主於高壓氣體特定設備設置完成時，應向檢查機構申請竣工檢查；未經竣工檢查合格，不得使用。
檢查機構實施前項竣工檢查時，雇主或其指派人員應在場。

第130條
雇主申請高壓氣體特定設備之竣工檢查時，應塡具高壓氣體特定設備竣工檢查申請書（附表三十七），並檢附下列書件：
一、加蓋構造檢查或重新檢查合格戳記之高壓氣體特定設備明細表。
二、高壓氣體特定設備設置場所及設備周圍狀況圖。
前項竣工檢查項目爲安全閥數量、容量、吹洩試驗、安全裝置、壓力指示裝置及其他必要之檢查。
經竣工檢查合格者，檢查機構應核發高壓氣體特定設備竣工檢查結果報告表（附表四十五）及檢查合格證（附表三十九），其有效期限最長爲一年。

第131條
雇主於高壓氣體特定設備檢查合格證有效期限屆滿前一個月，應塡具定期檢查申請書（附表四十）向檢查機構申請定期檢查。

第132條
高壓氣體特定設備之定期檢查，應每年實施外部檢查一次以上。
實施前項外部檢查發現缺陷者，經檢查機構認有必要時，得併實施內部檢查。
高壓氣體特定設備應依下表規定期限實施內部檢查：

設備種類	使用材料等	期限
儲槽	一、沃斯田鐵系不銹鋼。 二、鋁。	十五年。
	鎳鋼（2.5%～9%）。	十年。
	相當於低溫壓力容器用碳鋼鋼板之材料，其抗拉強度未滿58kg／mm2者。	八年（以低溫儲槽為限）。
		除第一次檢查為竣工檢查後二年外，其後五年。
	相當於鍋爐及熔接構造用壓延鋼材之材料，其抗拉強度未滿58kg／mm2者。	除第一次檢查為竣工檢查後二年外，其後五年。
	高強度鋼（指抗拉強度之規格最小值在58kg／mm2以上之碳鋼）熔接後於爐內實施退火時。	除第一次檢查為竣工檢查後二年外，其後五年。
	一、使用高強度鋼而在爐內實施退火者，以熔接改造、修理（含熔接補修，除輕微者外）後，未於爐內實施退火時。 二、其他材料。	除第一次檢查為竣工檢查後二年外，其後三年。
儲槽以外之高壓氣體設備	不致發生腐蝕及其他產生材質劣化之虞之材料。	三年。
	其他材料。	除第一次檢查為竣工檢查後二年外，其後三年。

備註：
一、高壓氣體特定設備應依其使用條件，使用適當之材料。
二、二重殼構造、隔膜式及低溫蒸發器等低溫或超低溫儲槽內部檢查有困難者，以非破壞檢測確認無裂隙、損傷及腐蝕，得以常用壓力一點五倍以上壓力實施耐壓試驗或常用壓力一點一倍以上壓力以內容物實施耐壓試驗，並以常用壓力以上壓力實施氣密試驗及實施外觀檢查等代替之。
三、儲槽以外之高壓氣體特定設備，因其大小，內部構造等，於自內部實施檢查為困難者，以自其外部實施非破壞檢查、開口部之檢查或自連結於該高壓氣體特定設備同等條件之設備之開放檢查等可確認時，得以此代替。
四、對使用材料有顯著之腐蝕或裂隙等缺陷時，應依其實況，縮短前述之期間。
五、高壓氣體特定設備不受開放檢查時期之限制，每年應以外觀檢查、氣密試驗等，確認有無異常。
六、稱「輕微」者，指適於「熔接補修中無須熱處理之界限及條件」者，其期間與熔接後於爐內實施消除應力之退火時相同。

第133條

雇主對於下列高壓氣體特定設備無法依規定期限實施內部檢查時，得於內部檢查有效期限屆滿前三個月，檢附其安全衛生管理狀況、自動檢查計畫暨執行紀錄、該設備之構造檢查合格明細表影本、構造詳圖、生產流程圖，緊急應變處置計畫、自動控制系統及檢查替代方式建議等資料，報經檢查機構核定後，延長其內部檢查期限或以其他檢查方式替代：

一、依規定免設人孔或構造上無法設置人孔、掃除孔或檢查孔者。

二、冷箱、平底低溫儲槽、液氧儲槽、液氮儲槽、液氬儲槽、低溫蒸發器及其他低溫或超低溫之高壓氣體特定設備。
三、內存觸媒、分子篩或其他特殊內容物者。
四、連續生產製程中無法分隔之系統設備者。
五、隔膜式儲槽或無腐蝕之虞者。
六、其他實施內部檢查困難者。
前項高壓氣體特定設備有附屬鍋爐或第一種壓力容器時，其檢查期限得隨同延長之。

第134條

檢查機構受理實施高壓氣體特定設備內部檢查時，應將檢查日期通知雇主，使其預先將高壓氣體特定設備之內部恢復至常溫、常壓、排放內容物、通風換氣、整理清掃內部及為其他定期檢查必要準備事項。
前項內部檢查項目為高壓氣體特定設備內部之表面檢查及厚度、腐蝕、裂痕、變形、汙穢等之檢測、必要時實施之非破壞檢查，以檢查結果判定需要實施之耐壓試驗及其他必要之檢查。

第135條

高壓氣體特定設備外部檢查之項目為外觀檢查、外部之腐蝕、裂痕、變形、汙穢、洩漏之檢測、必要時實施之非破壞檢查、易腐蝕處之定點超音波測厚及其他必要之檢查。必要時，得以適當儀器檢測其內部，發現有異狀者，應併實施內部檢查。
前項超音波測厚，對具一體成形之保溫材、夾套型或因特別高溫等致測厚確有困難者，得免實施。
檢查機構受理實施高壓氣體特定設備外部檢查時，應將檢查日期通知雇主。實施檢查時，雇主或其指派人員應在場。

第136條

檢查機構對經定期檢查合格之高壓氣體特定設備，應於原檢查合格證上簽署，註明使用有效期限，最長為一年。
檢查員於實施前項定期檢查後，應填報高壓氣體特定設備定期檢查結果報告表（附表四十六），並將定期檢查結果通知雇主。

第137條

高壓氣體特定設備經定期檢查不合格者，檢查員應即於檢查合格證記事欄內記載不合格情形並通知改善；其情形嚴重有發生危害之虞者，並應報請所屬檢查機構限制其最高使用壓力或禁止使用。

第138條

高壓氣體特定設備有下列各款情事之一者，應由所有人或雇主向檢查機構申請重新檢查：
一、從外國進口。
二、構造檢查、重新檢查、竣工檢查或定期檢查合格後，經閒置一年以上，擬裝設或恢復使用。但由檢查機構認可者，不在此限。

三、經禁止使用，擬恢復使用。
四、遷移裝置地點而重新裝設。
五、擬提升最高使用壓力。
六、擬變更內容物種類。
對外國進口具有相當檢查證明文件者，檢查機構得免除本條所定全部或一部之檢查。

第139條
所有人或雇主申請高壓氣體特定設備之重新檢查時，應塡具高壓氣體特定設備重新檢查申請書（附表四十二），並檢附下列書件：
一、高壓氣體特定設備明細表二份。
二、構造詳圖及強度計算書各二份。但檢查機構認無必要者，得免檢附。
三、前經檢查合格證明文件或其影本。
第一百二十六條第三項及第一百二十七條規定，於重新檢查時準用之。

第140條
高壓氣體特定設備經重新檢查合格者，檢查機構應在高壓氣體特定設備明細表上加蓋重新檢查合格戳記（附表三十四），檢查員簽章後，交付申請人一份，做爲重新檢查合格證明，以辦理竣工檢查。但符合第一百三十八條第二款之竣工檢查或定期檢查合格後停用或第三款，其未遷移裝設或遷移至廠內其他位置重新裝設，經檢查合格者，得在原檢查合格證上記載檢查日期、檢查結果及註明使用有效期限，最長爲一年。
外國進口者，應在被檢查物體上明顯部位打印，以資識別。

第141條
高壓氣體特定設備經修改致其塔槽、胴體、端板、頂蓋板、管板、集管器或補強支撐等有變動者，所有人或雇主應向所在地檢查機構申請變更檢查。
高壓氣體特定設備經變更檢查合格者，檢查員應在原檢查合格證記事欄內記載檢查日期、變更部分及檢查結果。
高壓氣體特定設備之塔槽、胴體或集管器經修改達三分之一以上，或其端板、管板全部修改者，應依第一百二十條規定辦理。

第142條
所有人或雇主申請高壓氣體特定設備變更檢查時，應塡具高壓氣體特定設備變更檢查申請書（附表四十三）一份，並檢附下列書件：
一、製造設施型式檢查合格證明。
二、高壓氣體特定設備明細表二份。
三、變更部分圖件。
四、構造詳圖及強度計算書各二份。但檢查機構認無必要者，得免檢附。
五、前經檢查合格證明或其影本。
第一百二十六條第三項及第一百二十七條規定，於變更檢查時準用之。

第143條
檢查機構於實施高壓氣體特定設備之構造檢查、竣工檢查、定期檢查、重新檢查或變更檢查認有必要時，得告知所有人、雇主或其代理人爲下列各項措施：
一、除去被檢查物體上被覆物之全部或一部。
二、拔出鉚釘或管。
三、在板上或管上鑽孔。
四、其他認爲必要事項。
前項第三款，申請人得申請改以非破壞檢查，並提出證明文件。

第四節　高壓氣體容器

第144條

高壓氣體容器之製造或修改，其製造人應於事前塡具型式檢查申請書（附表三十一），並檢附載有下列事項之書件，向所在地檢查機構申請檢查：
一、申請型式檢查之高壓氣體容器型式、構造詳圖及強度計算書。
二、製造、檢查設備之種類、能力及數量。
三、主任設計者學經歷概要。
四、施工負責人學經歷概要。
五、施工者資格及人數。
六、以熔接製造或修改者，經檢附熔接人員資格證件、熔接程序規範及熔接程序資格檢定紀錄。
前項第二款之設備或第三款、第四款之人員變更時，應向所在地檢查機構報備。
第一項型式檢查，經檢查合格後，檢查機構應核發製造設施型式檢查合格證明（附表二）。
未經檢查合格，不得製造或修改。但與業經型式檢查合格之型式及條件相同者，不在此限。

第145條

高壓氣體容器之製造人，應實施品管及品保措施，其設備及人員，除準用第九十六條規定外，應依下列規定設置適應各該容器製造所必要之設備：
一、無縫容器：
（一）鍛造設備或成型設備。
（二）以接合底部製造者：底部接合設備。
（三）以使用熱處理材料製造容器者：退火爐及可測定該爐內溫度之溫度測定裝置。
（四）洗滌設備。
（五）確認厚度之器具。
二、無縫容器以外之容器，除設置前款第三目至第五目之設備外，並應依下列規定設置適應各該容器製造所必要之設備：
（一）成型設備。
（二）熔接設備或硬焊設備。
（三）防銹塗裝設備。但製造灌裝液化石油氣之容器，其使用不銹鋼、鋁合金或其他不易腐蝕之材料者，不在此限。

第146條

以熔接製造之高壓氣體容器，應於施工前由製造人向製造所在地檢查機構申請熔接檢查。但符合下列各款之一者，不在此限：

一、附屬設備或僅對不產生壓縮應力以外之應力部分，施以熔接者。

二、僅有下列部分施以熔接者：

（一）內徑在三百公厘以下之管之圓周接頭。

（二）加強材料、管、管台、凸緣及閥座等熔接在胴體或端板上。

（三）支持架或將其他不承受壓力之物件熔接於胴體或端板上。

（四）防漏熔接。

前項熔接檢查項目為材料檢查、外表檢查、熔接部之機械性能試驗、放射線檢查、熱處理檢查及其他必要檢查。

第147條

製造人申請高壓氣體容器之熔接檢查時，應填具高壓氣體容器熔接檢查申請書（附表三十二），並檢附下列書件：

一、材質證明一份。

二、熔接明細表（附表三十三）二份。

三、構造詳圖及強度計算書各二份。

四、熔接施工人員之熔接技術士資格證件。

五、製造設施型式檢查合格證明、熔接程序規範及熔接程序資格檢定紀錄等影本各一份。

第148條

檢查機構實施高壓氣體容器之熔接檢查時，應就製造人檢附之書件先行審查合格後，依熔接檢查項目實施現場實物檢查。

實施現場實物檢查時，製造人或其指派人員應在場，並應事前備妥下列事項：

一、機械性能試驗片。

二、放射線檢查。

第149條

高壓氣體容器經熔接檢查合格者，檢查機構應在熔接明細表上加蓋熔接檢查合格戳記（附表三十四），檢查員簽章後，交付申請人一份，做為熔接檢查合格證明，並應在被檢查物體上明顯部位打印，以資識別。

第150條

製造高壓氣體容器完成時，應由製造人向製造所在地檢查機構申請構造檢查。

第151條

製造人申請高壓氣體容器之構造檢查時，應填具高壓氣體容器構造檢查申請書（附表三十五）一份，並檢附下列書件：

一、高壓氣體容器明細表（附表四十四）二份。

二、構造詳圖及強度計算書各二份。

三、以熔接製造者，附加蓋熔接檢查合格戳記之熔接明細表。
四、以鉚接製造者，附製造設施型式檢查合格證明。
由同一檢查機構實施熔接檢查及構造檢查者，得免檢附前項第二款及第三款之書件。
第一項構造檢查項目爲施工方法、材料厚度、構造、尺寸、最高使用壓力、強度計算審查、氣密試驗、耐壓試驗、安全裝置、附屬品及附屬裝置、超低溫容器之絕熱性能試驗及其他必要之檢查。

第152條
檢查機構實施高壓氣體容器之構造檢查時，製造人或其指派人員應在場，並應事先備妥下列事項：
一、將被檢查物件放置於易檢查位置。
二、準備水壓等耐壓試驗。

第153條
高壓氣體容器經構造檢查合格者，檢查機構應核發檢查合格證（附表三十九、附表三十九之一）及在高壓氣體容器明細表上加蓋構造檢查合格戳記（附表三十四），檢查員簽章後，交付申請人一份，並應在被檢查物體上明顯部位打印，以資識別。但固定於車輛之高壓氣體容器，應經組裝完成並固定於車架後，始得核發檢查合格證。
前項檢查合格證有效期限依第一百五十五條規定。

第154條
雇主於高壓氣體容器檢查合格證有效期限屆滿前一個月，應塡具定期檢查申請書（附表四十）向檢查機構申請定期檢查。

第155條
高壓氣體容器之定期檢查，應依下列規定期限實施內部檢查及外部檢查：
一、內部檢查：
（一）自構造檢查合格日起算，未滿十五年者，每五年一次；十五年以上未滿二十年者，每二年一次；二十年以上者，每年一次。
（二）無縫高壓氣體容器，每五年一次。
二、外部檢查：
（一）固定於車輛之高壓氣體容器，每年一次。
（二）非固定於車輛之無縫高壓氣體容器，每五年一次。
（三）前二目以外之高壓氣體容器，依前款第一目規定之期限。
高壓氣體容器從國外進口，致未實施構造檢查者，前項起算日，以製造日期爲準。

第156條
雇主對於下列高壓氣體容器無法依規定期限實施內部檢查時，得於檢查合格證有效期限屆滿前三個月，檢附其安全衛生管理狀況、自動檢查計畫及執行紀錄、該容器之構造詳圖、緊急應變處置計畫、安全保護裝置及檢查替代方式建議等資料，報經檢查機構核定後，延長其內部檢查期限或以其他檢查方式替代：
一、依規定免設人孔或構造上無法設置人孔、掃除孔或檢查孔者。

二、低溫或超低溫之高壓氣體容器。
三、夾套式或無腐蝕之虞者。
四、其他實施內部檢查困難者。

第157條

檢查機構受理實施高壓氣體容器內部檢查時，應將檢查日期通知雇主，使其預先將高壓氣體容器之內部恢復至常溫、常壓、排放內容物、通風換氣、整理清掃內部及爲其他定期檢查必要準備事項。

第157-1條

高壓氣體容器外部檢查項目爲外觀檢查、外部之腐蝕、裂痕、變形、汙穢、洩漏之檢測、必要時實施之非破壞檢查、易腐蝕處之定點超音波測厚及其他必要之檢查；發現有異狀者，應併實施內部檢查。

高壓氣體容器內部檢查項目爲容器內部之表面檢查、厚度、腐蝕、裂痕、變形、汙穢等之檢測、必要時實施之非破壞檢查、以檢查結果判定需要實施之耐壓試驗及其他必要之檢查。

低溫或超低溫等高壓氣體容器之內部檢查，得以常用壓力一點五倍以上壓力實施耐壓試驗或常用壓力一點一倍以上壓力以內容物實施耐壓試驗，並以常用壓力以上壓力實施氣密試驗及實施外觀檢查等代替之。

第二項高壓氣體容器實施必要檢查時，熔接容器應實施防銹塗飾檢查，超低溫容器應實施氣密試驗。

第一項超音波測厚，對具一體成形之保溫材、夾套型或因特別低溫等致測厚確有困難者，得免實施。

檢查機構受理實施高壓氣體容器內外部檢查時，應將檢查日期通知雇主。

實施檢查時，雇主或其指派人員應在場。

高壓氣體容器於國際間運送時，對具有他國簽發之檢查合格證明文件者，檢查機構得視其檢驗項目之相當性，審酌免除前六項所定全部或一部之檢查。

第158條

檢查機構對經定期檢查合格之高壓氣體容器，應依第一百五十五條規定之期限，於原檢查合格證上簽署，註明使用有效期限，最長爲五年。但固定於車輛之罐槽體者，應重新換發新證。

檢查員於實施前項定期檢查後，應塡報高壓氣體容器定期檢查結果報告表（附表四十六），並將定期檢查結果通知雇主。

第159條

高壓氣體容器經定期檢查不合格者，檢查員應即於檢查合格證記事欄內記載不合格情形並通知改善；其情形嚴重有發生危害之虞者，並應報請所屬檢查機構限制其最高使用壓力或禁止使用。

第160條

高壓氣體容器有下列各款情事之一者，應由所有人或雇主向檢查機構申請重新檢查：

一、從外國進口。
二、構造檢查、重新檢查、定期檢查合格後，經閒置一年以上，擬恢復使用。但由檢查機構認可者，不在此限。
三、經禁止使用，擬恢復使用。
四、擬提升最高灌裝壓力。
五、擬變更灌裝氣體種類。
對外國進口具有相當檢查證明文件者，檢查機構得免除本條所定全部或一部之檢查。

第161條

所有人或雇主申請高壓氣體容器之重新檢查時，應填具高壓氣體容器重新檢查申請書（附表四十二），並檢附下列書件：
一、高壓氣體容器明細表二份。
二、構造詳圖及強度計算書各二份。但檢查機構認無必要者，得免檢附。
三、前經檢查合格證明文件或其影本。
第一百五十一條第三項及第一百五十二條規定，於重新檢查時準用之。

第162條

高壓氣體容器經重新檢查合格者，檢查機構應核發檢查合格證，並註明使用有效期限。但符合第一百六十條第二款或第三款，經檢查合格者，得在原檢查合格證上記載檢查日期、檢查結果及註明使用有效期限。
前項檢查合格證有效期限準用第一百五十五條，最長爲五年。
外國進口者，應在被檢查物體上明顯部位打印，以資識別。

第162-1條

高壓氣體容器經修改致其構造部分有變動者，所有人或雇主應向檢查機構申請變更檢查。
高壓氣體容器經變更檢查合格者，檢查員應在原檢查合格證記事欄內記載檢查日期、變更部分及檢查結果。

第162-2條

所有人或雇主申請高壓氣體容器變更檢查時，應填具高壓氣體容器變更檢查申請書（附表四十三）一份，並檢附下列書件：
一、製造設施型式檢查合格證明。
二、高壓氣體容器明細表二份。
三、變更部分圖件。
四、構造詳圖及強度計算書各二份。但檢查機構認無必要者，得免檢附。
五、前經檢查合格證明或其影本。
第一百五十一條第三項及第一百五十二條規定，於變更檢查時準用之。

第四章　附則

第163條

雇主對於不堪使用或因故擬不再使用之危險性機械或設備，應填具廢用申請書向檢查機構繳銷檢查合格證。

前項危險性機械或設備經辦妥廢用申請者，雇主不得以任何理由申請恢復使用。

第一項廢用申請書之格式，由中央主管機關定之。

第164條

雇主停用危險性機械或設備時，停用期間超過檢查合格證有效期限者，應向檢查機構報備。

第165條

危險性機械或設備轉讓時，應由受讓人向當地檢查機構申請換發檢查合格證。

第166條

危險性機械或設備檢查合格證遺失或損毀時，應填具檢查合格證補發申請書（附表四十七），向原發證檢查機構申請補發或換發。

第167條

定期檢查合格之危險性機械或設備，其檢查合格證有效期限，自檢查合格日起算。但該項檢查於檢查合格證有效期限屆滿前三個月內辦理完竣者，

自檢查合格證有效期限屆滿日之次日起算。

第167-1條

納入本法適用範圍前，或本規則發布施行前已設置之危險性機械及設備之檢查，得依既有危險性機械及設備安全檢查規則辦理。

第167-2條

自營作業者，準用本規則有關雇主義務之規定。

第168條

本規則自發布日施行。但第九條、第二十二條、第三十二條、第四十二條、第五十二條、第六十二條規定，自本規則發布後一年施行。

本規則中華民國一百零三年六月二十七日修正發布之條文，自一百零三年七月三日施行。

附錄 3-8 「職業安全衛生法」之「自動檢查」實施週期一覽表

No	檢查類別／法條／機械設備名稱	整體檢查		定期檢查					作業檢點		重點檢查
		每三年	每年	每二年	每年	每季	每月	每週	每日作業前	特殊狀況或使用後	初使用或改造修理後
1	電氣機車	13			13		13		50		
2	一般車輛					14			50		
3	車輛頂高機					15					
4	高空工作車				15-1		15-2		50-1		
5	車輛系營建機械		16				16				
6	堆高機		17				17				
7	動力離心機械				18						
8	動力衝剪機械				26				59		
9	乾燥設備				27						
10	乙炔熔接裝置				28				71		
11	氣體集合熔接裝置				29				71		
12	高壓電氣設備				30						
13	低壓電氣設備				31						
14	工業用機器人								60/66		
15	簡易提升機				25		25		57		
16	小型鍋爐				34						
17	第二種壓力容器				35						45
18	小型壓力容器				36						
19	特定化學設備及附屬設備			38							49
20	化學設備及附屬設備			39							

No	檢查類別 法條 機械設備名稱	整體檢查		定期檢查					作業檢點		重點檢查
		每三年	每年	每二年	每年	每季	每月	每週	每日作業前	特殊狀況或使用後	初使用或改造修理後
21	局部排氣裝置、空氣清淨裝置及吹吸型換氣裝置				40						
22	局部排氣裝置內之空氣清淨裝置				41						
23	再壓室或減壓室						42				
24	施工架及施工構台							43	63	63	
25	模板支撐架							44	63	63	
26	捲揚裝置								51		46
27	局部排氣裝置或除塵裝置										47
28	輸氣設備										48
29	吊掛用具								58		
30	高壓氣體製造設備								61	61	
31	高壓氣體消費設備								62	62	
32	擋土支撐設備								63	63	
33	隧道或坑道開挖支撐設備								63	63	
34	沉箱、圍堰及壓氣施工設備								63	63	
35	打樁設備								63	63	
36	營造作業（指定項目）								67		
37	缺氧危險或局限空間作業								68		
38	有害物作業								69		
39	異常氣壓作業								70		

No	檢查類別／法條／機械設備名稱	整體檢查		定期檢查					作業檢點		重點檢查
		每三年	每年	每二年	每年	每季	每月	每週	每日作業前	特殊狀況或使用後	初使用或改造修理後
40	危害性化學品之製造、處置及使用作業								72		
41	林場作業								73		
42	船舶清艙解體作業								74		
43	碼頭裝卸作業								75		
44	固定式起重機		19				19		52	52	
45	移動式起重機		20				20		53		
46	人字臂起重桿		21				21		54	54	
47	升降機		22				22				
48	營建用提升機						23		55		
49	吊籠						24		56	56	
50	鍋爐						32		64		
51	第一種壓力容器						33		64		
52	高壓氣體特定設備（高壓氣體作業）				37 沉陷		33		64/65		
53	高壓氣體容器						33		64		

罰則：經通知限期改善而屆期未改善罰新臺幣3～15萬元。

附錄 3-9 職業災害及虛驚事件通報、調查與處理辦法——以銘傳大學為例

107年9月19日環安衛委員會通過
108年3月28日環安衛委員會修訂通過

第1條

為藉由完整可遵循之事故調查處理辦法，調查本校教職員工生之職業災害及虛驚事件，確認事故狀況、檢討事故發生原因及決定改善對策，使事故調查更有效率，藉以降低事故再發生之機率；依職業安全衛生法第37條之規定，特訂定「銘傳大學職業災害及虛驚事件通報、調查與處理辦法」（以下簡稱本辦法）。

第2條

本辦法用詞，定義如下：

一、職業災害：指因本校勞動場所之建築物、機械、設備、原料、材料、化學品、氣體、蒸氣、粉塵等或作業活動及其他職業上原因引起工作者之疾病、傷害、失能或死亡。

二、重大職業災害，只發生下列情形之職業災害：

（一）發生死亡災害。

（二）發生災害之罹災人數在三人以上。

（三）發生災害之罹災人數在一人以上，且需住院治療。

（四）其他經中央主管機關指定公告之災害。

三、失能傷害：

（一）死亡：因職業災害使人員喪失生命。

（二）永久全失能：指除死亡外之任何足使罹災者造成永久性的全部失能，或在一次事故中損失下列各項之一或失去其機能者：

1. 雙目。
2. 一隻眼睛及一隻手或手臂或腿或足。
3. 不同肢中之任何下列二種：手、臂、腿或足。

（三）永久部分失能：係指除死亡及永久全失能以外之任何足以造成肢體之任何一部分發生殘缺，或失去其機能者。

（四）暫時全失能：指罹災人未死亡，亦未永久失能。但不能繼續其正常工作，必須休班離開工作場所，損失時間在一日（含）以上（包括星期日、休假日或事業單位停工日），暫時不能恢復工作者。

四、輕傷害：失能傷害損失日數不足一日之傷害。

五、虛驚事件：非傷害事件，但此事件可能造成本校物品設備之損壞或可能直接或間接造成人員傷害。

第3條

本校各單位工作場所或承攬商發生職業災害、虛驚事件時，事故單位得先以電話或口頭方式通知單位主管、警衛室、衛保組／醫務室、環安衛中心及校安中心尋求支援，如有傷亡先緊急送醫處理，避免災害擴大造成二度傷害，後續則依「銘傳大學職業災害及虛驚事件通報、調查與處理流程」（附件一），填具「銘傳大學職災（虛驚）事件通報單」（附件二），於發生當日起算，五個工作天內將通報單送環安衛中心報備。

第4條

發生重大職業災害時，事故單位需於一小時內通報單位主管、警衛室、衛保組／醫務室、環安衛中心及校安中心尋求支援，如有傷亡先緊急送醫處理，避免災害擴大造成二度傷害，環安衛中心依職業安全衛生法第37條第2項之規定，於事故發生八小時內通報勞動檢查機構，後續則依「銘傳大學職業災害及虛驚事件通報、調查與處理流程」（附件一），填具「銘傳大學職災（虛驚）事件通報單」（附件二），於發生當日起算，五個工作天內將通報單送環安衛中心報備。

第5條

發生第四條之重大職業災害時，除必要之急救、搶救外，非經司法機關或勞動檢查機構許可，不得移動或破壞現場。

第6條

環安衛中心收到通報單後，需啟動調查處理程序，調查災害發生原因、災害防止對策、追蹤改善情形，填寫「銘傳大學職災（虛驚）事件調查處理單」（附件三），於五個工作天內向環安衛中心主任呈核。

第7條

改善措施及追蹤管理應注意事項，如下：

一、事故單位主管應依環安衛中心所提之災害防止對測，採取補救及改善措施，以消弭事故原因，預防再次發生，並責成相關人員於指定期限內完成改善。

二、環安衛中心於職業災害案件改善完成後，應予以追蹤查核，確認改善完畢始得歸檔。

三、職業災害案件及調查追蹤處理結果，應於環境保護暨安全衛生委員會會議進行討論。

第8條

事故處理及調查分析應注意事項，如下：

一、為防止事故發生後之現場受到移動或破壞，應儘早實施調查與處理。

二、參與調查人員以事故相關之管理、監督、作業人員為中心，必要時可邀請環安衛委員會之委員共同參與。

三、聽取罹災者、目擊者等人對事故之說明與意見，應注意區別該等人員提出時之心理狀態，是否有臆測或道聽塗說，以決定參考程度。

四、調查者應秉持公正的立場，避免造成誤判，對事件關係人不受親疏或壓力之影響，謹慎從事災害調查。

第9條

環安衛中心每月五日前應上網申報前月之職災案件，並針對事故發生原因加強教育訓練，以避免事故重複發生。

第10條

逾時通報之單位將於環安衛委員會，協請單位一級主管要求改善。

第11條

受災人員如需請領職災給付，由本校人資處協助辦理。

第12條

職業災害通報、調查與處理相關文件紀錄由環安衛中心保存十年。

第13條

本辦法經環安衛委員會審議通過，陳請校長核定後公告實施，修正時亦同。

附件一　銘傳大學職業災害及虛驚事件通報、調查與處理流程5

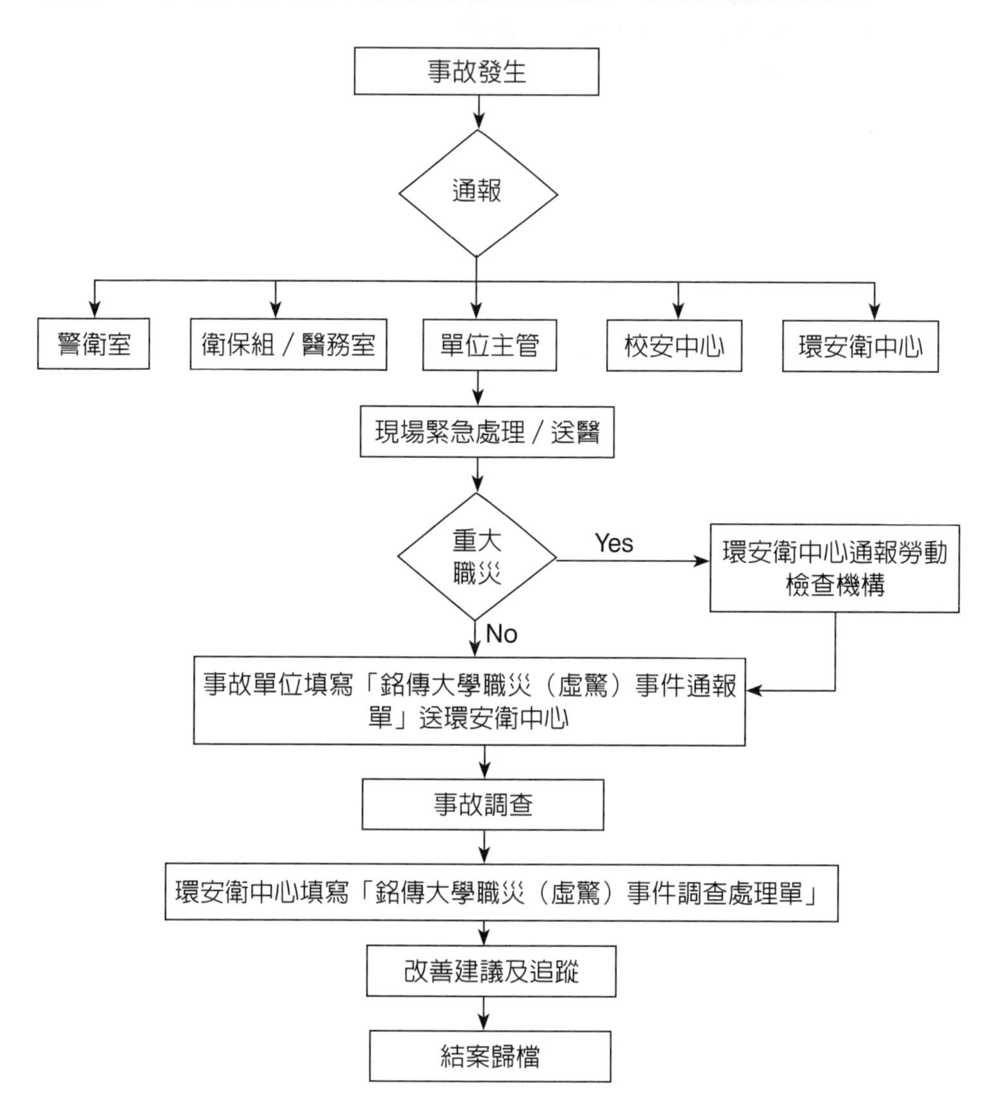

附件二　銘傳大學職災（虛驚）事件通報單

銘傳大學職災（虛驚）事件通報單

填表日期：　　年　　月　　日

<table>
<tr><td rowspan="6">發生情形</td><td>時間</td><td colspan="4">年　月　日　時　分</td><td>發生地點</td><td colspan="4"></td></tr>
<tr><td rowspan="2">受傷人員</td><td>姓名</td><td colspan="2"></td><td>性別</td><td></td><td>職稱</td><td>□學生
□教職員工</td><td>□學號
□員編</td><td></td></tr>
<tr><td>受傷部位</td><td colspan="4"></td><td>單位</td><td></td><td>電話</td><td></td></tr>
<tr><td>災害類型</td><td colspan="4">□虛驚事件□職業災害□重大職業災害
□輕傷害（失能傷害損失日數未滿1日）</td><td>公假期間</td><td colspan="4">年　月　日至　年　月　日</td></tr>
<tr><td colspan="10">簡述發生經過：</td></tr>
<tr><td colspan="2">填報人姓名</td><td></td><td>職稱</td><td></td><td>分機</td><td></td><td>日期</td><td colspan="2">年　月　日</td></tr>
<tr><td rowspan="2">處理情形</td><td colspan="2">處理人員姓名</td><td colspan="3"></td><td>職稱</td><td></td><td>電話</td><td colspan="2"></td></tr>
<tr><td colspan="10">簡述處理經過：</td></tr>
<tr><td>原因分析</td><td colspan="10">□未知其危險性　□未知安全工作方法　□工作技能不夠　□情緒
□未使用個人防護具　□粗心大意　□不當操作　□疲勞、注意力不集中
□其他：</td></tr>
<tr><td>改進意見</td><td colspan="10">□再教導傷者　□安裝防護設備　□擬定工作前計畫
□提醒並教導其他人員　□加強平時檢查　□修訂安全守則
□傷者暫調其他工作　□修理工具機械建物等　□加強環境整潔
□需要個人防護具　□檢查其他類似情形　□實施工作前安全教導
□清除危險情況　□其他：</td></tr>
<tr><td colspan="3">場所負責人</td><td colspan="2">單位主管</td><td colspan="2">院　　長</td><td colspan="2">環安中心</td><td colspan="2">環安中心主任</td></tr>
<tr><td colspan="3"></td><td colspan="2"></td><td colspan="2"></td><td colspan="2"></td><td colspan="2"></td></tr>
</table>

備註　此表請於事故發生5個工作天內向環安衛中心報備。

附件三　銘傳大學職災（虛驚）事件調查處理單

銘傳大學職災（虛驚）事件調查處理單

填表日期：　　年　　月　　日

<table>
<tr><td rowspan="5">發生情形</td><td>時間</td><td colspan="4">年　月　日　時　分</td><td>發生地點</td><td colspan="3"></td></tr>
<tr><td rowspan="2">受傷人員</td><td>姓名</td><td></td><td>性別</td><td></td><td>職稱</td><td>□學生
□教職員工</td><td>□學號
□員編</td><td></td></tr>
<tr><td>受傷部位</td><td colspan="3"></td><td>單位</td><td></td><td>電話</td><td></td></tr>
<tr><td>災害類型</td><td colspan="4">□虛驚事件□職業災害□重大職業災害
□輕傷害（失能傷害損失日數未滿1日）</td><td>公假期間</td><td colspan="3">年　月　日至　年　月　日</td></tr>
<tr><td colspan="9">簡述發生經過：</td></tr>
<tr><td rowspan="3">災害原因分析</td><td colspan="2">直接原因</td><td colspan="7"></td></tr>
<tr><td colspan="2">間接原因</td><td colspan="7"></td></tr>
<tr><td colspan="2">基本原因</td><td colspan="7">□未實施安全衛生教育訓練　□未實施機械設備之保養及檢查
□未訂定標準作業程序　□未訂定標準作業程序
□未落實安全衛生管理及督導　□其他：</td></tr>
<tr><td>災害防止對策</td><td colspan="9"></td></tr>
<tr><td>改善情形</td><td colspan="9"></td></tr>
<tr><td colspan="3">承辦人</td><td colspan="3">員工代表</td><td>環安衛中心組長</td><td colspan="3">環安衛中心主任</td></tr>
<tr><td colspan="3"></td><td colspan="3"></td><td></td><td colspan="3"></td></tr>
</table>

附錄 3-10 勞動部職業安全衛生署——函

地址：24219新北市新莊區中平路439號南棟11樓
承辦人：陳容博
電話：02-89956666#8110
電子信箱：popochen8125@osha.gov.tw

受文者：臺中市勞動檢查處

發文日期：中華民國109年12月28日
發文字號：勞職綜1字第1091068941號
速別：普通件
密等及解密條件或保密期限：
附件：

主旨：有關本署新建置「職業安全衛生智能雲」系統，訂於110年1月4日正式上線，請轉知所轄事業單位，請查照。

說明：

一、本署109年11月27日勞職綜1字第1091063372號函諒達。

二、旨揭系統開放試營運至109年12月31日止，並於110年1月1日至1月3日期間，與既有「職業安全衛生管理單位及人員設置報備系統」、「職業災害統計網路填報系統」同步停機進行內部資料庫轉移，自110年1月4日起正式上線運作，爾後上開既有系統之相關（登打或審核）作業請至旨揭新系統處理。

三、該系統網址爲https://isafe.osha.gov.tw；眞人客服專線爲0800-082-188；如尚有其他問題，可洽本署陳小姐（02-89956666#8347，E-mail：donna29533036@osha.gov.tw）。

四、副本抄送系統維運廠商關貿網路股份有限公司及財團法人中華民國電腦技能基金會，請協助於系統提醒使用者新舊系統轉換期程，並配合期程進行系統停機轉換。

正本：臺北市勞動檢查處、新北市政府勞動檢查處、桃園市政府勞動檢查處、臺中市勞動檢查處、臺南市職安健康處、高雄市政府勞工局勞動檢查處、科技部新竹科學園區管理局、科技部中部科學園區管理局、科技部南部科學園區管理局、經濟部加工出口區管理處

副本：各直轄市及縣市政府、關貿網路股份有限公司、財團法人中華民國電腦技能基金會、勞動部職業安全衛生署北區職業安全衛生中心、勞動部職業安全衛生署中區職業安全衛生中心、勞動部職業安全衛生署南區職業安全衛生中心、勞動部職業安全衛生署資訊室、勞動部職業安全衛生署職業衛生健康組、勞動部職業安全衛生署職業安全組、勞動部職業安全衛生署綜合規劃組

附錄 3-11 國內外職業安全衛生相關數位平台

國內平台網址	
勞動部	https://www.mol.gov.tw/#
勞動部職業安全衛生署	https://www.osha.gov.tw/
勞動部職安署數位學習平台	https://isfeel.osha.org.tw/mooc
勞動部職業安全衛生教育訓練資訊網	https://trains.osha.gov.tw/
勞動部勞動與職業安全衛生研究所	https://www.ilosh.gov.tw/
勞動部勞工法令查詢系統	https://law.moj.gov.tw/News/NewsList.aspx
中小企業安全衛生資訊網	https://www.sh168.org.tw/
勞動部無災害工時紀錄網	http://zeroacc.isha.org.tw/content/masterpage/Index.aspx
職業安全衛生管理系統績效認可資訊暨申請平台	https://osha-performance.osha.gov.tw/content/masterpage/Index.aspx
勞動部勞工保險局	https://www.bli.gov.tw/
勞動部勞工安全衛生教育訓練管理職類結訓測驗服務網	https://lsh.etest.org.tw/LSHweb/
勞動部勞動力發展署技能檢定中心	https://www.wdasec.gov.tw/
經濟部工業局工業安全衛生技術輔導網	https://www.cesh.twmail.org/
經濟部能源局	https://www.moeaboe.gov.tw/ECW/populace/home/Home.aspx
經濟部工業局	https://www.moeaidb.gov.tw/ctlr?PRO=idx2015
教育部學校安全衛生資訊網	https://www.safelab.edu.tw/
經濟部工業局全球資訊網--產業輔導	https://www.moeaidb.gov.tw/external/ctlr?PRO=project.rwdProjectCategoryList
化學品全球調和制度GHS介紹網站	https://ghs.osha.gov.tw/CHT/masterpage/index_CHT.aspx
中華民國工業安全衛生協會	http://www.isha.org.tw/
財團法人安全衛生技術中心	https://www.sahtech.org/content/ch/masterpage/Index.aspx
台灣職業衛生學會	http://www.toha.org.tw/
中國生產力中心	http://www.tccpc.org.tw/Nhome/index.asp

中華民國勞動災害防止協會	http://www.wdpa.org.tw/home.jsp
台灣公共衛生協會	http://www.publichealth.org.tw/
OSHA化學品公眾雲	https://pubchem.osha.gov.tw/content/info/link.aspx
FB粉專　廠場化學品管理	https://www.facebook.com/chemsafety/?ref=aymt_homepage_panel
國立臺灣大學環境保護暨職業安全衛生中心	http://esh.ntu.edu.tw/epc/
國立成功大學職業安全衛生與職業醫學研究中心	http://oshmr.web2.ncku.edu.tw/
國外平台網址	
聯合國所屬之國際勞工組織	https://www.ilo.org/global/lang--en/index.htm
國際社會安全協會	https://ww1.issa.int/
澳大利亞 國家工業化學品通報和評估署（Australia's National Industrial Chemicals Notification and Assessment Scheme, Nicnas）	https://www.nicnas.gov.au/
美國OSHA SHARP計畫	https://www.osha.gov/smallbusiness/
德國 職業安全與健康研究所（Institute for Occupational Safety and Health of the German Social Accident Insurance）	http://www.dguv.de/ifa/index-2.jsp
美國 環保署（Risk Assessment | US EPA）	https://www.epa.gov/risk
歐洲食品安全局（The European Food Safety Authority, EFSA）	https://www.efsa.europa.eu/
新加坡人力部（Ministry of Manpower, MOM）	http://www.mom.gov.sg/
英國安全與健康執行局（The Health and Safety Executive, HSE）	http://www.hse.gov.uk/
加拿大 職業安衛生中心（Canadian Centre for Occupational Health and Safety, CCOSHA）	http://www.ccohs.ca/
歐盟 職業安全衛生署（The European Agency for Safety and Health at Work, EU-OSHA）	https://osha.europa.eu/en
歐盟_高度關注物質（Substances of Very High Concern, SVHC）	https://echa.europa.eu/candidate-list-table
歐盟_成員國輪流行動計畫（Community Rolling Action Plan, CoRAP）	https://echa.europa.eu/information-on-chemicals/evaluation/community-rolling-action-plan/corap-list-of-substances
TOXNET Databases	https://toxnet.nlm.nih.gov/
生物醫學資料庫（PubMed）	https://www.ncbi.nlm.nih.gov/pubmed
化學物質　物化毒理資料庫（PubChem）	https://pubchem.ncbi.nlm.nih.gov/

澳洲　多層評估與優先化篩選計畫（the Inventory Multi-tiered Assessment and Prioritisation, IMAP）	https://www.nicnas.gov.au/chemical-information/imap-assessments
OECD eChemPortal	https://www.echemportal.org/echemportal/page.action?pageID=2
國際癌症研究中心（International Agency for Research on Cancer, IARC）	http://monographs.iarc.fr/index.php
美國職業安全衛生署（Occupational Safety and Health Administration, OSHA）	https://www.osha.gov/
美國國家職業安全衛生研究所（The National Institute for Occupational Safety and Health, NIOSH）	https://www.cdc.gov/niosh/index.htm
美國工業衛生學會（ American. Industrial Hygiene Association, AIHA）	https://www.aiha.org/Pages/default.aspx
美國工業衛生師協會（The American Conference of Governmental Industrial Hygienists, ACGIH®）	http://www.acgih.org/
日本中央労働災害防止協會 中小企業支援	https://www.jisha.or.jp/chusho/index.html
香港職業安全健康局	http://www.oshc.org.hk/tchi/main/index.html
德國勞動與社會事務部 BMAS	https://www.bmas.de/EN/Home/home.html
德國職業安全衛生研究所 BAuA	http://www.baua.de/en/Homepage.html
德國職災社會保險公法人組織 DGUV	http://www.dguv.de/content/about/index.jsp

國家圖書館出版品預行編目資料

圖解職業安全衛生ISO 45001：2018實務／林澤宏，孫政豐著. ——初版. ——臺北市：五南圖書出版股份有限公司，2021.06
面； 公分
ISBN 978-986-522-728-9（平裝）

1.品質管理 2.標準

494.56 110006513

5A15

圖解職業安全衛生ISO 45001：2018實務

作　　者— 林澤宏（119.6）、孫政豐
發 行 人— 楊榮川
總 經 理— 楊士清
總 編 輯— 楊秀麗
副總編輯— 王正華
責任編輯— 金明芬
封面設計— 王麗娟
出 版 者— 五南圖書出版股份有限公司
地　　址：106台北市大安區和平東路二段339號4樓
電　　話：(02)2705-5066　　傳　　真：(02)2706-6100
網　　址：https://www.wunan.com.tw
電子郵件：wunan@wunan.com.tw
劃撥帳號：01068953
戶　　名：五南圖書出版股份有限公司

法律顧問　林勝安律師事務所　林勝安律師

出版日期　2021年6月初版一刷
定　　價　新臺幣450元

經典永恆・名著常在

五十週年的獻禮——經典名著文庫

五南，五十年了，半個世紀，人生旅程的一大半，走過來了。
思索著，邁向百年的未來歷程，能為知識界、文化學術界作些什麼？
在速食文化的生態下，有什麼值得讓人雋永品味的？

歷代經典・當今名著，經過時間的洗禮，千錘百鍊，流傳至今，光芒耀人；
不僅使我們能領悟前人的智慧，同時也增深加廣我們思考的深度與視野。
我們決心投入巨資，有計畫的系統梳選，成立「經典名著文庫」，
希望收入古今中外思想性的、充滿睿智與獨見的經典、名著。
這是一項理想性的、永續性的巨大出版工程。
不在意讀者的眾寡，只考慮它的學術價值，力求完整展現先哲思想的軌跡；
為知識界開啟一片智慧之窗，營造一座百花綻放的世界文明公園，
任君遨遊、取菁吸蜜、嘉惠學子！